科技部科技伙伴计划资助（KY 201402017）
Scienceand Technology Partnership Program, Ministry of
Science and Technology of China（KY 201402017）
河北省国际科技合作项目（13396401D）
河南省玉米产业技术体系建设专项（S 2010-02-04）

玉米简化栽培

Simplified Cultivation of Maize

主编　马春红　赵　霞

Ma Chunhong , Zhao Xia Editors-in-chief

U0306707

中国农业科学技术出版社
China Agricultural Science and Technology Press

图书在版编目（CIP）数据

玉米简化栽培 / 马春红，赵霞主编 . —北京：
中国农业科学技术出版社，2014.12
ISBN 978-7-5116-1940-2

Ⅰ . ①玉… Ⅱ . ①马… ②赵… Ⅲ . ①玉米—栽培
Ⅳ . ① S513

中国版本图书馆 CIP 数据核字（2014）第 283132 号

| 责任编辑 | 于建慧 |
| 责任校对 | 贾晓红 |

出 版 者	中国农业科学技术出版社
	北京市中关村南大街 12 号　邮编：100081
电　　话	（010）82109194（编辑室）（010）82109704（发行部）
	（010）82109703（读者服务部）
传　　真	（010）82106650
网　　址	http://www.castp.cn
经 销 者	各地新华书店
印 刷 者	北京富泰印刷有限责任公司
开　　本	710mm×1 000mm　1 /16
印　　张	15.75
字　　数	380 千字
版　　次	2014 年 12 月第 1 版　2016 年 12 月第 3 次印刷
定　　价	36.00 元

内容简介

以玉米生产中实施简化栽培技术为目的，总结了科研成果和生产实践经验，撰写了这本理论与实践相结合的科技图书。前言之外，全书由三章组成。第一章从生长发育的角度，简要论述了玉米的生育期与生育阶段。第二章是全书的重点，分八节，介绍了玉米简化栽培技术体系的主要环节。八节内容分别是播前整地，选用品种，播种，种植方式，以施肥和灌溉为中心的田间管理，覆盖栽培，免耕覆盖精播栽培，适期收获。第三章由四节组成，从植物保护的角度，分别撰述了玉米主要病害的防治，主要虫害的防治，杂草防除；环境胁迫（水分，温度，盐碱）的伤害作用、生理反应及对产量的影响。并提出了防御对策。

本书可供农业科研、教学工作者和生产者参考。

Abstract

For the purpose of implementing simplified cultural technique in maize production, the book with theory and practice is written to show years of the writers' planting experiences and their research products. The book comprises three chapters after the preface. Chapter one briefly introduces the growth stages and procreation period of maize from the perspective of physical growing development. Chapter two, regarded as the most important part in the whole book, explains the key factors of simplified cultivation system of maize. There are eight sections in the chapter, which are seedbed preparation, breed selecting, seeding, planting, fertilization and irrigation centered field management, mulching cultivation, precision sowing via no-tillage with mulch, and harvesting in time. Chapter three includes four sections, introducing major maize disease, pest and weed control from the aspect of plant protection. Then the chapter analyzes how environmental stresses (such as water, temperature, salt and base) do harm to maize, how they cause physical reaction of maize, and how they influence its production. In the end, countermeasures are raised against environment stresses as a conclusion.

The book is written for agricultural researchers, teachers and producer reference.

编委会

李育才（山西省农业科学院高寒区作物研究所）

栗秋生（河北省农林科学院植物保护研究所）

刘　飞（山西省农业科学院高寒区作物研究所）

刘志江（山西省左云县水土保持监督监测中心）

马春红（河北省农林科学院遗传生理研究所）

马盼盼（濮阳市农业科学院）

潘建民（河南省漯河市农业局）

祁耀正（河北省永年县原种场）

孙刚强（濮阳市农业科学院）

唐保军（河南省农业科学院粮食作物研究所）

王桂梅（山西省农业科学院高寒区作物研究所）

王海红（河南省安阳县农业局）

王连生（河北省农林科学院植物保护研究所）

邢宝龙（山西省农业科学院高寒区作物研究所）

张金虎（河南省开封县农业科学研究所）

赵　璞（河北省农林科学院遗传生理研究所）

赵　霞（河南省农业科学院粮食作物研究所）

作者分工

前　言

　　玉米是世界上分布最广的作物之一，N55°~S55°的地区皆有分布，作为世界上主要粮食作物之一，其播种面积仅次于小麦、水稻，位居第三。北美洲种植面积最大，亚洲、非洲和拉丁美洲次之，种植面积最大、总产量最多的国家依次是美国、中国、巴西、墨西哥。

　　玉米是中国三大粮食作物之一，在全国各省市都有分布。据2013年《中国农业年鉴》统计，2012年种植面积达52500万亩。同时由于玉米大幅度增产使中国粮食生产结构得到进一步改善。

　　在中国玉米种植范围很广：南自海南岛，北至黑龙江省的黑河以北，东起台湾和沿海省份，西到新疆及青藏高原，全国一年四季都有玉米种植。但玉米在各地区的种植分布却并不均衡，主要集中在东北、华北和西南地区，大致形成一个从东北到西南的斜长形玉米栽培带。种植面积较大的省（区）是黑龙江、河南、山东、吉林、河北、内蒙古自治区、辽宁、山西、四川等地。

　　中国幅员辽阔，玉米种植形式多样。东北、华北北部有春玉米，黄淮海有夏玉米，长江流域和东南丘陵有秋玉米，在云南、海南及广西壮族自治区等地也可以播种冬玉米。海南省是中国玉米重要的南繁基地。

　　每年3月开始，中国玉米陆续进入播种期。受气候条件、种植方式、积温等因素影响，不同地区的玉米种植期、发育成熟期差别较大。

　　玉米是重要的粮食作物，粮、饲兼用，在国民经济与生活中发挥着重要作用。玉米的单产水平左右着玉米总产量，进而影响全国粮食产量。针对中国玉米种植分布范围广、生态类型复杂、品种和栽培技术区域特征鲜明等特点。为适应当前农村劳动力结构调整，逐步推行玉米简化栽培技术，组织有实践经验的专家及技术骨干，在考察和调研的基础上，撰写此书是作者们的共识。

　　本书按玉米生产管理环节撰写，第一章，玉米生育期与生育阶段；第二章，玉米简化栽培技术；第三章，病虫草害防治、防除与环境胁迫的相应对策。此书重点强调由精耕细作向简化栽培技术转变，介绍了每个品种玉米生育期栽培管理要点，可能遇到的病虫害和环境胁迫，主次分明，技术措施简单明了、切实可行、可操作性强。

　　本书由河北省农林科学院遗传生理研究所、植物保护研究所，河南省农业科学院粮食作物研究所，山西省农业科学院高寒区作物研究所，周口市农业局种子技术服务站，濮阳市农业科学院，开封县农业科学研究所等单位科研人员共同完成。

在编写过程中承蒙中国农业科学院作物科学研究所曹广才研究员为策划此书以及统稿等方面付出很多时间和很大精力；河北省农林科学院遗传生理研究所贾银锁研究员作为本书的主审也付出很大努力。书的出版也得力于中国农业科学技术出版社的大力配合，谨致谢忱。

此书得到河北省国际科技合作项目（13396401D）、农业部948项目（2011-G（3）-07）和河北省自然科学基金（C2011301010）、河南省玉米产业技术体系建设专项（S2010-02-04）的资助。

本书如有不当之处，敬请同行专家和读者指正。

马春红
2014年7月

目录
Contents

第一章 玉米生育期与生育阶段

第一节 玉米生育期和生育时期

作物从播种到收获的整个生长发育所需的时间为作物的大田生育期，以天数表示。作物生育期的准确计算方法应当是从种子出苗到作物成熟的天数，因为从播种到出苗、从成熟到收获都可能持续相当长的时间，这段时间不能计算在作物的生育期内。对于以营养体为收获对象的作物，例如，麻类、薯类、牧草、绿肥、甘蔗、甜菜等，则是指播种材料出苗到主产品收获适期的总天数；对于需要育秧移栽的作物，例如，水稻、甘薯等，通常还将其生育期分为秧田生育期和大田生育期。秧田生育期是指出苗到移栽的天数，大田生育期是指移栽到成熟的天数。

一、生长、分化、发育的概念

（一）生长

生长是指玉米细胞、组织和器官在数量、体积和重量上的增加，是一个不可逆的数量化过程，通常用大小、长短、粗细、轻重和多少来表示。

（二）分化

分化是指玉米个体发育过程中细胞和组织的结构和功能的变化，如幼穗分化、花芽分化、维管束发育以及气孔分化等。

（三）发育

发育是指玉米个体细胞、组织和器官的分化形成过程，也就是玉米个体发生了形态、结构和功能上的本质性变化，是一个不可逆的质变过程，如玉米的生殖生长过程。

二、生育期

玉米生育期也称全生育期，指其个体发育过程中从种子到种子的完整生活周期，即玉米从播种到籽粒成熟所经历的天数。而在生产上一般指玉米从出苗到成熟所经历的天数。生育期指玉米生长发育的全过程。其长短主要决定于基因型，亦因光照、温度、肥水等环境条件的不同而变化。通常叶数多的生育期较长，叶数少的生育期较短；日照较长、温度较低或水肥充足时，生育期延长；反之，则缩短。一般中国北方的同一熟期划分的玉米生育期天数相对长于南方。玉米生育期是选用品种的主

1

要依据之一，也是重要的育种目标。

（一）玉米生育期的品种类型间差异

在适宜地区的适时播种条件下，生育期长短是判定品种熟期类型的重要指标。

1.玉米品种的熟期类型

新中国自成立以来，全国就没有形成统一的玉米生育期规范化标准，仅大致分为极早熟、早熟、中早熟、中熟、中晚熟、晚熟、超晚熟7类。熟期划分不是绝对的，根据种植的环境变化，熟期也有变化。如郑单958，全国大部分省区认定为中晚熟类型对照种，而内蒙古自治区（全书称内蒙古）则设为晚熟类型对照种。极早熟品种有春播区克单8号、克单9号、承单22号、长城58、利马12、冀承单3号、夏播区冀承单3号；早熟品种有承单16、龙单13；中早熟品种有吉单27、承单14；中熟品种有吉单261；中晚熟品种有承玉14；晚熟品种有东单60；超晚熟品种有农大108。

2.玉米品种类型的指标

植株叶数、生育期天数，生育期间的≥0℃积温分别是玉米品种熟期类型的形态指标、生育指标和生态指标。

一般植株全生育期叶数越多生育期越长，用生育天数来计量生育期，生育期间的≥0℃积温越多玉米生育期越短。

（二）玉米生育期的地域差异

同一个品种在南方和北方种植生育期有差异。玉米是短日照植物，在南方短日照条件下，生育期缩短；但玉米又是不典型的短日植物，在北方也能种植，生育期延长。

翟治芬等（2012）利用全国2 414个县的玉米生育期数据研究表明，与1 970s时段相比，2 000s时段东北大豆、春麦、甜菜区的玉米播种期基本保持不变；其他各农业种植一级区的玉米播种期均提前1~15d；除东北大豆、春麦、甜菜区和北部高原小杂粮、甜菜区春玉米的成熟期平均推迟了11d和3d，2000s时段其他玉米种植区域的成熟期平均提前3~12d。2 000s时段云贵高原稻、玉米、烟草区的玉米生育期缩短约5d，黄淮海棉麦油烟果区、华南双季稻热带作物甘蔗区和西北绿洲麦棉甜菜葡萄区的玉米生育期基本保持不变；其他各区域玉米生育期均有所延长。

（三）纬度和海拔对玉米生育期的影响

玉米生产中，不论何种类型品种，都种植在具体的纬度带并处在一定的海拔高度上。纬度和海拔是影响玉米生育期长短变化的重要因素。

1.玉米生育期的海拔效应

世界上，玉米从海平面到海拔近4 000m处都有种植。玉米生育期随海拔的升高或降低而延长或缩短，呈正相关。

Evans（1993）研究表明，在赤道几内亚的同纬度带，高度每升高100m玉米成熟期延长7.6d。

　　霍仕平等（1995）在多年多点多品种（中熟玉米品种）试验资料基础上总结出，在不同年间，玉米各主要生育阶段的时间（y）与纬度（x_1）和海拔高度（x_2）的关系，均可用 $y=a+b_1x_1+b_2x_2$ 来描述。当纬度不变时，海拔每升高100m，抽丝至成熟和播种至成熟分别平均延长1.4d和2.1d，年度间因播种期的变化和季节性温度的变化，出苗至抽雄日数和出苗至抽丝日数变异较大。

　　张兴端等（2006）在2003年和2004年国家武陵山区的玉米区域试验中发现25个玉米品种或组合的生育期与海拔有正相关的对应关系，海拔每升高100m，2003年的生育期延长3.55d，2004年延长2.95d。董玉飞等（2000）在N31°、104°E的四川北部，在海拔600、900、1200和1500m的阳坡和阴坡种植，结果表明，海拔每升高100m，阳坡玉米的生育期延长4d，阴坡玉米的生育期延长3.2d。因为山区耕地海拔和坡向不同导致气候条件有一定的差异，玉米在山区种植时，生育性状会因种植地点的海拔和坡向不同而发生有规律的变化。

　　陈学君、曹广才等（2009）在2006年和2007年在甘肃省张掖市和云南省楚雄州大姚县安排了北南异地定点垂直生态试验。结果表明，在纬度和经度一定的前提下，玉米品种从出苗到成熟的生育期与海拔之间存在极显著正相关。海拔每升降100m，玉米品种的生育期延长或缩短4~5d。

　　中国不同地区玉米适宜种植海拔高度分别为：东北地区海拔500m以下为集中种植区，$\sum T \geq 10℃$积温2400℃；华北北部和西部山区海拔300~900m适宜种植，$\sum T \geq 10℃$积温3000~4000℃；西南西部山地玉米种植区海拔可达1300~2300m（实际种植大多在海拔1500m以下）$\sum T \geq 10℃$，3500~6000℃；云贵高原地区玉米种植海拔上限2700m，青藏高原海拔3000m的地区也能种植，但成熟度不稳定。

　　2. 玉米生育期的纬度效应

　　在中国，玉米种植跨越了不同的纬度带。关于纬度对玉米生育期的影响，通常认为在播期相近条件下同一品种的各个生育阶段和生育期随纬度高低而有延长或缩短的趋势，呈现生育期的纬向递变。

　　霍仕平等（1995）研究认为，当海拔高度不变时，北纬每升高1°，出苗至抽雄平均延长2.1d，出苗至抽丝平均延长2.3d，抽丝至成熟平均延长1.1d，播种至成熟平均延长3.9d，品种间和年际间差异很小。

　　Dowswell C等（1996）研究认为，海拔高度、纬度与温度对玉米生育期的影响具有并列重要的作用时，闫洪奎等（2010）认为，玉米生育期长短与纬度和海拔高度呈正向对应关系。

　　研究表明，相同的玉米品种在北纬相差7.8°的试点种植，在大致同期播种的条件下，纬度低的试点的成熟期明显提前，出苗—抽雄、抽雄—成熟的生育阶段以及播种—成熟的生育期也明显缩短，玉米生育期的纬度效应，生育期长短与纬度高低呈正向对应关系。同时也反映了玉米生育进程的高温短日照特性。在纬度低的试点，

温、光、水的综合影响，加速了玉米的生育进程。生产实践中，对于北方高纬度地带育成的玉米品种，如果引种到南方低纬度的地带，一般可以不考虑其熟期类型，基本能正常成熟；而南方低纬度的地带育成的玉米品种，若引种到北方高纬度的地带，就要慎重考虑其熟期类型，不宜引入成熟期偏晚的品种。

在一定海拔高差范围内，随着海拔的升高，玉米的生育期相应延长。试验品种如郑单958、豫玉22号、沈单16号、永玉3号、酒试20、中单2号、农大108、金象3号等在纬度一定的条件下就不同海拔高度生育期的变化进行了研究，结果表明，在海拔高度相差950m的情况下，这些品种的生育期相差48~29d，而且随着海拔的升高逐渐延长。

（四）气候因素对玉米生育期的影响

温度、降水和太阳辐射量等是影响中国玉米生育期的主要气象因素。玉米生长期间温度较高时，达到有效积温的天数少时，其生育期缩短，反之则长。玉米各个生育阶段都需要一定积温，积温是影响玉米产量的主要因子。研究表明，在温度和降水量基本满足玉米生长需求时，太阳辐射量的影响效果更为明显。在东北春播区，温度对于玉米成熟具有制约作用，在北部高原区光、温、水、热均对玉米播种具有显著影响，在黄淮海区降水和太阳辐射量对于玉米种植具有制约作用，在西北区温度是影响玉米播种的主要气象因子，在南方丘陵区降水是影响玉米播种的主要气象因子，在华南区温度对玉米的成熟产生显著的影响，在西南区降水对玉米种植具有制约作用。

1. 温度的影响

（1）三基点温度　玉米从播种到开花的发育速度受温度的影响。种子萌发出苗、拔节、抽雄、吐丝、灌浆成熟的最低温度、最适温度、最高温度为三基点温度。

玉米各个生长发育阶段对温度的要求有所不同，不同生育时期所需的最低温度、最适温度和最高温度也不同。在其他环境条件适宜时，只有满足玉米各个阶段对温度的不同要求，才能协调并促进其生长发育，最终获得理想的产量。

① 种子萌发期　玉米种子一般在6~7℃时就可以发芽，但速度极为缓慢，发芽时间长，容易受有害微生物的感染而发生霉烂。玉米种子发芽的最适温度为25~35℃，最高温度为40~45℃。一般情况下，地温在10~12℃时，播种后10~20d出苗；15~18℃时，8~10d出苗；20℃时，5d出苗。生产上通常把土壤表层5~10cm的温度稳定在10℃以上时作为春播玉米的适宜播种期。中国北方春季温度上升缓慢，在正常播期范围内，播种到出苗所需的时间较长，一般为15~20d；华北地区4月中旬左右播种，约10d出苗；南方气温较高，夏、秋播玉米仅5d左右即可出苗。

② 苗期　苗期玉米的生长点低于地面，其生长速度取决于地温。在一定温度范围内，温度越高，生长越快，地温在20~24℃时，根系生长较快、健壮，而当土壤温度较低时，即使气温适宜，也会影响玉米根系的代谢活动，致使玉米苗色变黄、

变红，生长迟缓。4~5℃时根系生长完全停止，耐受最高温度为40℃。玉米苗期对低温有一定的抵抗能力，出苗后20d内，茎生长点一直处在地表以下，此期短时间遇到 -3~-2℃ 的霜冻，也无损于地表以下的生长点。当 -4℃ 低温持续1h以上时，幼苗才能受冻害甚至死亡。苗期受到一般的霜害只要加强田间管理，幼苗在短期内尚能恢复生长，对产量不致造成明显的影响。东北地区玉米采用起垄栽培，使地面充分接受阳光，并于苗期早中耕，这对提高土壤温度，促进根系的发育均有一定意义。

③ 拔节到抽雄　这时对温度的要求又相应增高，是营养生长的旺盛阶段，最低日平均气温温度为18℃，当日平均气温达到18~20℃，玉米开始拔节。此后，在一定温度范围内，温度越高，生长越快，其最适温度为24~26℃，最高温度为40℃，温度过高，会使玉米穗分化期缩短，分化的小穗和小花数目减少。

④ 抽雄至授粉　这一时期是玉米一生中对温度要求最高，反应最敏感的时期，要求日平均气温在25~28℃。温度低于18℃或高于38℃，花药不能散粉。温度超过32℃，空气相对湿度低于50%时，玉米雄穗不能抽出，或者花粉迅速干瘪而丧失生命力，造成秃顶、缺粒。这时应及时浇水提高土壤湿度，减轻高温干旱的影响，并采取人工授粉，还可以减轻或克服这种损失。

⑤ 灌浆成熟　适宜的日平均温度为22~24℃。如果气温低于16℃或超过25℃，玉米的光合作用降低，淀粉酶的活性受到抑制，影响籽粒淀粉合成、运输和积累，导致粒重降低，严重影响产量。如果成熟后期遇到 -3℃ 的低温，则因果穗未充分成熟而含水量又高的籽粒就会丧失发芽力。

（2）温度变化对玉米生育期的影响　玉米是喜温植物。在三基点温度范围内，玉米播种期、出苗期、成熟期和生长季长均与温度呈显著负相关。王琪等（2011）研究表明，温度对玉米各个阶段生长速率的影响呈显著的线性关系，平均气温提高1℃，出苗速率提升18%，幼苗生长速率提升7%~8%，出苗至乳熟期生长速率提高13.2%左右，生殖生长和灌浆成熟速率提升8%。在出苗至成熟期间，如果平均温度每升高1℃，生长速率提升17.0%，生育期可以缩短14d左右。

张建立等（2011）研究表明，豫南地区夏玉米生产中气象因子的限制作用由大到小依次为降水、光照和温度。

Menzel等（1999）利用1959—1993年国际物候花园里观察到的资料得出，由于温度升高，欧洲的生长期增长了10.8d。Myneni等（1997）利用1981—1991年的卫星资料证明北半球的播种期提前了（8±3）d，生育期延迟了（4±2）d。

2. 日照的影响

玉米是短日照植物，短日照处理可以提前开花，而光周期的延长能引起吐丝期和散粉期同时推迟，吐丝期延迟更为显著。但玉米是不典型的短日植物，在长日照（18h）的情况下仍能开花结实。而光周期的变化也对玉米吐丝期、散粉期和叶片数

都将产生影响，其中，雌穗发育对日长的反应比雄穗敏感（严斧，2009）。由于光周期敏感性，热带、亚热带玉米种质的群体和自交系在高纬度的地带表现出明显的不适应性，植株高大，营养生长旺盛，抽雄期和吐丝期延迟，晚熟，雌雄不协调，有的甚至不能开花结果，茎节数和叶片增多，空秆率高，经济系数低，生产力受到库的限制。如热带种质引入前苏联后，玉米光周期敏感最明显的表现是雄穗先熟，雄花开始开花比柱头出现早，雌雄发生受到抑制，正是由于光敏感的特性限制了热带、亚热带种质在温带的利用。Ellis 等（1992）的试验证明，当日照时数为 12h 以下时，玉米能正常生长发育，当日照时数超过 12~13h 后，随着日照时数的增加，叶片数量增多，生育期延迟，推断玉米对日照时数的敏感时数为 12~13h。对玉米光周期变化的敏感时期的问题，目前，还存在分歧，一是 Allison（1979）认为玉米光周期敏感期是在雄穗分化之前；Struik（1982）认为玉米光周期变化的敏感期在雄穗分化前后的一段时期；还有一种观点介于二者之间认为，玉米光周期的影响一直持续到雄穗分化期或其后一段较短的时间内（Kiniry，1983），而 Ellis（1992）认为，玉米穗分化之后，叶片数不再受光周期变化的影响，但光周期变化对穗分化至抽雄的日期仍然具有影响，但这种影响在实际中可以忽略不计。

张凤路等（2001）研究表明，随玉米光周期延长，不同生态型玉米种质表现出相同的变化趋势，即株高、穗位高增加，雄穗开花期及叶片衰老期延迟，雌雄穗开花间隔加长，单株穗数降低，总叶片数增多。玉米植株不同性状对光周期敏感的程度不同。郭国亮等（2001）对玉米群体在温带条件下的表现进行分析表明：①植株性状敏感程度顺序依次为穗位高 > 穗下叶面积 > 穗位系数 > 穗位叶面积 > 穗上叶面积 > 叶片数 > 雄穗分枝数 > 茎粗 > 株高；②生育期性状敏感程度顺序依次为抽雄—吐丝 > 散粉—吐丝 > 抽雄—散粉 > 吐丝期 > 散粉期 > 抽雄期，可以看出，雌穗比雄穗对光周期反应更敏感；③穗部性状敏感程度顺序依次为穗粒重 > 百粒重 > 行粒数 > 穗行数 > 穗粗 > 穗长。玉米光敏感性不仅受到光周期的影响，而且还受到温度、光质、水分、土壤养分、栽培条件等因素、品种基因型以及这些因素之间互作的影响。研究表明，夏播环境比春播环境有使光周期性变弱趋势（郭瑞，2005）；晚熟品种比早熟品种敏感；不同生态类型种质间对长光敏感性存在明显差异，表现为温带玉米 < 高原玉米 < 亚热带玉米 < 热带玉米。

在玉米品种光敏感评价指标研究方面，Bonhomme（1991）提出一种把光照时数和温度结合起来度量玉米品种光敏感的指标，将播种到抽雄的间隔期内光照小于小时的平均热量单位看作基本热量单位，用品种超过小时光周期时所用的热量单位与基本热量单位的回归值作为光敏感的指标。而张世煌等（1995）认为，主茎叶片数可以排除温度的影响，用叶片数比开花期更稳定，因此他采用长、短日照条件下主茎叶片数的相对差值（RD）来表示。

RD（%）= [（L-S）/S] × 100。

RD>30 定为敏感型，RD<20 为钝感型，RD 在二者之间的为中间型。

（五）栽培措施或人为因素对玉米生育期的影响

玉米喜温喜光，对播期反应敏感。因此在其栽培中，确定适宜的播季和播期是一个重要环节，对产量形成至关重要。播期对玉米的影响是生长发育期间光、热、水和土壤等生态因子综合作用的结果。分期播种处理产生的温度差异使玉米生长发育速率发生改变。一般随播期的推迟，生育期缩短，营养生长阶段缩短，春播和夏播玉米的表现趋势一致。同品种早播则从出苗到吐丝期时间延长，晚播从吐丝到生理成熟期时间延长。刘战东等（2010）以郑单958夏玉米为试材，在豫东地区进行田间试验，结果表明，播期对夏玉米总生育期及不同生育阶段持续时间影响显著，其中播种至吐丝期持续时间变异最大。

芦迎春（2010）通过对绥玉7号、郝育20及合玉19等3个玉米品种的不同播期试验，结果表明，随着播期的延后，出苗期、拔节期、成熟期均出现推迟，播种至出苗、出苗至拔节、拔节至抽雄生育期缩短，而抽雄至成熟期则差异不大。从整个生育期看，播期的推迟引起了全生育期持续时间的缩短，推迟播期后所带来的温度升高是影响生育期持续时间变化的主要原因。刘昌继（1996）研究发现，播期越早，播种—出苗的天数越长，雄穗分化期天数越长，而雌穗分化期长短与播期的关系不太密切。武艳芍（2009）发现，玉米随着播期的推迟，所需出苗天数逐渐缩短，但苗瘦小，不利于后期生长。一般认为，北方玉米适当早播可以增产。早播玉米初期生长处于温度较低及雨水不多的条件下的可延缓地上部生长，促进根系下扎，加强营养生长从而获得高产。陈国平等（1986）研究认为，早播延长生育期且使籽粒灌浆期处于较优越的光热条件下，明显提高了产量。邓根云（1986）解释为早播玉米的叶面积高峰期处于全年辐射能最高的时期，光能生产潜力最高；不同播期间夏玉米株高和叶面积指数差异显著，而晚播种的玉米叶面积指数峰值推后，玉米光能利用率低，产量下降。

玉米播期对生育期的影响很大，在东北春玉米区，适宜在4月底5月初播种，若播种太早，由于前期气温低，根系始终下扎，只根部发芽，种子养分消耗过大，导致出苗后，幼苗瘦弱，发育不良，营养生长期变长，从而导致生育期延长；而夏玉米的播种期，通常是越早越好，播期提前生育期会缩短，反之会使生育期延长。因此适宜的播期很重要。另外，栽培措施会影响玉米的生育期，如地膜覆盖以及地膜覆盖和化学调控相结合的技术可以缩短玉米生育期，通过这两种处理办法使拔节期提前10d左右，苗期地温对植物生长进程影响很大。随着环境内的温度不断升高，到玉米抽雄期，处理间生育天数差距不断缩小。

（六）玉米生育期与产量

玉米生育期长短与产量高低一般有正向对应关系。一般地讲，生育期长的品种产量高。但如果选用品种超越了当地自然条件和生产水平所允许的限度，往往霜前

不能正常成熟，收获时籽粒水分含量高，品质差，产量并不高；若在生育后期遇到低温反而减产。如果选用品种的生育期短于当地的无霜期，虽然能安全成熟，但产量潜力低，就会造成光温资源的浪费。

Evans研究表明，在玉米杂交种中，籽粒生长时期长短与产量高低关系密切。IPCC综合报告认为，在北半球，特别是在高纬度地区，在过去的40年中生长期每10年延长1~4d。翟治芬等（2012）研究表明，中国气候正朝着增温、变干和低辐射的方向发展。受温度、降水和太阳辐射量变化的影响，中国不同农业种植区域内玉米生育期变动明显，其中，除东北大豆春麦甜菜区外玉米播种期以提前为主，玉米成熟期的变动则较为复杂，玉米的生育期则以延长为主。

所以，在选用品种时，首先要考虑生育期问题。选用生育期长短不同的品种要因地制宜。生育期适中的客观标准应该是能充分利用当地光、热、水等自然资源，最好选用其生育期能占满整个生长季节的品种，以充分发挥气候资源的增产潜力。在气候条件正常年份能安全成熟，并能获得高产稳产。高寒地区或毁种后作为救荒补欠，可以选用早熟类型的品种。北方旱农地区，一般宜选用中早熟和中熟品种，在覆盖条件下可选用中晚熟品种。在北方夏播条件下，不宜选用生育期长的玉米品种。

（七）玉米生育期及调查方法

1.地区＋播种至成熟天数调查记载法

将玉米从播种到成熟所经历的天数记载为玉米的生育期。这是以往教科书及大部分玉米专著里通行的记载方法。

2.地区＋出苗至成熟天数＋≥10℃活动积温调查记载法

这是目前国家区域试验实行的调查记载方法。这种办法虽然把玉米出苗期的时间做了删除，减少了玉米生育期因出苗期的长短不一而造成的误差，但也导致了与一些省、市、自治区通行的"地区＋播种至成熟天数"调查记载法不一致，导致同一个玉米品种，省、市、自治区审定公告里的生育期天数与国家审定公告里的生育期天数存在明显差异。

3.≥10℃活动积温调查记载法

在高纬度、高海拔地区，因地区间气候条件差异较大，只好以玉米生育期所需≥10℃活动积温来衡量一个玉米品种生育期的长短。此方法虽科学，但不直观。

4.地区＋播种至成熟天数≥10℃活动积温调查记载法

这种方法在一些高纬度地区比较常用。仅以积温记载，不直观，无时间概念；仅以天数记载，因地区间存在较大差异，不科学、不合理。两者结合记载，优缺点可以互补。一个玉米品种的生育期天数，因在不同地区、不同年份种植，有一些差异，但其一生所需≥10℃活动积温是相同的。

三、生育时期

在玉米连续、完整的生长发育过程中，根据植株的形态变化，可以人为地划分为一些"时期"（Stage）。在适宜的播期条件下，这个时期往往对应着一定的物候现象，故也称物候期。

（一）播种期

播种的日期。以"年·月·日"表示。播种是玉米生产过程中的重要环节，如播种前的耕作方法、施肥技术，特别是要施足底肥。长年只施用化肥，会使土壤结构变差，有机质含量减少，土地板结，也是造成作物减产的原因之一。有机肥肥效长，不但对当季作物有效，而且也有利于下茬作物的生长，要根据春夏播采用不同播种方式以及不同的品种选择适宜的种植密度等。所以播种工作搞得好，能使正常年景保障玉米丰产70%的可能性。

（二）出苗期

第一片真叶展开的日期。这时苗高一般2~3cm，全区50%以上幼芽钻出土面3.0cm以上。以"年·月·日"表示。

温度、水分、O_2等环境条件对出苗有很大影响。玉米出苗后要及时进行间苗、定苗。要克服一播了之的种植习惯，苗荒比草荒对玉米苗的生长为害更大。夏玉米生长快，且地下害虫为害也比春玉米少，应及早定苗，按密度要求在4~5片叶时一次性定苗。定苗前对有缺苗的做好补苗移栽，补苗移栽要在2~3片叶时，做到带土移栽浇水。

做好中耕追肥培土工作。中耕是玉米田管理的一项重要工作，其作用在于疏松土壤，保墒散湿，破除板结，促进土壤微生物的活动。近年来，大田玉米由于缺少中耕，土壤板结，土壤透气差，气生根难以入土，影响玉米的健壮生长，玉米植株变得细而瘦小，影响了玉米产量。玉米进入拔节期前中耕松土破板结，同时通过中耕松土追肥，培土起垄防止倒伏，且有利于灌溉和排涝。因此，即使施用了除草剂，也一定要在玉米拔节之前进行一次中耕，这是一项必要的管理措施。

（三）拔节期

茎基部节间开始伸长的日期。为严格和统一记载标准，现均以雄穗生长锥进入伸长期的日期为拔节期。它标志着植株茎叶已全部分化完成，将要开始旺盛生长，雄花序开始分化发育，是玉米生长发育的重要转折时期之一。

（四）抽雄期

雄穗主轴从顶叶露出3~5cm的日期。全区50%以上植株雄穗尖端露出顶叶之日。以"年·月·日"表示。这时，植株的节根层数不再增加，叶片即将全部展开，茎秆下部节间长度与粗度基本固定，雄穗分化已经完成。

（五）吐丝期

雌穗丝状花柱从苞叶伸出 2~3cm 的日期。全区 50% 以上植株雌穗花柱从苞叶吐出之日。以"年·月·日"表示。正常情况下，玉米吐丝期和雄穗开花期同步或迟 2~3d。抽穗前 10~15d 遇干旱（俗称"卡脖旱"），这两个时期的间隔天数增多，严重时会造成花期不遇，授粉受精不良。

从玉米出苗到成熟期间开展病虫害防治工作很重要。以河南省为例，玉米主要病害有玉米青枯病、大小斑病、弯孢菌叶斑病和锈病等。对这些病害，药剂防治效果甚微，所以防治主要措施是选用抗病品种。关于虫害，夏玉米螟发生较重。玉米螟先为害玉米心叶和雄穗，4 龄以后钻蛀茎秆和雌穗，破坏玉米茎秆营养正常输送，造成空秆现象，导致减产 10%~30%。应在玉米大喇叭口至抽雄期，用 90% 敌百虫晶体或 50% 辛硫磷乳油 800~1000 倍液喷撒或雄穗滴注，也可以用玉米螟专用颗粒剂撒入玉米心叶进行防治。

（六）成熟期（乳熟、蜡熟、完熟）

1. 乳熟期

植株果穗中部籽粒干重迅速增加并基本建成，胚乳呈乳状后至糊状。

2. 蜡熟期

植株果穗中部籽粒干重接近最大值，胚乳呈蜡状，用指甲可以划破。

3. 完熟期

植株籽粒干硬，籽粒基部出现黑色层，乳线消失，并呈现出品种固有的颜色和色泽。

记载时以全区 90% 以上植株的籽粒完全成熟，即果穗中下部籽粒乳线消失，胚位下方尖冠处出现黑色层的日期。以"年·月·日"表示。这时，籽粒变硬，干物质不再增加，是收获的时期。

第二节　玉米生育阶段

一、玉米生育阶段

（一）玉米的一生

从播种到新的种子成熟，为玉米的一生。它经过种子萌发、出苗、拔节、孕穗、抽雄开花、吐丝、受精、灌浆直到新的种子成熟，才能完成其生活周期，也即生育期。玉米的生育期天数因品种的熟期类型不同而异。

（二）玉米的生育时期

在玉米的一生中，由于自身量变和质变的结果及环境变化的影响，不论外部形态特征还是内部生理特性，均发生不同的变化。根据这些变化，可以人为地划分为一些生育时期。在第一节中对各生育时期已有所论述。这里再细述如下。

1. 出苗期

幼苗出土高约 2cm 的日期。

2. 三叶期

植株第三片叶露出叶心 2~3cm。

3. 拔节期

植株雄穗伸长，茎节总长度达 2~3cm，叶龄指数 30 左右。

4. 小喇叭口期

雌穗进入伸长期，雄穗进入小花分化期，叶龄指数 46 左右。

5. 大喇叭口期

雌穗进入小花分化期、雄穗进入四分体期，叶龄指数 60 左右，雄穗主轴中上部小穗长度达 0.8cm 左右，棒三叶甩开呈喇叭口状。

6. 抽雄期

植株雄穗尖端露出顶叶 3~5cm。

7. 开花期

植株雄穗开始散粉。

8. 吐丝期

植株雌穗的花柱从苞叶中伸出 2cm 左右。

9. 籽粒形成期

植株果穗中部籽粒体积基本建成，胚乳呈清浆状，亦称灌浆期。

10. 乳熟期

植株果穗中部籽粒干重迅速增加并基本建成，胚乳呈乳状后至糊状。

11. 蜡熟期

植株果穗中部籽粒干重接近最大值，胚乳呈蜡状，用指甲可以划破。

12. 完熟期

植株籽粒干硬，籽粒基部出现黑色层，乳线消失，并呈现出品种固有的颜色和光泽。一般大田或试验田，以全田 50% 以上植株进入该生育时期为标志。

（三）与玉米产量密切相关的时期

1. 发芽出苗期（种子萌动至第一片叶出土）

（1）生育特点　种子播下之后，当温度、水分、空气得到满足时，即开始萌动。当胚根突破胚根鞘露白时，即很快长出，一般先出胚根，后出胚芽。胚芽的最外层是一个膜状的锥形套管，叫胚芽鞘，它能保护幼苗出土时不受土粒摩擦损伤，出苗时它像锥子一样尖端向上，再靠胚轴的向上伸长力，使得胚芽顺利地升高到地面，这是玉米比其他作物更耐深播和较易出土的原因。胚芽鞘露出地面见光后便停止生长，随之第一片叶破鞘而出，当第一片叶伸出地面 2cm 时即为出苗。

（2）对环境条件的要求　影响种子发芽出土的主要因素是温度和水分。

① 温度　幼苗发芽的最低温度为6~7℃，但在此温度下发芽缓慢，种子在土中时间长，易受病菌侵害而感病烂种，出现病株与缺苗。发芽最适温度为10~12℃，生长最快温度为25~30℃，最高温度为44~50℃。在适宜温度范围内，随温度升高发芽出苗速度加快，但在高温下发芽容易受阻。

② 水分　水分对发芽十分重要。幼苗种子吸收水分达到自身重量的45%~50%时才能发芽。发芽出苗期要求土壤适宜含水量应占田间最大持水量的65%~70%。

（3）栽培技术要点　发芽出苗期是玉米一生的始期，此期生育好坏对后期生育及产量有直接影响。因此要保证播种质量，从播种开始就有一个良好的土壤环境，为培育齐苗、全苗、壮苗打下基础。

① 精细整地　精细整地是保证播种质量的重要措施。春玉米最理想的是秋整地。秋整地的好处是土壤经过秋冬冻融交替，结构得到改善，便于接纳秋冬雨水，利于保墒。春整地容易失墒，土块不易破碎，影响播种质量。

② 适时早播　适时早播是保证出苗质量的重要环节之一。能相对延长玉米生育期，使籽粒灌浆期处于相对较高的温度条件下，避免和减轻生育后期低温和早霜的为害，为生育期较长的品种安全成熟争取时间。春季在易旱区有利于抢墒，充分利用土壤中的水分，并使幼苗生长处于相对较低的温度条件下，根系发育良好，幼苗健壮，有利于蹲苗，增强抗倒伏能力。但是，如果播种过早，地温低，种子在土中时间长，易受土壤有害菌浸染，造成弱苗，甚至烂种，感染丝黑穗病等。因此，播种期的确定，主要取决于种植区域的温度、水分条件。可在5~10cm耕作层地温稳定在6~7℃时开始播种，稳定在7~8℃时作为适宜播种期。

中、西部产区，春季温度回升较快，通常水分不足，要特别注意抢墒抗旱播种。中部产区有的地方过分强调早播，忽视低温对出苗带来的为害，在春季低温年份或芽势弱的种子、坏种、缺苗现象经常出现。而西部产区，无灌溉条件的，等雨播种、结果大量的热量资源白白浪费。

播种深度要适宜，播后做好镇压。适宜的播种深度，也是保证苗全、苗齐、苗壮的重要技术环节。确定播种深度要因土壤质地、土壤水分以及品种特性而异，土质黏重、水分充足、种子拱土能力较弱，应适当浅些，但不能浅于2.5cm；土质疏松、水分较少、种子拱土能力强，可适当深些，最深不宜超过4cm。播种过浅，不利于次生根生长；播种过深，出苗晚、苗小、苗弱。

播后镇压可保墒、提墒、接墒，促进种子早发芽、次生根早发。土壤水分少时，播后镇压是保证苗全、苗齐的重要措施。镇压强度和时间应依土壤质地和墒情而异，即墒情较差的壤土、沙壤土以及一般类型的土壤，最好是随播随镇压；土壤水分适宜的轻质壤土，可在播后0.5~1d进行镇压；土质黏重或含水量较大的土壤，应在播后地表稍干时进行轻镇压。

播种在玉米生产中非常重要，如果因播种质量不好，一旦出现了缺苗、断苗及弱苗三类苗，即使再进行精细的田间管理也难以弥补因苗质量不好带来的影响。由此，对玉米来说"七分种，三分管"，强调"种"是有道理的。

2.苗期（从第二片叶出现至拔节）

（1）生育特点 这一时期主要是分化根、茎、叶等营养器官，次生根大量形成。从生长性质来说，属于营养生长阶段；从器官建成主次来说，以根系建成为主。

第二片叶展开时，在地面下的第一个地下茎节处开始出现第一层次生根，以后大约每展开两片叶就产生1层新的次生根，到拔节前大约共形成4层。它们主要分布在土壤近表面，同初生根一起从土壤中吸收养分和水分，供植株地上部分生长发育需要。在发根的同时，新叶也不断出现，除种胚内早已形成的5~7片叶外，其余叶片及茎节均在拔节以前由幼芽内的生长点分化而成。

通常所说的拔节，从生理上来说，是以雄穗生长锥开始伸长为标志，出苗到拔节需要经历的时间因品种特性及所处环境条件而异。一般生育期短的品种，环境条件优越，所需时间短；反之，生育期长的品种，环境条件较差，出苗到拔节时间就长。

（2）对环境条件的要求

① 温度 温度是影响幼苗生长的重要因素。在一定温度范围内，温度越高，生长越快。当地温在20~24℃时，根系生长健壮；4~5℃时，根系生长完全停止。苗期玉米具有一定抗低温能力，出苗后20d内，茎生长点处于地表以下，此期短时间遇到 −2~3℃的霜冻也无损于地表以下的生长点。当 −4℃低温持续1h以上时，幼苗才会受到冻害，甚至死亡。苗期受到一般的霜冻，只要加强田间管理，幼苗在短期内尚能恢复正常生长，对产量不至于造成明显影响。苗期一般的低温下虽不会使植株死亡，但削弱对磷的吸收能力，叶片出现暗绿或紫红色。

② 水分 玉米苗期由于植株较小，叶面积不大，蒸腾量低，需水量较小，种子根扎得较深，所以耐旱能力较强，但抗涝能力较弱。此期玉米所需要的水分大约占玉米一生所需水分总量的21%~23%。土壤适宜含水量应保持在田间最大持水量的65%~70%。

③ 养分 玉米幼苗在3片叶以前，所需养分由种子自身供给。从第四片叶开始，植株才从土壤中吸收养分。此时根系和叶面积都不发达，生长缓慢，吸收养分较少。研究表明，苗期吸收的氮量占全生育期所需总量的6.5%~7.2%。氮不足，苗弱且黄，根系少，生长缓慢。反之，氮过多，地上部分生长过旺，根系反而发育不良。对磷的需要量此期占全生育期所需总量的2%~3%。缺磷时根系发育不良，苗呈紫红色，生长发育延迟。4片叶以后对磷反应更敏感，需要量虽然不大，但不可缺少，原因在于磷有利于根系生长，并能促进对氮的吸收，常称此期为玉米需磷的临界期，直到8叶期。苗期对钾的吸收量占全生育期所需总量的6.5%~7.0%。充足的钾能促进对氮的吸收，有利于蛋白质形成。缺钾时植株生长缓慢，叶片呈黄色或黄绿色，叶片边缘及叶尖干枯，呈灼烧状。锌不足时，植株发育不良，节间缩短，叶脉间失

绿，出现黄绿条纹，缺锌严重时叶片呈白色，通常称之为"花白苗"。玉米苗期需要有足够的养分供应，才能保证植株正常生长发育的需要。苗期所需养分首先是从土壤中吸收，再者是从施入的口肥中摄取。苗期根际局部施肥过多，会使土壤溶液浓度过高，导致小苗叶片灰绿"发锈"，严重时叶片卷曲，甚至死亡，出现烧苗。所以，播种时口肥施入要适量，并要与种子保持一定距离，免得出现烧种烧苗现象。

（3）生产技术要点　玉米苗期虽然生长发育缓慢，但处于旺盛生育的前期，其生长发育好坏不仅决定营养器官的数量，而且对后期营养生长、生殖生长、成熟期早晚以及产量高低都有直接影响。因此，对需肥水不多的苗期应供给所需养分与水分，加强苗期田间管理，培育大苗、壮苗，对获得高产是非常重要的。

3. 穗期（从拔节至雄穗抽出）

（1）生长发育特点　玉米幼茎顶端的生长点（即雄穗生长锥）开始伸长分化，茎基部的地上节间开始伸长，即进入拔节期。玉米生长锥开始伸长的瞬间，植株在外部形态上没有明显变化，生理上通常把这一短暂的瞬间称之为生理拔节期，生理拔节期与通常所说的拔节期在含义上基本相同，只不过用生理拔节期这一概念更确切地表明雄穗生长锥分化从此时已开始。

进入拔节期，早熟品种已展开5片叶，中熟品种展开6~7片叶，中晚熟品种展开8片叶左右。拔节期叶龄指数约30%（叶龄指数系某一生育时期展叶片数与该品种全株总叶片数的百分比，如果已知某品种总叶片数，即可用叶龄指数作为田间技术措施管理的依据）。这一阶段新叶不断出现，次生根也一层层由下向上产生，迅速占据整个耕层，到抽雄前根系能够延伸到土壤110cm以下。原本紧缩密集在一起的节间迅速由下向上伸长，此期茎节生长速度最快。从拔节期开始，玉米植株就由单纯的营养生长阶段转入营养生长与生殖生长并进阶段。

拔节到抽雄阶段是玉米一生中非常重要的发育阶段，中熟品种大约需30~35d，中晚熟、晚熟品种需35~40d。这一生育阶段在营养生长方面根、茎、叶增长量最大，株高增加4~5倍，75%以上的根系和85%左右的叶面积均在此期形成。在生殖生长方面有两个重要生育时期，即小喇叭口期和大喇叭口期。小喇叭口期处在雄穗小花分化期和雌穗生长锥伸长期，叶龄指数45%~50%，此期仍以茎叶生长为中心。大喇叭口期处在雄穗四分体时期和雌穗小花分化期，是决定雌穗花数的重要时期，叶龄指数60%~65%。大喇叭口期过后进入孕穗期，雄穗花粉充实，雌穗花柱伸长，以雌穗发育为主，叶龄指数80%左右，到抽雄期叶龄指数接近90%。

（2）对环境条件的要求

①温度　当日平均温度达到18℃时，拔节速度加快，在15~27℃范围内，温度越高，拔节速度越快。当日照、养分、水分适宜时，日平均温度在22~24℃，既有利于植株生长，又有利于幼穗分化。拔节到抽雄持续时间随温度升高而相应缩短，雄穗和雌穗分化速度加快。反之，若温度较低，抽雄时间后延，不仅雄穗和雌穗分

化速度减缓，而且穗分化的质量也受到影响。穗分化期间温度降到 17℃时，小穗分化基本停滞；降到 10℃左右时，雄穗花药干瘪，没有花粉，有的花粉即使已经形成，也没有生命力，雌穗有的小花没有花柱，成为无效花，不能受精。

② 日照　玉米是短日照作物，在短日照条件下，雄穗可提前抽出，晚熟品种对此更为敏感。日照长短的作用有时也受氮素影响，长日照下氮素能促进提前抽雄，在短日照下则没有这种作用，但能加速雌穗出现。所以，在引种时施氮肥对调节花期可起一定作用。

③ 水分　玉米是需水较多的作物，到拔节期由于气温较高，加之叶面积增大，蒸腾作用强盛，对水分要求迫切，此期玉米需水量占一生需水总量的 23%～32%。这一时期土壤含水量应保持在田间最大持水量的 70%左右。到抽雄前 10d，进入对水分最敏感的时期，此时一株玉米一昼夜耗水量可达 2～4kg。如果拔节至抽雄阶段水分不足，不仅植株营养体小，而且雄穗产生不孕花粉，雄穗不能及时抽出，也就是前面提到过的"卡脖旱"。同时，雌穗发育受阻，小花行数及总小花数也会减少。因此，此期遇干旱时，有灌溉条件的地方一定要进行补水灌溉，使土壤含水量达到田间最大持水量的 70%～80%。

④ 养分　从拔节期开始，玉米对营养元素的需要量逐渐增加。到抽雄期需氮占一生所需总量的 60%～65%，对磷的需要量占 55%～65%，对钾的需要量较多，占一生所需总量的 85%左右。拔节至抽雄阶段所需的磷、钾肥通常在播种时以有机肥方式施入，氮肥一小部分作有机肥施入，大部分在拔节期以追肥方式施入。

（3）环境条件对生育的影响及生产技术要点　拔节到抽雄这一旺盛生长阶段，当田块养分不足或在某些年份遇到干旱，都会影响正常生长发育，表现在加剧了营养器官和生育器官之间的争水、争肥矛盾，造成植株矮小，气生根不能顺利发育。雄穗产生花粉的数量及质量都要受到影响。雌穗也发育不良，即穗小、吐丝期推迟，甚至部分花柱不能伸出苞叶，失去受粉机会，抽雄与吐丝的间隔时间拉长，直接影响授粉与受精。这种情况一旦出现，即使再灌溉、施肥，补充水分和养分，也难以弥补已经造成的损失。所以，在生产上应在这一时期到来之前，做好追肥、铲耥、灌水等田间管理，满足玉米生长发育所需，免误农时。

4. 花期（从雄穗抽出至雌穗受精完毕）

（1）生长发育特点

① 抽雄开花　多数玉米品种雄穗抽出后 2～5d 就开始开花散粉，晚的可达 7d，个别品种雄穗刚从叶鞘抽出就开始开花散粉。一般开花后 2～5d 为盛花期，这 4d 开花数约占开花总数的 85%，而又较明显集中在第 3 天、第 4 天，约占总开花数的 50%。一般雄穗开花全程需 5～8d，如果遇雨可延迟到 7～11d。玉米昼夜都能开花，一般上午 7～11h 较盛，其中，7～9h 开花最多，夜间少。玉米制种田亲本自交系的开花习性与品种或杂交种相同，所以，杂交制种应在每天盛花时进行授粉。

②吐丝受精　多数玉米品种在雄穗开花散粉后 2~4d 雌穗开始吐丝。一般位于雌穗中部的花柱先伸出苞叶，然后向下、向上同时进行，果穗顶部花柱最后伸出苞叶。一个穗上的数百条花柱从开始伸出到完毕一般历时 5~7d，个别小穗型品种少于 5d。通常所说的吐丝期是指中部花柱伸出苞叶之日，花柱伸出苞叶之后继续伸长，一直到受精过程结束才停止生长，花柱干枯自行脱落。花柱伸出后如果没授上粉，其生命力将持续 10~15d，花柱伸长最大长度可达 30~40cm。花柱自行脱落是雌花完成受精过程的外部标志，受精完成就表明一粒新的种子开始发育。从雄穗抽出到雌穗小花受精结束，一般需 7~10d，晚熟的多花型品种所需时间长些。

（2）对环境条件的要求

① 温度　玉米在抽穗开花期要求适宜的日平均温度为 25~26℃，生物学下限温度为 18℃。但如果温度高于 32~35℃，再伴随干旱，花粉就会失去发芽能力，花柱也易枯萎，影响授粉受精，未受精花数将明显增加。

② 水分　此期玉米对水分反应敏感，对水分要求达到最高峰，平均日耗水量达 60m³/hm² 左右。水分不足，抽雄开花持续时间缩短，不孕花粉量增加，雌穗花柱寿命缩短，甚至伸不出苞叶，不授粉，直接影响受精结实。如果遇到干旱，有灌水条件的地方要进行补水灌溉。

③ 养分　抽雄开花期玉米对养分的吸收量也达到盛期。在仅占生育总日数 7%~8% 的短暂时间里，对氮、磷的吸收量接近所需总量的 20%，对钾的吸收量更大，约占一生所需总量的 28%。

（3）栽培技术要点　开花授粉经历时间虽短，但它是玉米一生中最关键的生育时期，此期环境条件不良，直接影响受精过程及受精花数。植株生长状况很大程度上取决于前一生育时期的养分供应及植株长势。因此，为使开花受精顺利，为培育大穗打下良好基础，应提前施肥水等措施。在肥水条件较差的土壤上，应重施拔节肥，肥水充足的条件下，氮肥施用时期可推迟在抽雄前的 7~10d。

5. 粒期（从受精花柱自然脱落到籽粒脐部黑色层出现）

（1）生长发育特点　生育期不同的品种，粒期经历时间也不同，即生育期（出苗至成熟）130d 的中熟品种，粒期一般 55d 左右；生育期 135d 的中晚熟品种，粒期 58d 左右；生育期 140d 的晚熟品种，粒期 62d 左右。不论生育期及粒期长短，按籽粒的形态、干重和含水量等一系列变化，均可将粒期大致分为 4 个时期，即形成期、乳熟期、蜡熟期和完熟期。粒期是决定穗粒数和千粒重的关键时期。

① 形成期　自雌花受精到乳熟初期为止，一般经历天数为粒期总天数的 1/5 左右，即 12~15d（中熟品种需 12d 左右，晚熟品种需 15d 左右）。此时胚的分化基本结束，胚乳细胞还在形成。籽粒体积迅速膨大，末期达到最大体积的 75% 左右。籽粒水分含量很高，达 90% 左右，干物质积累却很少，粒干重占最大粒重的 10% 左右。籽粒外观呈白色珠状，胚乳清浆状，果穗轴已定长、定粗。此期遇到气候条件

异常或水分、养分不足，将会影响籽粒体积膨大，对继续灌浆不利，早期败育粒将会出现。

② 乳熟期　籽粒形成期过后即进入乳熟期，经历天数约为粒期总天数的 3/5，即 35~40d。此期通常称之为籽粒灌浆直线期，籽粒干物质迅速积累，积累量占最大干重的 80% 左右，体积接近最大值，籽粒水分含量 80% ~60%。由于在较长时间内籽粒呈乳白色，故称乳熟期。如果养分不足或在乳熟初期遇干旱、低温、寡照等，则会有大量早期败育粒出现，果穗秃尖长，影响穗粒数。如果干旱或低温出现在乳熟中期，会出现部分中期败育粒，也影响穗粒数和千粒重。此期是决定穗粒数和千粒重最关键时期。

③ 蜡熟期　自乳熟末期到完熟期以前，经历天数约为粒期总天数的 1/5，即 11~15d。此期干物质积累量很少，干物质总量和籽粒体积已经达到或接近最大值。籽粒水分含量下降到 60% ~35%。籽粒内容物由糊状转变为蜡状，故称为蜡熟期。

④ 完熟期　蜡熟期后，干物质积累已停止，主要是脱水过程，籽粒水分降到 35% ~30%。胚基部出现黑色层即达到完熟期。

不难看出，籽粒发育的全过程，即干物质的积累和体积的增大，主要是在籽粒灌浆的中期，确切地说中熟品种在授粉后 10~45d，中晚熟品种在授粉后 12~47d，晚熟品种在授粉后 14~50d。通常将此期称为籽粒灌浆直线期或快速增重期，在授粉后与成熟前的各 10~15d 籽粒增重缓慢，称为缓慢增重期。

（2）对环境条件的要求

① 温度　此期玉米要求适宜的日平均温度为 20~24℃，如果温度低于 16℃ 或高于 25℃，将影响籽粒中淀粉酶的活性，养分的运输和积累不能正常进行。在吉林省中部玉米产区，常年籽粒灌浆期间日平均温度在 19~22℃，所需 ≥ 10℃ 积温 1150~1200℃ · d。生产实践证明，此期间日平均温度在 21~22℃ 的年份籽粒灌浆速度快，成熟早，产量高。而日平均温度低于 20℃ 的年份灌浆速度慢，成熟晚，收获时籽粒水分大，产量相对较低。温度对籽粒产量的影响主要是千粒重的变化，穗粒数所受影响相对较小。

② 水分　受精到其后的 20d 前后，是玉米一生中对水分需要量大，反应敏感的时期，通常将此期称为玉米需水临界期。水分不足，既不能使籽粒体积迅速尽可能地膨大，更限制干物质向籽粒运输积累，导致早期败育粒多，穗粒数和千粒重同时受到影响。因此，在籽粒灌浆初期干旱时，有灌水条件的要进行补水灌溉。籽粒灌浆中期水分不足，会出现中期败育粒，千粒重下降，穗粒数减少。

③ 养分　籽粒灌浆期间同样需要吸收较多的养分，此期需吸收的氮占一生所需总量的 45% 左右。氮素充足能延长叶片的功能期，稳定较大的绿叶面积，避免早衰，对增加千粒重有重要作用。钾素虽在开花前都已吸收完，但如果吸收数量不足，会使果穗发育不良，顶部籽粒不饱满，出现败育粒或因植株倒伏而减产。

（3）栽培技术要点　种植品种生育期不宜过长，适时早播，采用综合技术措施促进前期生育，保证充足的肥水供应。延长籽粒灌浆期，并使其处于相对较高温度条件下，适当晚收，使生育期长的品种达到完熟。

（四）玉米的生育阶段

在玉米生产过程中，为方便管理，合并一些发生质变的生育时期，归纳划分为一些"阶段"（Phase）。关于玉米的生育阶段，有不同的划分方法。一般采用三段划分法，即营养生长阶段、营养生长与生殖生长并进阶段、生殖生长阶段，每个阶段都包括不同的生育时期。这些阶段由于其各自的生理特点、对温度、水分和养分的侧重需求不同，决定了其在生产管理上主攻目标和中心任务的不同。

1.营养生长阶段（播种到拔节）

生产上称苗期阶段。玉米苗期是指播种至拔节的一段时间，是以生根、分化茎叶为主的营养生长阶段。一般春播玉米约35d，夏播玉米20~30d。该阶段的生育特点主要是根系发育较快，但地上部茎、叶量的增长比较缓慢，此时是决定亩株数，并为穗大、粒多、丰产打基础的关键时期。因此，促进根系发育、培育壮苗，达到苗早、苗足、苗齐、苗壮的"四苗"要求是该阶段田间管理的中心任务。根据其生理特点变化该阶段又可划分播种—三叶期以及三叶期—拔节两个时期。

（1）播种—三叶期　一粒有生命的种子埋入土中，当外界的温度在8℃以上，水分含量60%左右和通气条件较适宜时，一般经过4~6d即可出苗。等长到三叶期，种子贮藏的营养耗尽，称为"离乳期"，这是玉米苗期的第一阶段。这个阶段土壤水分是影响出苗的主要因素，因墒情而定，墒情差的地块可播前2~3d开沟造墒，亦可播后浇"蒙头水"，所以浇足底墒水对玉米产量起决定性作用。另外，种子籽粒的大小和播种深度与幼苗的健壮也有很大关系，种子粒大，贮藏营养就多，幼苗就比较健壮；而播种质量的好坏也直接影响出苗的快慢和优劣，播种深度直接影响到出苗的快慢，适宜的播种深度要根据土质、墒情和种子大小而定，出苗早的幼苗通常比出苗晚的要健壮，一般播种深度以5~6cm为宜。据试验，播深每增加2.5cm，出苗期平均延迟1d，因此幼苗就弱。

（2）三叶期—拔节　三叶期是玉米一生中的第一个转折点，玉米从自养生活转向异养生活。玉米拔节期即玉米植株第7片叶片开始展开到长出第10~12片叶片这一时期。从三叶期到拔节，由于植株根系和叶片不发达，吸收和制造的营养物质有限，幼苗生长缓慢，主要是进行根、叶的生长和茎节的分化。玉米苗期怕涝不怕旱，涝害轻则影响生长，当土壤水分过多或积水，玉米三叶期表现黄、细、瘦、弱生长停止或造成死苗，轻度干旱，有利于根系的发育和下扎。

2.营养生长与生殖生长并进阶段（拔节到雄穗开花）

又称穗期阶段。玉米从拔节至抽雄的一段时间，称为穗期，一般为30d，包括了小喇叭口期、大喇叭口期、抽雄期、吐丝期、散粉期。拔节是玉米一生的第二个转折点，这个阶段的生长发育特点是营养生长和生殖生长同时进行，即叶片、茎节等营养器官旺盛生长和雌雄穗等生殖器官强烈分化与形成。这一阶段是玉米一生中生长发育最旺盛的阶段，是决定穗数、穗的大小、穗粒数的关键阶段，也是田间管理最关键的时期。这一阶段加强田间管理，促进中上部叶片增大，茎秆紧实。这期间增生节根3~5层，茎节间伸长、增粗、定型，叶片全部展开；抽出雄穗其主轴开花。

营养生长与生殖生长并进阶段从外部形态看，玉米根、茎、叶片进入旺盛的生长期，根层及气生根迅速生长，叶片数量和叶面积迅速增加，植株茎秆纵向生长快捷；从内部发育看，雄穗已开始进行小花分化，雌穗紧跟进入穗分化阶段，是玉米穗粒数形成的关键时期，这时肥水充足能有效减少空秆率，有利于雄穗分化、雌穗穗粒数的增加，以及对后期延长叶片功能期、防止早衰和提高粒重具有重要的作用。此期是玉米施肥管理的关键时期，当以重追重施。

穗分化及开花期对水分的反应最为敏感，是水分临界期，干旱持续半个月以上，会造成玉米的"卡脖旱"，使幼穗发育不好，果穗小，籽粒少。干旱更严重时，7月下旬至8月中旬（夏播6月中下旬播种的品种）如果连续20d雨量不能满足玉米的需求易造成雄穗与雌穗抽出时间间隔太长，雌穗部分不育甚至空秆（开花授粉期日平均气温在26℃左右，易形成丰产年；若平均气温高于27℃，最高气温高于32℃易形成减产年）。

拔节以前，植株以营养生长为主，之后转为生殖生长为主。因此，调节植株生育状况，促进根系健壮发达，争取茎秆中下部节间短粗坚实，中部叶片宽大色浓，总体上株壮穗大是该阶段田间管理的中心任务，以达到穗多、穗大的丰产长相。

3. 生殖生长阶段（雄穗开花到籽粒成熟）

又称花粒期阶段。该阶段包括开花、吐丝和成熟3个时期。玉米抽雄、散粉时所有叶片都已展开，植株已经定高。此期主要功能叶片是植株的中上层叶片，是决定粒数和粒重的关键时期。该阶段早、中、晚熟品种的经历时间一般为30、40、50d。其生育特点主要是营养生长基本结束，进入以开花、受精、结实籽粒发育的生殖生长阶段。籽粒迅速生成、充实，成为光合物的运输、转移中心，出现了玉米一生的第三个转折点。因此，保证正常开花、授粉、受精，增加粒数，扩大籽粒体积，最大限度保持绿叶面积，增加光合强度，延长灌浆时间，防灾防倒，争取粒多、粒大、粒饱、高产，是该阶段田间管理的中心任务。

纵观玉米的一生可以看到，播种至拔节是决定苗的数量与质量的重要时期，穗期和花期是决定雌穗总花数及受精花数的重要时期，粒期是决定穗粒数与千粒重的关键时期。在生产中要整好地，播好种，在穗期、花期和粒期到来之前，应提供良好的肥水条件，以保证穗大、粒多、粒重，获得高产。

二、生育阶段变化

（一）玉米生育期变化

玉米从播种至成熟的天数，称为生育期。玉米生育期长短与品种、播种期和温度等有关。一般早熟品种在播种晚或温度较高的情况下生育期短，反之则长；同一品种夏播生育期短，春播生育期长。

作物生育期的长短，除主要决定于作物的遗传性外，还由于栽培地区的气候条件和栽培技术等因素而有差异。如秋播、冬播作物因冬季气温低，生长发育缓慢，生育期较长；春播、夏播作物因气温高，生长发育快，生育期较短。同一品种在不同纬度地区种植，由于温度、光照的差异，生育期也随之改变。因此，玉米品种从南向北引种时，生育期发生变化；在中国自南向北引种时由于纬度增高，生长季节的日照加长而温度降低，生育期一般延长；反之，从北向南引种时则因纬度降低、日照减短、温度升高而使生育期缩短。

生育期变化的大小取决于作物本身对光温的敏感程度，对光温愈敏感，生育期变化愈大。在生产上引种推广时必须高度重视。

（二）玉米生育阶段变化

既存在品种类型间差异，也存在地域间差异（表1-1）。

表1-1　不同玉米品种各生育阶段天数（d）

（濮阳市农业科学院，2014）

	早熟品种	中熟品种	晚熟品种
各生育阶段天数	35—30—30	35—30—40	35—30—50
春玉米生育期	80~100	100~120	120~150
夏玉米生育期	70~85	85~95	≥96

注：表中"各生育阶段"依此指营养生长阶段、营养生长与生殖生长并进阶段及生殖生长阶段

若某生育阶段天数＞生育期天数的1/3为"长"，＜1/3为"短"。则大致可以得出玉米各生育阶段的长短变化特征（表1-2）。

表1-2　玉米生育阶段长短变化特征

（濮阳市农业科学院，2014）

	早熟品种	中熟品种	晚熟品种
春玉米	长—短—短	短—短—长	短—短—长
夏玉米	长—短—短	长—短—长	长—短—长

注：表中"生育阶段"依此指营养生长阶段、营养生长与生殖生长并进阶段及生殖生长阶段

（三）玉米在不同地域、不同播种季节、同一播季不同播种时期的三段生长特征

曹广才、吴东兵（1995）曾以中国北方旱农试区试验为例，研究海拔对其玉米生育天数的影响，参试品种是烟单14、赤单72和中单120。发现同一品种在同一地点，随播期推迟，各物候期有逐渐推迟的趋势。同在4月份播种，在播后温度变化不很大的情况下，晚期播出苗较晚，其后各时期也相应稍晚。同一品种在不同海拔点的同一播期中，随海拔升高，拔节期、成熟期有逐渐推迟趋势。最后得出结论：三段生长表现"长—短—长"的"两长一短"的特征。

作物生育期的变化是作物本身生理过程和环境条件综合作用的结果。翟治芬等（2012）根据实地调查结果，春玉米和夏玉米的种植分界基本以黄淮海地区北界区为分界，界区以北为春玉米种植区，界区以南为夏玉米种植区（表1-3）。以春玉米与夏玉米的种植分界区为界限：玉米播种期分别向北推迟、向南提前。春玉米种植区播种期最早是在4月10日，最晚是在5月11日，时间跨度长达30d左右；夏玉米种植区播种期最早是在5月10日，最晚是在6月21日，时间跨度长达45d左右。玉米成熟期分别向北向南提前。春玉米种植区成熟期最早是在9月1日，最晚是在9月27日，时间跨度约1个月；夏玉米种植区成熟期最早是在8月21日，最晚是在10月2日，时间跨度长达1.5个月。依据《中国农业区划图集》中农业种植区域的划分，并结合其研究组已有的主要农作物生育期研究工作，综合考虑气候条件对玉米播种期和成熟期的影响，结果表明，受气候变化影响，中国玉米的生育期以延长为主。

表1-3　春玉米与夏玉米的生育期时段

（濮阳市农业科学院，2014）

名称	春玉米	夏玉米
播种地区	东北三省、内蒙古和宁夏为主	以山东和河南、河北为主
主要特征	播种早，发育成熟期长	播种晚，发育成熟期短
生育期时段	春玉米主产区：东北、西北地区4月下旬至5月上旬、中旬播种至9月上中旬成熟；西北内陆春玉米区，南疆4月中、下旬播种至9月上、中旬成熟；北疆地区5月上、中旬播种至9月中旬成熟。	夏玉米主产区：华北、黄淮地区6月中旬播种至9月下旬成熟。近年来逐步向麦田套播玉米（麦茬玉米）发展。5月下旬套种至9月上中旬成熟；长江中下游夏玉米区，6月下旬播种至9月中旬成熟；西南高原夏玉米，5月下旬至6月上旬播种至9月上、中旬成熟。

中国是四季玉米之乡，从南到北一年四季都可种植玉米。玉米的集中产区分布在东北、华北和西南山区，形成从东北向西南狭长的玉米带，包括黑龙江、吉林、辽宁、河北、山东、河南、山西、陕西、四川、贵州、广西壮族自治区和云南12个省（区），玉米种植面积和产量都占全国的80%以上。

本章参考文献

1.Bonhomme R., 岳铭鉴译.玉米叶片数对光周期敏感性的多点田间试验.Agronomy Journal, 1991, 83（1）:153-157.

2. 曹广才, 吴东兵.高寒旱地玉米熟期类型的温度指标和生育阶段.北京农业科学, 1995, 13（2）:40-43.

3.曹广才, 吴东兵.海拔对我国北方旱农地区玉米生育天数的影响.干旱地区农业研究, 1995, 13（4）:92-98.

4.陈国平, 尉德铭, 刘志文, 等.夏玉米的高产生育模式及其控制技术.中国农业科学, 1986, 19（1）:33-40.

5.陈学君, 曹广才, 吴东兵, 等.海拔对甘肃河西走廊玉米生育期的影响.植物遗传资源学报, 2005, 6（2）:168-171.

6.陈学君, 曹广才, 贾银锁, 等.玉米生育期的海拔效应研究.中国生态农业学报, 2009, 17（3）: 527-532.

7.邓根云.气候生产潜力的季节分配与玉米最佳播种期.气象学报, 1986, 44（2）:193-198.

8.董玉飞, 侯大斌, 岳含云, 等.北川山区海拔和坡向对杂交玉米的影响.应用与环境生物学报, 2000, 6（5）:428-431.

9.方华, 李青松, 郭玉伟, 等.中国玉米品种生育期的研究.河北农业科学, 2010, 14（4）:1-5.

10.郭国亮, 李培良, 张乃生, 等.热带玉米群体遗传变异的研究.玉米科学, 2001, 9（4）:6-9.

11.郭瑞, 王海斌, 陈彦惠.温、热生态环境下玉米生育性状的遗传研究, 河南农业科学, 2005, （6）:25-29.

12.胡昌浩, 潘子龙.夏玉米同化产物积累与养分吸收分配规律的研究（Ⅰ）干物质积累与可溶性糖和氨基酸的变化规律.中国农业科学, 1982（1）:56-64.

13.霍仕平, 许明陆, 晏庆九.纬度和海拔对西南地区中熟玉米品种灌浆期和粒重及株高的效应.作物学报, 1995, 21（3）:380-384.

14.李长顺.玉米各生育阶段对温度的要求.养殖技术顾问, 2010（9）:52.

15.刘昌继.不同播期对玉米穗分化及产量的影响耕作与栽培, 1996（5）:37-38.

17.刘明, 陶洪斌, 王璞.播期对春玉米生长发育与产量形成的影响.中国生态农业学报, 2009, 17（1）:18-23.

18.刘永建, 张莉萍, 潘光堂, 等.CIMMYT玉米种质群体主要农艺性状的遗传变异和光周期敏感性.西南农业学报, 1999, 2（3）:30-34.

19. 刘战东, 肖俊夫, 南纪琴. 播期对夏玉米生育期、形态指标及产量的影响. 西北农业学报, 2010, 19 (6):91-94.

20. 罗春华. 玉米物候期观测试验与分析. 杂粮作物, 2009, 29 (5):310-312.

21. 王琪. 温度变化对东北春玉米生长发育速率的影响. 现代农业科技, 2011, (7):46-48.

22. 王同朝, 卫丽, 马超, 等. 不同生态区夏玉米两类熟期品种子粒灌浆动态和产量分析. 玉米科学, 2010, 18 (3):84-89.

23. 王振华, 刘文成, 张新, 等. 高淀粉玉米新品种郑单21生态适应性研究. 华北农学报, 2005, 20 (6):38-41.

24. 王忠孝. 山东玉米.1999, 北京: 中国农业出版社.

25. 吴东兵, 曹广才. 我国北方高寒旱地玉米的三段生长特征及其变化. 中国农业气象, 1995, 26 (12):7-10.

26. 武艳芍, 郝建平. 不同播期对强盛49出苗速度及生育期的影响. 中国农学通报, 2009, 25 (04):119-121.

27. 徐铭志, 任国玉. 近40年中国气候生长期的变化. 应用气象学报, 2004, 15 (3):306-312.

28. 严斧. 作物光温生态.2009, 北京: 中国农业科学技术出版社.

29. 闫洪奎, 杨镇, 徐方, 等. 玉米生育期和生育阶段的纬度效应研究. 中国农学通报, 2010, 26 (12):324-329.

30. 翟治芬, 胡玮, 严昌荣, 等. 中国玉米生育期变化及其影响因子研究. 中国农业科学, 2012, 45 (22):4587-4603.

31. 张凤路.S.Mugo. 不同玉米种质对长光周期反应的初步研究. 玉米科学, 2001, 9 (4):54-56.

32. 张建国, 曹靖生, 史桂荣, 等. 黑龙江省主要玉米品种及其亲本光温反应特性研究 (Ⅰ) 12 个玉米品种及其亲本的光反应特性. 黑龙江农业科学, 2009 (2):23-26.

33. 张建立. 气候因子对豫南夏玉米生长发育的影响. 河南农业科学, 2011, 40 (1):54-57.

34. 张世煌, 石德权. 系统引进和利用外来玉米种质. 作物杂志, 1995 (1):7-9.

35. 张兴端, 霍仕平, 李求文. 海拔高度对武陵山区玉米品种生育期和产量的影响. 玉米科学, 2006, 14 (3):99-102.

36. 张银锁, 宇振荣, P.M.Driessen. 夏玉米植株及叶片生长发育热量需求的试验与模拟研究. 应用生态学报, 2001, 12 (4):561-565.

37. 赵霞, 王宏伟, 谢耀丽, 等. 豫南雨养区夏玉米产量与气象因子的关系. 河南农业科学, 2010 (3):18-22.

38. 赵霞, 丁勇, 唐保军, 等. 播期对郑单538产量及相关性状的影响. 河南农业科学, 2013, 42 (9): 33-35.

39. Allison J. C. S., Daynard T. B.Effects of change in time of flowering, induced by altering photoperiod or temperature, on attributes related to yield in maize.Crop Sci., 1979, 19:1-4.

40. Dowswell C R, Paliwal R L, Cantrell R P. Maize in the Third World.USA: West view Press,

1996 : 35–37.

41. Ellis R. H.,Sumerfield R. J.,Edmeades G. O. Photoperiod temperature and the intervial from sowing inititation to emergence of maize.Crop Sci.,1992, 32 : 1 225–1 232.

42. Ellis R. H, Sumerfield R. J., Edmeades G O. Photoperiod, temperature, and the interval from tassel initiation to emergence of maize. Crop Sci, 1992, 32 : 398–403.

43. Evans L.T. Crop Evolution,Adaptation and Yield.1993, London : Cambridge University Press, 259.

44. Kiniry JR, Ritchie JT, Musser RL.Dynamic nature of the photoperiod response in maize. Agronomy Journal,1983,75 : 700–703.

45. Menzel A, Fabian P. Growing season extended in Europe. Nature,1999, 397 : 659.

46. Myneni R B, Keeling C D, Tucker C J, et al.Increased plant growth in the northern high latitudes from 1981–1991. Nature,1997, 386 : 698–702.

47. Sprague G. F. Dudley J W.Corn and Corn Inprovement.Publishers Madison, Wisconsin, USA,1988,609.

48. Struik, P. C..Effect of a switch in photoperiod on the reproductive development of temperate hybrids of maize. Neth.J : Agric.Sc.,1982,30 : 69–83.

49. Watson R T, Albritton D L,Barker T.Climate Change 2001—Synthesis Report. United States of America : Cambridge University Press, 2001 : 46.

第二章　玉米简化栽培技术

第一节　播前整地

一、春玉米整地

（一）秋整地

1. 应用地区和条件

玉米秋整地即在玉米收获之后，结合深耕深翻或灭茬、扣垄将翌年玉米所需的底肥施入土壤里的一项耕作技术。秋整地项目包括深松、翻地、旋耕、耙地、起垄、秸秆根茬粉碎还田等多项作业，是"一季管两年"的重要环节。秋整地效果的优劣直接影响到农作物的产量与品质，关系到农民的经济收入。主要在东北春玉米区、华北春玉米区、西北春玉米区应用。

（1）东北春玉米区秋整地　采用大功率拖拉机（58.8kw以上）牵引综合整地机进行作业。一次进田可完成旋耕、灭茬、深松（间隔）、起垄、镇压等多项作业，提高了生产效率，减少了进地次数对田地的碾压，降低机械作业成本。旋耕深度10~16cm，灭茬深度5~8cm。深松铲采用楔形、双层翼板式，深松垄沟（单铲耕幅是行距的1/2），深度30~35cm，玉米根茬粉碎还田，可增加土壤中有机质含量，提高肥力。深松后不留任何死角，疏松土壤，提高了蓄水能力，又减少了春季水分蒸发，使自然降水利用率大大提高，基本做到依靠自然降水可进行玉米耕种，为来年春播做好准备。

（2）华北春玉米区秋整地　秋季整地要求在前作物收获后应立即灭茬，施入有机肥进行早秋耕、深秋耕。据调查，早秋耕比晚秋耕增产。秋深耕既可以接纳秋季雨水，秋雨春用，又可以使土壤经冬春冻融交替后耕层松紧度适宜，保墒效果好，肥效利用率高。有条件的地方，可结合秋季耕地施入有机肥，耕地深度一般为16~20cm，耕后立即耙糖，后面还应重压1~2次。

近年来，由于农用小三轮车、四轮车的普及，加上土地由集体大面积经营变成农户零散经营，农民对秋整地认识不足，所以很少使用大型农机具进行整地。造成土壤熟土层日益变浅，犁底层日益加厚，土壤板结，同时由于掠夺式经营，土壤有机质含量减少，使得土壤保肥保水能力差，以至形成旱年不抗旱、涝年不抗涝的局面。因此，应大力提高秋整地质量，以促进作物产量的增加和品质的提高。

（3）西北区春玉米秋整地　秋整地是一项重要的农业生产措施，对于抵抗不利

自然因素的影响，保证粮食和其他农作物的高产、稳产具有重要作用。秋整地是抢墒播种的需要。西北区地处寒地，冬季冰冻三尺，春季回暖快。由于土壤上部化冻快，下部化冻慢，常常形成"返浆水"。而春季又是十年九旱，能否利用好"返浆水"及时抢种，是春播保全苗的关键。如果秋季未整好地，必然要进行春整地，而春整地会散失水分、破坏墒情、加重春旱，给播种保全苗造成困难。秋整地能使土壤达到待播状态，第二年春季一进入适播期，立即就能播种，而且与春整地相比，秋整地能使播种提前 5~7d，大约增加积温 150℃，可使粮食亩增产 35~50kg。秋整地可以防早霜，秋整地的地块可以适时早播，为种植晚熟高产品种争取 5~7d 的时间，一定程度上避免早霜的为害，对于保证丰产丰收具有重要意义。

2. 秋整地标准

质量标准是地表平下细碎，有一层松土并夹带有部分小土块，下面要有一层土壤紧实而湿润的种床，无大土块和架空现象；要求地表平整度在 2.1m 幅度内，高度差小于 7cm，无漏耙、无拖沟和拖堆起垄现象。

（1）耕深及有无重耕或漏耕 玉米标准化耕作措施包含对土壤作用深度的指标，如翻耕深度、播前耙地、开沟深度等。这些指标与玉米出苗、根系发育等有密切关系，是耕作质量的重要指标。检查深度可在作业过程中进行，也可以在作业完成后沿农田对角线逐点检查。有无重耕和漏耕可以由作业机工作幅宽与实际作业幅宽求得。重耕会造成地表不平，降低功效，增加能耗；漏耕则会使玉米出苗不齐、生长不匀，增加田间管理的难度。生产中如果出现大面积耕作深度不够和漏耕，则需返工。

（2）地表平整度 地表平整度是指地块内不能有高包、洼坑脊沟存在，否则会引起农田内水分再分配，导致一块田地土壤肥力和玉米生长状况出现显著差异。尤其灌溉农区和盐碱土壤，平整度更是重要的质量指标。土地平整度检查必须从犁地开始把关，如正确开犁、耕深一致、没有重耕和漏耕等。辅助作业的平地效果只有在基本作业基础上才能更好地发挥作用。

（3）碎土程度 要求土壤碎散到一定程度，即棉而不细。理想的土壤团块大小应该是既没有比 0.5~1mm 小得多的土块，也没有比 5~6mm 大得多的土块。因为微细的土粒将堵塞孔隙，而大土块会影响种子与土粒紧密接触吸收水分，还会阻碍幼苗出土。土壤散碎程度间接反映水分状况，在过湿或过干的情况下耕作是造成大块的原因，出现这一情况，说明土壤水分已被大量损失，所以检查碎土状况的同时要检查耕层墒情。检查耕作后的碎土程度，通常是以 / 每平方米地面上出现某一直径的土块数为指标。同时也要检查在耕层内纵向分布的土块，这些土块的存在是造成缺苗、断垄的主要原因。在过干时耕作所造成的土块，只有等待降雨和灌溉后去消除它们，过湿时耕作所造成的土块，如耕后水分合适，应及时用表土耕作措施将土块破碎。

（4）疏松度　过于紧实和过于疏松的土层均对玉米生长发育不利。检查疏松度一要抓住耕层有无中层板结，二要注意播前耕层是否过于松软。由于土壤过湿或多次作业，耕层中容易形成中层板结，而地表观察时，不易发现。所以疏松度的检查不能观察地表状态，而要用土壤坚实度测定仪，检查全耕层中有无板结层存在。破除中层板结的较好办法是播前全面深松耕以及玉米出苗后及时中耕松土。播种前耕层不能太松，太松不仅使种子与土粒接触不紧，而且使播种深度不匀，幼苗不齐，甚至引起幼苗期根系接触不到土壤而受旱。播前或播后镇压可调节过松现象，一般是播前松土深度不超过播种深度为宜。

（5）地头地边的耕作情况　机械化生产的单位，因农具起落、机车打弯，地边地头的耕作质量常被忽视，这些地方玉米生长较差，单产较低。犁地、播种按起落线作业，并有精确的行走路线，才能改善和提高地头地边的耕作质量和玉米生长状况。

3. 秋整地的优越性

（1）提高耕地的抗旱抗涝能力　通过秋整地可提高土壤蓄水保墒能力，改善土壤性能，增强土壤肥力，提高耕地抗旱抗涝能力，减轻备耕压力，提高春耕生产质量。深松深度达 30cm 以上，打破了犁底层，加深了耕层，改善了耕地的理化性能，扩大"土壤水库"容量，可接纳大量的雨水，增强了土壤肥力和蓄水保墒能力。据专家测定：表土耕层每加深 1cm，每亩可增加 2t 蓄水能力，储存 3mm 降水，若一次降水 40~50mm，地表也不会有明水。

（2）确保施肥深度，防治烧种、烧苗，利于有机肥的长效发挥　近年来，由于化肥做底肥数量越来越大，尤其是高 N 复混肥的应用比例越来越多。通过秋整地施底肥这一技术，在整地过程中加深了耕层，施肥的深度容易达到质量要求，做到底肥深施，一般施肥深度可达 15cm 以上，避免了烧种、烧苗现象的发生，有效增加了玉米根系吸收养分的范围，提高了肥料的利用率。因此，采用秋整地结合施底肥，为苗全、苗齐和丰收奠定了良好的基础。

通过秋整地做到底肥（包括有机肥、化肥）深施，播种时把少量速效性肥料施在土壤表层做口肥，追肥时把 N 肥、部分 K 肥施于中层，做到各层土壤中养分均匀分布。这样可使作物在幼苗期就能得到充足的养分，在整个生长发育的各个阶段，随着根系的延伸能源源不断得到养分。

秋施肥的肥料为有机肥，少量 N 肥，大量 P、K 肥。由于肥料施入早，肥料可以与土壤有效融合并均匀地不断扩散到耕层的各个部分，包括最旺盛根层部位，防止幼苗阶段肥料过分集中造成烧苗现象，利于根系的吸收和利用。由于春播玉米区降水量少、施肥至播种前温度低，这段时间里，不至于造成各种肥料的挥发和淋失。

（3）促进农作物早熟，改善作物品质　深松整地可以抢农时，增积温，减少低温冷害对农作物的影响，有利于农作物生长。秋整地与秋施肥相结合，可将化肥施

深、施足，使农作物产量提高。通过秋季深松整地，达到待播状态，翌年春季可以适时早播，争得有效积温200℃以上，并且春季寒气散发快，地温高于未整地的地块，有利于作物生长，促早熟，降低低温冷害对农业的影响，提高农产品的品质。

（4）提高杀草效果，增加作物产量 秋整地具有一定的灭草作用，通过深翻将表面土壤的草籽翻入深处使其不能萌发，减少了杂草数量；秋整地利于秸秆、根茬还田，秋深翻、旋耙可将作物秸秆根茬打碎，混入耕层中，既利于播种，又适当增加了土壤有机质。秋整地可与秋施除草剂相结合，秋季混土施用除草剂，具有减少药剂损失、药效稳定、对农作物安全性高、提高杀草效果、增加作物产量等优点。

（5）保护耕地，促进农业可持续发展 过去，农民种地忽视养地，土壤耕层逐年变薄，有机质含量下降，这些都是影响农业可持续发展的根本问题。要解决这些问题，必须建立科学合理的土壤耕作制度，扩大深松面积，减少耕地的风蚀、水蚀；同时，在深松的基础上，实行保护性耕作，免耕播种，扩大根茬秸秆还田面积，增加有机质含量，进而提高农业的产出效益，增加农民收入。

（6）推动农业标准化建设，提高农业现代化水平 农业标准化是衡量农业现代化水平的重要依据，土壤耕作是实施农业标准化的最初环节。整地达不到标准，农业标准化就无从谈起；只有把耕地整好，才具备实现播种、施肥、植保等农业标准化的条件。从这个角度看，抓好秋季深松整地对于建设现代标准化农业具有非常重要的作用。

（7）躲开农忙季节，缓解劳动力紧张 对玉米春播区农民来说，秋收后到地面封冻这一段正是空闲时间，秋整地可以充分利用这一时间，缓解春季时间紧，劳动力短缺的矛盾。

（二）留茬免耕

1. 应用地区和条件

免耕是在不影响农业产量的情况下，对农田少耕或不耕，并利用作物秸秆或根茬覆盖地表，以减少土壤风蚀和水蚀，提高土壤肥力和抗旱保墒能力的一项保护性农业耕作技术。其技术特点是不搅动或少搅动耕层土壤，节省劳力，降低生产成本以及使土壤表面保持粗糙疏松状态，保持土壤结构。在当前形势下，推广免耕栽培是一条减轻土地荒漠化、提高作物产量的有效途径。

（1）内蒙古西部 内蒙古西部玉米产区风蚀严重。以防治风蚀为主，且玉米秸秆需要综合利用。实施留茬免耕保护性耕作技术非常重要，采用机械收获时留高茬，免耕播种作业。

播种：根据当地的实际播种时间，以4月25日至5月5日为宜。5~10cm土壤温度稳定在8~10℃即可播种，尽量争取在4月30日左右播种完毕。利用免耕播种机进行免耕播种或破茬播种，一次完成破茬开沟、深施肥、播种、覆土、镇压作业，尽量减少机具对土壤的搅动，减少拖拉机作业时对土壤的镇压次数。

收获：秋季机械收获留 25~30cm 高茬，留茬覆盖率 30% 以上，机具的作业速度一般为 6~10km/h。

松土：秋季采用全方位深松机或凿式深松机进行深松作业，疏松多年形成的坚硬的犁底层。

免耕播种可在玉米根茬（25~30cm）覆盖的旱地和水地进行。根据土表平整度、土壤的坚实度、残茬覆盖情况对机械播种的影响，确定是否进行表土处理。黏重土壤不宜直接免耕播种，播前可以对种床或表土进行处理。地表高低不平，覆盖物多或成堆，杂草难灭的地块，需进行浅松。选用适宜当地自然条件的优良品种，并进行精选处理和发芽试验，种子的纯净度要达到 98% 以上，且大小应均匀，发芽率达到 95% 以上。为了防止病虫害，必须进行种子药剂处理或种子包衣。一般播量为 2~3kg/亩（1 亩 ≈ 667m²。全书同）。

根据土壤肥力，确定施用化肥的种类和数量。中等肥力条件下，肥料用量为：磷酸二铵 20kg/亩，增施硫酸钾 10kg/亩，硫酸锌 1kg/亩，一次施用量要保证作物生育期的需要。有机肥和无机肥配合施用，效果更好。化肥要进行筛选处理，不得有杂物与结块。播种和施肥深度应根据土壤墒情而定，一般情况下，玉米种子覆土为 3~5cm，沙土和干旱地区播种深度应增加 2~3cm，化肥则应施在种子的正下方、侧下方或侧面（取决于播种机的类型），种肥间距应保证在 5cm 以上。如果播种时地表有干土层，则应实行开沟深、浅覆土，保证种子种在湿土上。

（2）吉林省中部黑土区　整地成垄后土壤裸露加速了土壤风蚀和水蚀，自然降水利用效率低，土壤有机质持续下降，严重影响了玉米生产，限制了玉米产量的提高，不利于发展持续高效农业。黑土区土壤退化、有机质下降、结构变差等问题，通过玉米留高茬少、免耕技术研究，采用科学合理的耕作方法，使土地资源科学合理地利用，做到土地用养结合，实现土壤生态环境向持续高效的方向发展。

免耕条件下土壤容重明显高于连耕。少耕宽行与连耕相比土壤容重低，现行耕作法的灭茬起垄使土壤容重明显高于少耕的宽窄行松带。宽窄行种植通过宽幅深松，打破了犁底层，降低了土壤容重，形成了虚实并存的土壤结构，协调了耕作层土壤中水、肥、气、热，创造了土壤独特的内部环境；连耕与灭茬起垄的土壤容重无显著差异。

少耕、免耕的土壤水分高于连耕时，春播时的土壤水分差异更为明显。少耕、免耕对于土壤保墒和保苗有一定意义。但是长期免耕对土壤的通透性会有一定的影响，连续免耕 3 年以上的地块，最好结合深松（1~2 年）同时进行，再实施免耕。少耕（宽窄行种植）创造了良好的耕层构造，虚实并存，苗带紧行间松，有利于保墒保苗。免耕土壤有机质明显高于连耕，少耕（5 年）与连耕（26 年）相比无明显差异；少耕与长期免耕及连耕相比产量有所提高。

（3）甘肃中部地区　覆膜玉米后茬免耕栽培技术是在覆膜玉米收获后，不进行

耕、翻、耙、糖等作业，留板茬、秸秆冬灌，翌年春播时，把玉米直接播种在上年玉米茬中间。这是一种农田保护性耕作措施。免耕地土壤墒情好、地温高、供肥能力强，与翻耕地块比，玉米出苗快生长好，表层根量多，主根发达，不易倒伏，抗逆性强。通过玉米播前对免耕地和秋季耕翻地土壤 0~20cm 的含水量，表层 0~5cm、5~10cm、10~15cm、15~20cm、20~25cm 的温度进行测定表明，免耕地的土壤含水量比秋翻地的高 7.80%，免耕的地温比秋季耕翻地的分别高 1.30℃、1.60℃、2℃、0℃、0℃。免耕地 1 年约有 7500kg/hm² 的根茬和秸秆自然腐烂在土壤中，增加了土壤中的腐殖质，提高了土壤肥力。

① 经济效益　据对甘肃中部多点玉米免耕栽培与传统的"耕翻法"种植比较，玉米平均增产 750~1 125kg/hm²。按 1.80 元/kg 计算，增收 1 350~2 025 元/hm²。免耕减少了耕作环节，降低了种植成本。免耕 1 年可节省整地机械作业费 1 275 元/hm²左右；覆膜费用 2 520 元/hm²，其中，地膜 720 元/hm²、人工 1 500 元/hm²、覆膜机械作业费 300 元/hm²。仅这两项就可减少投入增加收入 3 795 元/hm²。地膜玉米免耕种植增产增收、节本增效，两项合计增加收入 5 145~5 820 元/hm²。

② 社会效益　防风固土、减少风蚀。采用这项免耕技术，土地将近 2 年时间受地膜和作物秸秆覆盖，不受耕作的扰动，避免了土壤裸露，保持了土壤表面原有结构，形成了很好的地面保护层，大大降低了冬春季节因干旱风大引起的土壤风蚀和水分的无效蒸发；阻止了耕层中的优良土壤大风刮走，保护了耕地；抑制了沙尘天气，保护了环境。培肥地力、少施化肥。玉米根茬及部分秸秆还田，增加了土壤有机质，培肥了地力，减少了化肥的施用量，提高产品品质，降低了农业面源污染。

总之，地膜玉米高留茬免耕连作种植技术集地膜与秸秆双重覆盖节水保墒、增温、抑制沙尘等，免耕省工、省时，秸秆还田培肥地力；田间作物小倒茬，地膜多次利用，为一高效循环农业技术，生态环保。这项技术是耕作方式的一次革命，改玉米种植必须轮作倒茬为可以连种，改整地后播种为不整地直接播种，改秸秆出地为还田肥地，改根茬旋耕粉碎还田为留高茬自然腐解还田。

（4）西南地区

① 省工节本，增产增收　玉米免耕栽培免掉犁地（田）、整地时的体力劳动，减轻了劳动强度，解放了农村劳动力。传统的翻耕种植，犁地、整地需要投入人工或机耕费用 1 200~1 500 元/hm²，而采用免耕栽培，只需除草剂成本 150~300 元/hm²，因而免耕可以节省开支 900~1 200 元/hm²。同时免耕栽培一般增产 450~750kg/hm²，增加产值 450~900 元/hm²，因此，玉米免耕栽培节本增收达 1 500 元/hm² 以上。

② 抗旱调温，保苗促穗　广西壮族自治区玉米大部分种植在山区和旱区坡地，受旱影响较大。应用玉米免耕栽培技术，由于未经翻耕犁耙，土壤结构保持良好，保水性能较强，深层土壤的水分容易上升到地表，表层土壤的水分又不容易挥发。同时，能提前播种季节，避开早春低温干旱、秋玉米苗期高温和卡脖子旱造成的不

良影响，确保了春玉米齐苗、秋玉米齐穗。免耕栽培还可保持良好的土壤热传导性能，土温相对稳定，低温、高温为害低，对玉米生长十分有利。推广免耕技术，秋玉米提前套种到春玉米行间，春玉米还可以起到遮光降温作用。

③ 生态环保，持续发展　玉米免耕栽培结合秸秆还田，避免秸秆焚烧及污染问题，并能培肥土壤，改善土壤理化性状，有利于有机质的积累和团粒结构的形成。同时作物秸秆覆盖地表，可以防止水土流失及水分蒸发，增加了土壤蓄水保墒能力，减少地表淋溶和风蚀，遏制石山地区石漠化进一步加剧，实现玉米生产的生态化、优质化和高产化。马山、靖西、大化、都安等县连续多年进行免耕秸秆还田的田块，土壤疏松、肥力增加，玉米产量逐年增加。实践证明，玉米免耕是集生态效益、经济效益和社会效益于一体的技术措施。

④ 优质高效，增收明显　2004 年，河池市开展了玉米免耕生态高效技术模式的试验、示范，模式有"免耕玉米＋灯＋鸡"、"免耕玉米＋地头水柜＋灯＋鱼"等，用灯诱虫喂鸡、喂鱼，减少养殖中蛋白饲料的投量。以放养 150 只鸡 /hm^2 计算，可增收 1800~2250 元 /hm^2；每个普通地头水柜挂灯养鱼 120~130 条，每亩可增收 300 元左右。通过建立生态种养模式，引导农民发展立体生态农业，大大减少了农田用药，节约成本，有利于提高玉米产量和质量，促进农民增收。

2. 留茬免耕的效应

免耕栽培从 20 世纪 70 年代至 80 年代从国外兴起，主要在干旱、少雨的非洲、南亚、南美等一些经济欠发达，水土流失比较严重的地区。这些地区由于大量垦荒，水土流失严重，土壤养分大量流失，为了提高产量，大量使用化肥，如巴西 1970~1986 年化肥使用量增加 575%，作物产量未取得任何增长，造成土壤有机质快速下降，土地生产能力降低，在这种情况下，联合国粮农组织热带农业研究所专家指导开始了免耕栽培的研究推广工作。陕西省的免耕栽培开始于 20 世纪 90 年代，类型较多，如稻麦、稻油免耕复种，小麦玉米免耕复种等形式，在恢复土壤肥力，减少土壤流失，提高作物产量方面起到了重要作用。按照过去传统的玉米种植方式是在小麦收获前后，先点播玉米，待出苗后，要通过灭茬、施肥、起垄三道工序，既麻烦，劳动强度又大。随着小麦联合收割机的迅速发展，小麦留茬高度 20~25cm，比过去人工收获高 10~15cm，田间作业难度和强度更大，因此，人们为了作业方便，便焚烧麦茬。其结果一是火灾事故频发，造成财产损失；二是浓烟滚滚，造成环境严重污染；三是造成土壤有机质降低，土壤有益的微生物减少，土壤迅速瘠化，对农业生产影响较大。面对这种情况，农业技术人员通过细心观察、调查，发现一些在外打工人员，在玉米施肥、间苗后就忙于他事，疏于管理，到秋收时玉米未减产，反而增产，秆粗棒大，且未出现倒伏现象。对其现象进行观察，并做进一步完善，免耕栽培技术就这样形成了。小麦留高茬以及麦衣、麦茬在地面的覆盖不仅能驱散雨滴的动力，还能降低径流速度，最终因为被运走的土壤微粒减少使土壤流失量降

低。通过在不同覆盖情况下模拟降雨时土壤流失量和在一致的风速下，不同茬口和不同覆盖情况下，对土壤侵蚀量，显示了随覆盖物的数量增加，土壤流失量降低，小麦残留物较高粱残留物抵御水、风蚀的能力更强。一是覆盖物阻止土表硬壳的形成并维持较高的渗透率。据试验，玉米田随着时间的推移，有覆盖物的田块比未覆盖的田块累积蓄水量明显增加。二是由于覆盖避免阳光直射土壤表面，减少土壤毛细管水分蒸发，土壤含水量明显增加。据试验，有覆盖物的土壤在120cm深处水分含量平均为173.25mm，而无覆盖物为144mm，相差29.25mm。土壤表层养分显著提高一是土壤耕层有机质明显提高。

（三）春整地

春季整地，要求尽量减少耕作次数，来不及秋耕必须春耕的地块，应结合施基肥早春耕，并做到翻、耙、压等作业环节紧密结合。如播前遇雨，也可浅耕并及时耙耱，趁墒播种。各地应根据当地的特点和条件采用适宜的耕作方法。

1. 整地要求

为了保住墒情，春整地的时间应抢在土壤全面解冻前，抓住土壤表层处于早化冻的时机进行。如在翻浆期顶浆耙地，就会因土壤温度大，形成结巴土块，加剧表土干燥，增厚干土层，影响播种质量。春整地要求既要保住墒情，又要防止风蚀。因此表土不能耙耱过细，同时在表土下面要造成一层坚实的种床。

2. 整地机具

一般使用链轨拖拉机配套圆盘耙，耙后带拖土板。用圆盘耙切碎土地，并压实表层下的土壤，形成良好的种床。

3. 作业时间

耙地时间要抢在3月末，在土壤翻浆前整好地。

4. 质量标准

地表平整细碎，有一层松土并夹带有部分小土块，下面要有一层土壤紧实而湿润的种床，无大土块和架空现象；要求地表平整度在2.1m幅度内，高度差小于7cm，无漏耙、无拖沟和拖堆起垄现象。

二、夏玉米整地

（一）夏玉米带茬播种

1. 夏玉米不整地

指收割小麦后不进行耕地整地，直接带着麦茬麦秸开沟播种的一种种植方式。试验证明，夏玉米带茬播种有以下好处。

（1）有利于提高土壤肥力 有机肥是土壤 N、P、K 和多种微量元素的补给源，而小麦秸秆是有机肥的重要来源。采用夏玉米带茬播种种植方式，可以较好地解决土壤缺素症，提高土壤肥力。试验表明，小麦秸秆还田后当季可使土壤有机质含量提高 0.04%。

（2）有利于提高土壤含水量 麦秸覆盖玉米田后，可有效抑制土壤水分蒸发、蓄水保墒作用，使土壤绝对含水量提高 33.4%，利于缓解玉米生长期对水分的需求矛盾。

（3）有利于抑制杂草生长 通过小麦秸秆的覆盖作用，可以封闭土壤表层，减弱地面光照强度，抑制杂草发生。

（4）有利于改善田间小气候 在秸秆的腐烂过程中 CO_2 释放量增加，有利于促进玉米植株的光合作用和调节地温，促进夏玉米生长。

（5）有利于节约劳力，降低劳动强度 秸秆直接还田能够促进土壤微生物的活动，减少中耕次数。一般带茬播种玉米田的管理要点之一是适时适喷施除草剂。小麦秸秆覆盖的玉米田进行中耕比较困难，夏玉米带茬播种虽然能有效地控制杂草生长，但不能完全灭除杂草。为了提高灭草效果，应在玉米出苗前杂草芽萌发时使用。除草剂的喷施一定要严格掌握使用量，并注意喷匀，不重喷不漏喷，以提高防治效果。

2. 注意防治虫害

夏玉米带茬播种，由于秸秆的覆盖会造成玉米田黏虫、蓟马、灰飞虱、蟋蟀、飞蝗、土蝗等害虫发生。对此，除采用药剂拌种或包衣种子外，还应在出苗至定苗期适时进行药剂防治。

3. 切实加强苗期管理

夏玉米带茬播种的方法是麦收后利用播种机边开沟边播种。播种后应掌握以下管理要点：对播种时墒情不好的地块，播后要立即浇蒙头水，以防干旱出苗不齐；在玉米出苗后对麦秸遮盖不严裸露较多地方，玉米苗周围要适当少盖些秸秆，以确保小苗正常生长，同时苗期还应注意加强肥水管理，适量追加 N 肥；对于缺 P、缺 Zn 地块，应适量增施 P、Zn 肥，以满足玉米生长发育所需。

（二）留茬免耕，硬茬播种

1. 夏播玉米留茬免耕栽培技术

高留茬免耕栽培技术就是在小麦收获时采取高留茬口，留茬高度为 20~30cm，小麦收获后不灭茬，不深翻，不旋耕，使用免耕机械或硬茬播种机直接播种玉米，随播种施入种肥。在玉米出苗后至定苗前喷施化学除草剂，防除田间杂草；玉米五叶时期一次完成间苗和定苗；玉米拔节期追肥一次，在玉米生长中后期不再进行中耕和培土及其他田间作业。高留茬免耕栽培技术主要作用有 3 个：一是在小麦、玉米一年两熟的旱地，水是高产的主要限制因素，如何解决这一问题就成了栽培技术探索的重要课题。玉米高留茬免耕栽培技术的蓄水保墒效果是明显的，它为旱作农业的发展做出了积极尝试。二是在陕西一些地区每年焚烧麦秸的事件屡禁不止，高留茬免耕栽培技术若能得以广泛推广应用，它不仅能够变废为宝，而且还能保护环

境，变害为利，有着一举多得的积极效应。三是高留茬免耕栽培技术省工省时，为选择生育期稍长的优质高产玉米新品种提供了可能性，同时为提高粮食产量和降低粮食生产成本提供了保障，也是提高粮食生产效益的有利途径。夏玉米高留茬免耕栽培技术在试验上虽然取得了理想效果，但还有待于进一步扩大试验和示范范围，在生产上建立更大的示范样板，进一步完善和提高。

2. 玉米硬茬免耕精量播种的技术要求

要求种子净度（种子量占总质量的百分数）不低于98%，纯度（合格种子占总数的百分数，杂交种子必须是杂交 F_1 代）不低于97%，发芽率不低于95%，种子含水量在14%左右。

播种前必须进行种子包衣、晾晒处理。

0~10cm 土层地温达到并稳定在 8~12℃时，方可开始播种。

播种时，0~10cm 土层土壤含水率要在 18%~20%。

播种过程中的机械破碎率不超过 0.5%，空穴率小于1%。

播种深度控制在 2.5~4.5cm。

采用侧深施肥，化肥与种子之间的距离以6cm左右为宜。

播种后覆土严密，及时镇压保墒，使种子与土壤完整接触，以保证出苗。

播种后及时喷洒除草剂，用药剂封闭除草，出苗前不要进地踩踏土壤，以免破坏除草剂封闭效果。

3. 玉米硬茬免耕播种技术主要作用

该技术利用玉米秸秆和残茬覆盖地面，对土壤具有保护作用。同时，覆盖于地表的秸秆可增加土壤有机质、培肥地力。而且省工省时，增产效果明显。

硬茬播种玉米出苗早，苗齐、苗壮、抗旱、抗倒伏，省工省时。据试验测算，与常规旋播相比，硬茬播种玉米每公顷节约农机作业费225元，节约人工作业费120元，平均增产7.6%，节本增效1345元。

硬茬播种地块蓄水保墒和抑制杂草生长的能力较强，残留茬和秸秆覆盖在地表起到了蓄水保墒、减少水分蒸发的作用。据测试，土壤水分含量比常规播种高出1.7%，连续多年秸秆还田提高了土壤肥力。每年 8~9 月是玉米夏播地区降雨最多的时期，加之玉米是高秆作物，田间蔽荫，气温高，玉米茬和秸秆在秋收之前接近完全腐烂，明显改变了土壤的有机质含量，促进了农业生产的良性循环。推广硬茬精量播种技术，不仅彻底解决了广大群众由于玉米机收后春季难以及时播种的问题，而且有效避免了秸秆焚烧，减少了环境污染。

（三）留茬免耕的作用

1. 留茬免耕对土壤水分利用效率的影响

土壤水分利用效率主要受作物生长、蒸腾、土壤水分蒸发等因素的影响。免耕下土壤蒸发一般比传统耕作小，免耕土壤蒸发也比传统耕作小。

张海林（2000年）研究也认为，免耕覆盖耗水量往往比传统耕作低，平均来看，免耕覆盖夏玉米耗水量比传统耕作低4.69%，在播种和苗期与传统耕作相比最低。这主要是因为免耕土壤蒸发明显小于传统耕作，免耕覆盖日蒸发量在2mm以下，而传统耕作均超过3mm，高可达6mm。刘立晶（2004）认为，全程免耕秸秆覆盖水分利用效率比传统耕作提高13.24%。晋凡生（2000年）认为，不同秸秆覆盖量将影响土壤水分利用效率。免耕玉米秸秆覆盖4500kg/hm²的土壤水分利用效率最高，比传统耕作高23.7%。如果秸秆覆盖量更低，土壤水分利用效率更低，而秸秆覆盖量再增加，土壤水分利用效率却不再增大。车建明（2002年）认为，秸秆覆盖程度能引起土壤导水和保水的相互变化。不同土壤性质将影响土壤水分利用效率。在黏壤条件下，免耕较深耕无覆盖和深耕有覆盖分别节水6.6%和17.1%，水分生产率提高19.07%和16.12%，而在沙壤条件下，分别节水26.6%和27.5%，水分生产率提高45.02%和19.88%，沙壤水分利用效率高于黏壤。

彭文英（2007）认为在不同气候状况、作物产量等方面，免耕与传统耕作相比，对于土壤水分利用效率有不同的结论。研究显示，多雨年份免耕水分利用效率比传统耕作低24.1%，而在少雨年份仅低3.2%。也有研究认为免耕粮食产量不低于甚至高于传统耕作，而在降雨明显低于平均降水量时，免耕土壤水分利用明显高于传统耕作，而在降雨大于平均降水量时，免耕土壤水分利用却显著低于传统耕作区。而Lopez（1997）研究显示，地中海气候下免耕小麦早期生长不好，与传统耕作相比减产53%，这主要是因为作物早期水分利用效率很低，大约比传统耕作低20%，而用于蒸发的水分比例较大，比传统耕作大69%~50%，其原因主要是因为季节性干旱严重，免耕秸秆覆盖量较少。

2. 免耕对土壤肥料利用率的影响

作物根系在土壤中生育及其残留物，对土壤环境的改善有很大作用，尤其是玉米根系庞大更为突出，玉米根系在土壤中70%分布于30cm×20cm范围内。所以不仅根系在生育过程中分泌物对土壤环境产生影响，而且作物收获后大量的根系残留在土壤中，对保持土壤有机质的平衡具有一定意义，对非腐解有机物它发挥着更新土壤中已渐老化的腐殖物质的作用，培肥了土壤。留茬免耕栽培可连续3~4年，这对培肥土壤上有叠加效果，是解决山区水土流失、改良中低产田的一条新途径。新生腐殖质主要为松结合态腐殖质，保水供肥能力强。同一块地在可能的前提下留茬年限越长，由于土壤微生物和酶的活性增强，促使松结合态腐殖质、水稳性团聚体增多，有利于土壤物理性状的改善。

据吉林农业大学姜岩（2001）测定，留茬区土壤微生物碳量高于刨茬区，表明土壤中生理生化作用强烈，利于新生腐殖质的形成，增强了土壤团聚体形成的能力。在不同分解时期，土壤酶活性与土壤微生物量都是在非腐解有机物在土壤中腐解的快速分解阶段出现第一高峰，而腐熟有机物出现的峰值则接近甚至低于非腐解有机

物分解后期的峰值，这进一步说明，非腐解有机物在其快速分解阶段，可以显著增强土壤的生物活性。

崔凤娟（2011）等认为，留高茬全量覆盖和留低茬全量覆盖处理土壤中有机质含量较高，其次为留高茬半量覆盖和留低茬半量覆盖处理，而传统耕作处理的土层有机质及土壤全量养分含量为最低，且同一覆盖量不同留茬高度处理间差异不显著。这主要是由于免耕留茬覆盖处理经过秸秆腐解为土壤补充了有机质及 N、P、K，从而使地表养分富集，而传统耕作则表现为 0~20cm 的土层中土壤养分几乎没有变化，在 20~30cm 土层，传统耕作的养分明显下降，这是由于传统耕作没有外源养分的供给，而作物生长又不断带走其中的养分，致使土地趋于贫瘠。

3. 留茬免耕对土壤温度的影响

留茬免耕处理土壤温度受麦茬和秸秆的影响，对土壤温度起调节作用。包兴国等（2012）采用免耕处理不同土层的土壤温度较传统耕作处理降低 1~3℃，各处理 0~25cm 土层土壤温度平均降低 2.0~2.5℃，降低比例 13.3%~16.7%，以免耕秸秆覆盖处理降低的最多。这是由于在地表均匀地覆盖秸秆，阻止了太阳直接辐射，减少了热量向土壤中的传递，同时也减少了土壤热量向大气中散发，使土壤温度年、日变化均趋缓和。另外，温度的降低，能显著减少土壤水分的蒸发，从而对保持地下墒情、保住全苗非常有利，这对地处荒漠地带的河西走廊水资源紧缺的地区具有重要的意义。王秀（2001）等认为，在留有高麦茬的免耕田的土壤温度最低，其原因是高麦茬可以对太阳光起到屏蔽作用，能够反射更多的太阳光辐射，因而使得土壤的温度与没有麦茬或者是低麦茬的免耕田相比具有较低的土壤温度。郭晓霞（2010）等认为，免耕各处理在高温时有降温作用，在低温时有升温作用。秸秆覆盖的降温效果最明显，覆盖比对照地温降低了 2.2℃，可有效地减少土壤蒸发。晚上温度降低时，不覆盖处理的温度迅速降低，覆盖比不覆盖土壤温度高 1~2℃。相对不覆盖，秸秆覆盖的地温在一天中的变化较缓慢，日变化幅度明显减小。可见，免耕能够较长时间的保持作物生长所需要的温度范围，利于作物更好地生长。

4. 留茬免耕对土壤酶活性的影响

土壤酶参与土壤中许多重要的生物化学过程，其活性可以代表土壤中物质代谢的旺盛程度，是表证土壤肥力的重要指标。王灿等（2008）研究认为，可以将土壤中脲酶、转化酶和碱性磷酸酶活性与土壤养分指标（除速效磷外）结合在一起作为综合评价土壤肥力指标。戴志刚（2009）认为，土壤酶主要由植物根系和微生物产生，秸秆还田可以增加土壤中各种酶的数量，提高土壤酶的活性。李勇军等（2012）研究表明，不同时期取样，平作灭茬覆盖对播种前土壤酶（脲酶、磷酸酶和过氧化氢酶）活性的影响较大，这与平作耕作方式下秸秆覆盖对土壤温度的影响有关；平作留茬免耕对生育期土壤脲酶和过氧化氢酶的影响较大，对土壤磷酸酶活性影响较小；平作留茬免耕对收获后土壤中过氧化氢酶及脲酶活性影响较大。土壤酶活性在剖面垂直方向表现为随着土壤深度的增加，土壤脲酶和过氧化氢酶的活性都表现先升高后下降的趋势，土壤磷酸酶表现复杂，垄作和平作留茬免耕处理下在 0~20cm 土层酶活性下降，21~30cm 略升高，31~40cm 下降，而平作灭茬覆盖呈升—降—升—降的趋势。与垄作相比，平作灭茬覆盖和平作留茬免耕处理的耕作方式提高了 0~20cm 耕作层以及 31~40cm 土壤深度土壤脲酶和过氧化氢酶的活性，而对 21~30cm 土层深度 3 种酶的活性影响较小，同时平作灭茬覆盖和平作留茬免耕处理在 11~20cm 和 31~40cm 土层土壤磷酸酶活性提高。

第二节　选用品种

一、良种的标准

品种选择是玉米生产的第一步，选择好的良种是玉米栽培的关键所在。一个优良品种往往是丰收的基础，它直接影响玉米产量的提高，也是一项成本低、效果明显的增产措施。合理选用玉米良种，再加上良法进行栽培，其产量就能比其他一般品种在同样条件下种植增产 10%~20%。选用优良品种，还可以起到抗灾稳收的作用。俗话说"土肥是基础，良种定大局。"这说明选用良种是夺取玉米高产的重要措施。玉米良种的标准应符合以下条件。

（一）经过审定或认定的品种

生产中选用的玉米优良品种必须是经过当地农业推广部门试验、示范的审定推广品种。凡经审定的品种，都是经过种子部门三年以上的区域试验，对参试品种的适应性、产量、抗逆性、生育期、品质等进行多点观察，证明其综合性状优良、产量比当地同类型主要推广品种的原种高 10% 以上或品质、成熟期、抗逆性等数项性状有突出表现，能满足生产需要且表现稳定，并可为生产带来新增的经济效益。

（二）适应性强的品种

选用适应性强的玉米良种要做到因地制宜，根据当地的生产条件、气候条件、土壤条件、种植方式等加以选择。

1. 生产条件

水源充足、管理精细的地区，可以选择一些丰产性较好，耐肥水性强，抗倒伏的晚熟品种；在肥水差、管理粗放的地区应选择生产潜力稍低、耐瘠薄、适应性强的中熟品种。良种要有良法配套才能获得高产，要综合考虑自己的生产条件来选择品种，才能做到"好年增收、差年保平"。

2. 气候条件

生育季节较短的高寒或海拔较高的地区，应选择早熟、耐寒品种；对雨水较充足的地方，可以选择耐密型、丰产性好的中晚熟品种，对较易干旱或无灌溉条件的，

应选择抗旱性较强、植株生长相对较矮的中熟品种。当地的温度、光照等气候环境能够满足该玉米品种生长发育的要求，能够正常成熟，且所选品种在生育期、植株形态、产量性状、抗性、所需温度、肥力条件适宜当地应用。

3.土壤条件

在低洼盐碱地块，应选择耐湿、抗盐碱的品种。在土壤较瘠薄以及易漏肥的地块，应选择较耐瘠薄的稳产良种。

4.种植形式

首先一定要了解该品种的特征特性，以及相应的配套栽培技术，这样可以采用与该品种相适应的栽培技术措施达到丰产的目的。如果准备利用间作，应该选择耐密型、丰产性、抗倒性较好的品种。

5.发病情况

如病虫害发生较重，就应该选择抗病虫性较强的品种。病害是玉米丰产的克星，主要与土壤有关。土壤养分不平衡，地温不正常，选种时应避开不适宜此条件生长的品种。

（三）高产优质的品种

产量性状是一个品种最重要的生物学性状，在玉米诸多增产因素中，品种大约起20%~30%的作用，所以高产是品种选择的重要条件。要根据丰产性能选用良种，这是选择品种的决定条件，产量的高低是衡量一个品种好坏的重要标志之一。无论是籽粒产量，还是生物产量（主要指青贮玉米含玉米穗、茎、叶全株），都要求有很好的丰产性。即使对不同品质要求的专用玉米品种，其前提条件也是以丰产为基础。选择平均产量高的品种，在最好的自然条件和栽培条件下，虽不是产量最高，但在不利的自然条件和栽培条件下也可获得较高而稳定的产量。从优质方面来说，主要视种植者的目的，订单农业则是按订单要求。譬如，以籽粒生产为目的的，应注重商品品质，如容重、色泽等；以加工淀粉为目的的，则要求玉米籽粒淀粉含量高；加工玉米面、食青玉米穗或速冻上市的，则应考虑其食用口感品质。

（四）抗逆性强的品种

选择高抗逆性品种，可以降低生产风险。高抗逆性品种是指品种在生产过程中没有明显缺陷，不出现倒伏、空秆、秃尖、晚熟及严重丝黑穗病等问题。作为品种的使用者，在要求品种高产的同时，还要注重其广泛的适应性和优良的综合性状，确保玉米种植高产、稳产和安全。要考虑品种的抗性，玉米品种的抗性表现为抗病、抗虫、抗倒、抗旱、耐瘠等。在实际中各地区必须根据常年玉米病害的发生情况选择适合自己的抗性品种，同时注意安排几个品种搭配种植，避免品种单一，以确保高产稳产。

（五）适期成熟的品种

玉米品种的生长期与当地的热量资源有关。生长期长的玉米品种丰产性能好、增产潜力较高，当地的热量和生长期要符合品种完全成熟的需要。热量充足，就尽量选择生长期较长的玉米品种，使优良品种的生产潜力得到有效发挥。但是，过于追求高产而采用生长期过长的玉米品种，则会导致玉米不能充分成熟，籽粒不够饱满，影响玉米的营养和品质。所以，选择玉米品种，既要保证玉米正常成熟，又不能影响下茬作物适时播种。一般而言，要求在霜前5d以前正常生理成熟或达到生产目标性状要求为宜。譬如，鲜食玉米或速冻玉米以达到乳熟期，粒用玉米达到完熟期，青贮玉米则达到蜡熟初期即可。

（六）种子质量达标的品种

种子质量对产量的影响很大，其影响有时会超过品种间产量的差异。因此在生产上不仅要选择好的品种，还要选择高质量的种子。在现阶段，中国衡量种子质量的指标主要包括品种纯度、种子净度、发芽率和水分4项。国家对玉米种子的纯度、净度、发芽率和水分四项指标做出了明确规定，一级种子纯度不低于98%，净度不低于98%，发芽率不低于85%，水分含量不高于13%；二级种子纯度不低于96%，净度不低于98%，发芽率不低于85%，水分含量不高于13%，对玉米杂交种子的检测监督采用了"限定质量下限"的方法，即达不到规定的二级种子的指标，原则上不能作为种子出售。

二、选用适宜熟期类型的品种

农作物品种具有较强的区域性，玉米虽然适应性比较广泛，但由于中国地域辽阔，南北气候和生态环境条件差异大，因而必须做到因地制宜选用经过国家和省级品种审定委员会审定，适宜当地种植的高产、优质、抗逆性强的杂交玉米品种，才可以发挥品种最大的生产潜力，为高产提供保证。

近年来，中国农业科研工作者在引种和培育优良品种上取得了丰硕成果，为许多玉米的主产区和优势生产区提供了高产、优质、抗逆性强的优良品种。下面从不同的方面具体介绍良种选用在生产上的应用。

（一）按播季选用品种

玉米种植在全国各个地区的分布并不均衡，主要集中在东北、华北和西南地区，大致形成一个从东北到西南的斜长形玉米栽培带。中国玉米主产区划分为北方春播玉米区、黄淮海夏播玉米区、南方丘陵玉米和西北灌溉玉米区。

1. 北方春播玉米区

春播玉米区主要分布在黑龙江、吉林、辽宁和内蒙古，山西、宁夏回族自治区（全书称宁夏）的大部，河北、陕西的北部和甘肃的部分地区，是中国最大的玉米产区。玉米面积约占全国的42%，总产量占全国45%。其共同特点是由于纬度及海拔高度的原因，积温不足，难以实行多熟种植，以一年一熟春玉米为主。在这些地区种植玉米，应因地选用中早熟、中熟、中晚熟品种。在辽南地区甚至可种植晚熟类

型品种。在地膜覆盖条件下，可选生育期长一些的品种。

（1）黑龙江省（春播中早熟玉米） 春播玉米北单2号是哈尔滨市北方玉米研究所于2000年以自育自交系B035为母本，自育自交系B395为父本组配而成的中早熟玉米单交种。各级试验示范结果表明，北单2号比现在应用品种增产10%以上，具有高产、稳产、抗病、抗逆性强，活秆成熟，籽粒品质好等特点。2007年2月经黑龙江省农作物品种审定委员会审定推广，命名为北单2号（黑审玉2007024）。北单2号自2003年试验示范推广以来，以高产、稳产、质优、生育期适中和适应性强等特点，深受广大种植者的喜欢和好评，是一个综合性状好、增产潜力大的玉米品种，应用前景广阔。适宜黑龙江省第二积温带两岭山地多种气候区，有效活动积温2350℃左右的地区种植。

（2）内蒙古自治区（春播中熟玉米） SN696是江苏神农大丰种业北方研究所以自选系FY01为母本，自选FY201为父本杂交选育而成。2007年参加内蒙古自治区玉米中熟组预试，2008年参加内蒙古自治区玉米中熟组区域试验、生产试验。2009年3月经内蒙古自治区农作物品种审定委员会审定。SN696自2010年开始大面积生产示范并推广以来，种植区域不断扩大，各地反应良好，是更新换代的理想品种。根据辽宁、内蒙古、吉林、黑龙江大面积推广销售，平均亩产量达838kg，普遍反应该品种高产、抗旱、耐贫瘠、活秆成熟。所以，SN696号是高产、适应性广，特别是浅山丘陵区、平原水浇地间作、套作的良种，目前正在推广中。

（3）山西省（春播中晚熟玉米） 山西省春播中晚熟玉米区包括忻定盆地，晋中地区、吕梁地区、太原市、阳泉市、长治市、晋城市全部及临汾地区的东西丘陵地区。玉米播种面积约45万hm²，主要种植中晚熟玉米品种，是山西省玉米主要产区之一。本区又分为6个亚区：

① 忻定盆地丘陵中熟玉米亚区 主要代表点为忻州、原平、代县。种植品种水浇地为晋单33号（忻黄单70号）、晋单36号（协单969号）、太单30、农大3138号及农大108号等。旱地为太单30、农大3138等。

② 晋西黄土丘陵中熟玉米亚区 主要代表点为河曲、兴县、石楼、隰县。种植品种为晋单33号（忻黄单70号）、晋单35号（太选31）、晋单36号（协单969号）、农大3138号及农大108号等。

③ 晋东太行丘陵中熟玉米亚区 主要代表点为昔阳、盂县、左权、寿阳。种植品种为矮花叶病发病区，重点推广晋单35号、晋单36号、农大108、农大3138等抗（耐）病品种，其他地区尚可种植农大60号、掖单13号、丹玉13号等，积温不足地区推广晋单34号及长早7号等中早熟品种。

④ 上党盆地及太岳丘陵中晚熟玉米亚区 主要代表点为长治、襄垣、沁源、平顺。种植品种为20世纪90年代的主要推广品种，有农大60、掖单13号、单玉13号、晋26号、晋单29号及晋单30号。1998年以来的规划品种有长单33号、晋

单 35 号、晋单 36 号、屯玉 1 号、屯玉 2 号、农大 108 号及农大 3138 号。

⑤ 太岳中条丘陵春播晚熟及夏播特早熟玉米亚区　主要代表点为晋城、阳城、沁水。种植品种为春播品种与上党盆地太岳丘陵亚区基本相同。套种玉米有晋单 34 号、烟单 14 号等。麦后复播（直播）可选用冀承单 3 号、同单 27 号、太特早 3 号、春早单 1 号等特早熟品种。

⑥ 晋中盆地春播晚熟及夏播特早熟玉米亚区　主要代表点为太原、祁县、交城、介休。种植品种就春播玉米品种而言，由于 1995 年以来，该亚区玉米矮花叶病流行呈上升趋势，尤以榆次、太谷、祁县为甚，所以要求该亚区的规划品种必须高抗矮花叶病，目前已筛选出的品种有晋单 36 号、农大 108、农大 3138 及晋单 35 号和太单 30 号。麦后复播（直播）品种有冀承单 3 号、同单 27 号、太特早 3 号、春早单 1 号等特早熟品种。

（4）辽南暖温半湿润山地丘陵区（春播晚熟玉米）　本区位于辽东半岛，包括大连郊区、旅顺口区、金州郊区、瓦房店、盖州、庄河地区，以及丹东市郊和东港。热量资源丰富，无霜期长，除年降水分布不均外，热量和光照都可以满足玉米生长的需要。对玉米生长发育不利的气候因素是冬春降水少，春旱发生较多，玉米生育期间也易发生干旱，干旱程度虽然轻于辽西，但重于省内其他各地，且土壤较为瘠薄，影响了玉米产量提高。适于种植抗病、抗倒、耐旱的极晚熟品种。

2. 黄淮海夏播玉米区

夏播玉米区主要集中在黄淮海地区，黄河、淮河、海河流域中下游的山东、河南的全部，河北的大部，山西中南部、陕西关中和江苏省徐淮地区，是全国最大的玉米集中产区，玉米播种面积约 747 万 hm^2，占全国玉米面积 32.7%，总产量占全国玉米产量的 35.5%。本区处于黄淮海三条河流水系下游，地表水和地下水资源都比较丰富，灌溉面积占 50% 左右。在夏播玉米种植区，可选用中早熟或中熟类型品种。

（1）山西省（夏播中早熟玉米）　山西省夏播中早熟玉米区包括临汾地区的盆地区和运城地区，80% 为夏播玉米，玉米播种面积约 13.3 万 hm^2，约占全省玉米面积的 16.7%，为本省夏玉米的主要产区。本区又分为两个亚区。

① 临汾盆地夏播玉米亚区　包括洪洞、临汾、侯马。该亚区种植制度为一年两熟，以麦后套种或直播玉米较为常见，套种采用中熟品种，直播采用中早熟品种。主要品种有烟单 14 号、掖单 12 号、晋单 34 号等。

② 运城盆地夏播玉米亚区　包括万荣、运城、芮城。该亚区种植制度为一年两熟，90% 以上为夏播玉米，以麦后复播为主，主要品种有烟单 14 号、掖单 12 号及晋单 34 号。水地可种晋单 36 号、农大 108 号、农大 3138 号、太单 30 号等。

（2）河北省（夏播早熟玉米）　夏播早熟玉米品种京单 28 由北京市农林科学院玉米研究中心选育，2007 年通过国家和河北省审定，审定编号分别为国审玉

2007001 和冀审玉 2007010。该品种株型紧凑，幼苗拱土能力强，苗期生长健壮，籽粒黄色，半马齿形，出籽率高。籽粒大，百粒重 37g，品质好，容重高。夏播95~98d，具有田间综合抗病性好，高抗倒伏，耐密，无空秆，无秃尖，穗位整齐，活秆成熟，耐旱性强，高产稳产等优良特性。一般夏播亩产量 650kg，适宜河北省夏播玉米区夏播种植，北京、天津也可种植。

（3）河南省（夏播中早熟玉米） 郑单 958 是河南省农业科学院粮食作物研究所以郑 58 为母本、昌 7-2 为父本杂交育成的中早熟玉米单交种，于 2000 年 4—6 月先后通过河北省、山东省和国家品种审定。郑单 958 在农业部 2012 年在黄淮海地区推荐的夏播玉米 10 大主导品种中位居首位，审定编号：国审玉 2000009，后通过华北、东北及新疆等十余个省（市、区）的品种审定和审批。郑单 958 为国家授权品种，授权号为 CNA20000053.5。在全国夏玉米区域试验中，参试的河南、河北、山东、安徽、江苏、北京和陕西 7 个省市各试点平均夏播生育期为 95d，京、津、唐地区夏播 98~102d，是理想的夏播品种。1997~1999 年间在河南省、国家夏播玉米区域（七省市）试验和生产试验中连续六次产量居第一位，被誉为"六连冠夏玉米之王"。郑单 958 适宜于黄淮海夏玉米区各省 5 月下旬麦垄套种或 6 月上旬麦后足墒早播，以及南方和北方部分中早熟春玉米区种植。

（二）按纬度和海拔选用品种

研究玉米生育期的纬度效应，对于生产上的用种问题及其布局有一定的实践意义。研究表明：玉米品种生育期长短与纬度高低呈正向对应关系。在低纬度试点，玉米品种的生育进程加快，从出苗到抽雄、抽雄到成熟的时间减少，从播种到成熟的生育期缩短。因此，在不同纬度地区选择品种时应加以考虑。

1. 高纬度地区选用品种

黑龙江省北部地区位于高纬度区，是全国极早熟玉米主产区。本区具有无霜期短、积温少、降水量少等特点。玉米是该区主要粮食、饲用作物之一，其适应性强、产量高、经济效益好，同时有着较大的比较效益。发展极早熟玉米高产栽培技术是本区玉米增产增收的一个重要途径。

根据本区种植地的光、热、水、温、日照和土壤等生态条件，因地制宜地选用良种，着重选择发苗快，综合抗性好，稳产、高产的审定品种，尽量不要选择未审定的品系，同时不可越区种植，摒弃"越晚越高产"的错误观念。黑龙江省从南到北每隔 200℃划一条积温带，划分 6 个积温带，极早熟玉米区主要是第 4、第 5、第 6 积温带。该区有效积温在 2300℃以下，选用的品种成熟积温应比种植地区的有效积温低 200℃为宜。

本区主栽可选品种有：克单 8 号、克单 9 号、德美亚 1 号、克单 12 号、海玉 5 号等。

德美亚 1 号是黑龙江垦丰种业有限公司于 2000 年从德国 KWS 公司引进，2004

年由黑龙江品种审定委员会审定推广，2002—2003 年参加省区域试验，平均亩产量为 576kg，比对照品种卡皮托尔增产 17.83%，2003 年参加省生产试验，平均亩产量 475.3kg，比对照品种卡皮托尔增产 16.8%。在适宜种植区生育日数 110d 左右，从出苗到成熟需活动积温 2100℃左右。适应区域为黑龙江省第四积温带上限。

克单 8 号是黑龙江省农业科学院小麦所于 1992 年以自交系 KL3 为母本，以 KL4 为父本杂交育成，1998 年由省农作物品种审定委员会审定推广。1995—1997 年区域试验平均亩产量为 670.9kg，较对照品种木挺增产 18.9%，1997 年生产试验平均亩产量为 436.9kg，较对照品种木挺增产 17.81%。在适宜种植区生育日数为 102~105d，需活动积温 2100~2200℃。适应区域为黑龙江省第四积温带，呼伦贝尔市扎兰屯、阿荣旗、莫旗等海玉 5 号适应区种植。

2. 高海拔地区选用品种

研究玉米生育期的海拔变化不仅对揭示其地理变化规律有重要的理论价值，对于生产上的用种问题及其布局也有实践意义。研究表明，在纬度和经度一定的前提下，玉米品种从播种到成熟的生育期与海拔高度之间存在着极显著的正相关性，海拔高度每升降 100m，玉米品种生育期延长或缩短 4d 左右。试验表明，在一定的海拔高差范围内，随着海拔的升高，在大体同期播种时，玉米的拔节期、抽雄期、成熟期相应推迟。营养生长、营养生长与生殖生长并进、生殖生长三个生育阶段均相应延长。生育期是玉米生长发育的重要和基本特征。随着海拔的升高，玉米的生育期相应延长，两者间呈正相关。

在高纬度高海拔地区日照时数、光强、光质、风、空气湿度、土壤和病虫害等因素也有不同的变化。海拔升高、气温和土温降低使杂交玉米生育期延长；同时，海拔升高，蓝、紫、青等短波光及紫外线较多，这样使玉米植株降低；另外，海拔升高，雨量和空气湿度的增加，使丝黑穗病等的为害加重。总之，海拔增加使各种生态因子的变化，对杂交玉米产量有着综合影响。所以，在高海拔的山区玉米生产上，由于气温较低影响了杂交玉米的生长发育和产量，适宜采取地膜覆盖等保温措施栽培，以减轻低温的不利影响。尤其是阴坡地玉米，更应该采用地膜覆盖栽培。

本区适宜的品种有并单 6 号、毕单 14 号、新玉 4 号等。

并单 6 号是山西省农科院作物遗传研究所用自选系 H02-18 作母本，H02-86 作父本杂交，经 2002 年鉴定试验、2003 年品种评比试验、2004—2005 年山西省特早熟区区域试验和生产试验逐级选育而成。2006 年 1 月通过山西省农作物品种审定委员会审定，准予推广。2005 年并单 6 号在该省吕梁兴县交陆生乡井沟渠村引种试验成功，这个村由于海拔高、气候冷凉，历史上从来没有种植过玉米。2005—2006 年并单 6 号在西藏拉萨德庆县海拔 3650m 高原引种试验成功，在引进全国的 19 个品种中，只有包括并单 6 号在内的两个品种能够成熟，成为在世界上海拔最高的地方能够成熟的玉米。该品种在高海拔冷凉区种植具有比其他品种显著的增产效果。

并单 6 号适宜山西省北部高寒区春播、中部平川区麦后夏播。适宜其他地区种植的有河北张家口坝上、坝下地区、内蒙古中北部、黑龙江第三积温带以北地区、新疆北部、西藏拉萨等地区。也可作为各地遇春播大旱之年推迟播种的补种救灾品种。

毕单 14 号是贵州毕节地区农科所于 2000 年组配的杂交玉米新组合。该品种早熟高产，品质好，抗逆性强，适应性广，于 2005 年 6 月经贵州省农作物品种审定委员会审定。2001 年参加玉米杂交种品种评比试验，2002~2003 年参加贵州省玉米杂交种 G 组区试，2002 年送四川省农科院植保所进行病害鉴定，2003 年参加贵州省玉米杂交种生产试验，2004 年送北京农业部农作物品质测试中心进行品质测定。通过几年的试验与鉴定，毕单 14 号产量水平和抗病性明显高于对照毕单 4 号。毕单 14 号在几年的试验中，试点分布在海拔 1430~2200m，不同的海拔高度均获得较好的增产效果。如 2003 年在毕节市试点，海拔 1430m，平均亩产量为 518.5kg，较对照增产 11.8%；2002 年威宁小海试点，海拔 2200m，平均亩产量为 421.7kg，较对照增产 38.0%。毕单 14 号适宜于海拔 1430~2200m 的地势平坦、土层深厚的中上等肥力地块种植。

新玉 4 号是新疆农垦科学院培育成功的早熟玉米。该品种在新疆、甘肃、青海 3 省区高海拔、干旱、冷凉地区，累计种植 0.93 万 hm^2，获得平均亩产量为 494kg 的好收成。在海拔 2600m 的青海贵德县，水浇地亩产量达 809kg，成为中国高海拔地区种植业的一个创举。

（三）特殊条件下的品种选择

在中国的玉米主产区，干旱、洪涝、冰雹、寒冷等自然灾害是普遍存在的，这使得玉米的生长周期变得非常有限。因此在特殊条件下选择适宜的玉米品种就显得非常重要。

在遇到干旱这种自然条件下，一个早熟的品种就比一个晚熟的品种躲过生长后期干旱的概率要大得多。然而，早熟毕竟只是适应干旱环境的一个重要性状。一般来说，早熟品种的产量潜力小，在雨量充足的年份，产量依然较低，另外，一个品种的早熟并不意味着它就能抵抗生长期间所遇到的干旱。而且，热带干旱地区的土壤中可用水分量的差异也是很大的。因此，一个具有能在不同水分状况、不同田块和不同年份均表现优良特性的品种才是稳产、高产的品种。若遇到洪涝、冰雹、寒冷等自然灾害毁种或救荒补欠条件下，可选用生育期短些的品种。

2006 年春华北北部大部分春播玉米区域干旱少雨，正常播种一再推迟，造成一些区域不能种植适应当地的生育期品种，只能种植一些早熟于当地生育期的品种，如掖单 2、掖单 15、掖单 22 号、皖单 8 号、郑单 14、郑单 958、西玉 3 号、鲁单 981、登海 1 号、豫玉 26、苏玉 9 号等。

三、优良新品种简介

（一）明玉 19

审定编号：国审玉 2013001。

选育单位：辽宁葫芦岛市明玉种业有限责任公司。

品种来源：明 84× 明 71。

特征特性：在东华北春玉米区出苗至成熟 129d，与对照郑单 958 熟期相同。成株叶片数 19~21 片。幼苗叶鞘紫色，叶片绿色，叶缘紫色，花药紫色，颖壳绿色。株型半紧凑，株高 270cm，穗位高 118cm。花柱浅紫色，果穗筒形，穗长 18cm，穗行数 16~18 行，穗轴白色，籽粒黄色、马齿形，百粒重 39.1g。接种鉴定，抗丝黑穗病和玉米螟，中抗大斑病和茎腐病，感弯孢叶斑病。籽粒容重 768g/L，粗蛋白含量 9.58%，粗脂肪含量 4.26%，粗淀粉含量 74.08%，赖氨酸含量 0.33%。

产量表现：2011—2012 年参加东华北春玉米品种区域试验，两年平均亩产 807.1kg，比对照增产 6.3%。2012 年生产试验，平均亩产 771.9kg，比对照郑单 958 增产 11.2%。

栽培技术要点：中等肥力以上地块种植，播种期 4 月下旬至 5 月上旬，亩种植密度为 3500~4000 株。注意防治弯孢叶斑病。适宜做辽宁沈阳、丹东、锦州、阜新、辽阳、铁岭、朝阳等活动积温在 2800℃以上的中晚熟玉米种植。

（二）奥玉 3804

审定编号：国审玉 2013002。

选育单位：北京奥瑞金种业股份有限公司。

品种来源：OSL266× 丹 598。

特征特性：在东华北春玉米区出苗至成熟 129d，与对照郑单 958 相同。成株叶片数 20 片。幼苗叶鞘浅紫色，叶缘紫色，花药黄色，颖壳紫色。株型半紧凑，株高 321cm，穗位高 114cm。花柱绿色，果穗筒形，穗长 19cm，穗行数 18 行，穗轴白色，籽粒黄色、半马齿形，百粒重 39g。接种鉴定，中抗大斑病，感丝黑穗病、茎腐病、弯孢叶斑病和玉米螟。籽粒容重 756g/L，粗蛋白含量 9.14%，粗脂肪含量 4.22%，粗淀粉含量 72.79%，赖氨酸含量 0.29%。

产量表现：2011—2012 年参加东华北春玉米品种区域试验，两年平均亩产 812.2kg，比对照增产 10.5%。2012 年生产试验，平均亩产 741.3kg，比对照郑单 958 增产 6.2%。

栽培技术要点：中上等肥力地块种植，播种期 4 月下旬，亩种植密度 3500~4000 株。亩施农家肥 2000~3000kg 或三元复合肥 30kg 做基肥，大喇叭口期亩追施尿素 30kg 左右。注意防治丝黑穗病、茎腐病、弯孢叶斑病和玉米螟。适宜在北京、河北北部、山西中晚熟区、辽宁中晚熟区、吉林中晚熟区、内蒙古赤峰和通

辽地区、陕西延安地区春播种植。

（三）京科665

审定编号：国审玉2013003。

选育单位：北京市农林科学院玉米研究中心。

品种来源：京725×京92。

特征特性：在东华北春玉米区出苗至成熟128d，比对照郑单958早熟1d。成株叶片数19~20片。幼苗叶鞘紫色，叶片绿色，叶缘淡紫色，花药淡紫色，颖壳淡紫色。株型半紧凑，株高294cm，穗位高121cm。花柱淡红色，果穗筒形，穗长18cm，穗行数16~18行，穗轴红色，籽粒黄色、半马齿形，百粒重38.0g。接种鉴定，抗玉米螟，中抗大斑病、弯孢叶斑病和茎腐病，感丝黑穗病。籽粒容重770g/L，粗蛋白含量10.52%，粗脂肪含量3.68%，粗淀粉含量74.54%，赖氨酸含量0.32%。

产量表现：2011—2012年参加东华北春玉米品种区域试验，两年平均亩产789.5kg，比对照增产4.2%。2012年生产试验，平均亩产766.2kg，比对照郑单958增产9.8%。

栽培技术要点：中等肥力以上地块栽培，播种期4月下旬至5月上旬，亩种植密度4000株左右。注意防治丝黑穗病，防倒伏。适宜在北京、天津、河北北部、山西中晚熟区、辽宁中晚熟区（不含丹东）、吉林中晚熟区、内蒙古赤峰和通辽、陕西延安地区春播种植。

（四）先玉335

审定编号：国审玉2004017号（夏播）、国审玉2006026号（春播）。

选育单位：辽宁铁岭先锋种子研究有限公司。

品种来源：PH6WC×PH4CV。

特征特性：在黄淮海地区生育期98d，比对照农大108早熟5~7d。全株叶片数19片左右。该品种田间表现幼苗长势较强，成株株型紧凑、清秀，气生根发达，叶片上举。其籽粒均匀，杂质少，商品性好，高抗茎腐病，中抗黑粉病，中抗弯孢菌叶斑病。田间表现丰产性好，稳产性突出，适应性好，早熟抗倒。

幼苗叶鞘紫色，叶片绿色，叶缘绿色。成株株型紧凑，株高286cm，穗位高103cm。花粉粉红色，颖壳绿色，花柱紫红色，果穗筒形，穗长18.5cm，穗行数15.8行，穗轴红色，籽粒黄色，马齿形，半硬质，百粒重39.3g。经河北省农林科学院植保所两年接种鉴定，高抗茎腐病，中抗黑粉病、弯孢菌叶斑病，感大斑病、小斑病、矮花叶病和玉米螟。经农业部谷物品质监督检验测试中心（北京）测定，籽粒粗蛋白含量9.55%，粗脂肪含量4.08%，粗淀粉含量74.16%，赖氨酸含量0.30%。经农业部谷物及制品质量监督检验测试中心（哈尔滨）测定，籽粒粗蛋白含量9.58%，粗脂肪含量3.41%，粗淀粉含量74.36%，赖氨酸含量0.28%。

产量表现：2002—2003年参加黄淮海夏玉米品种区域试验，38点次增产，7点次减产，两年平均亩产 579.5kg，比对照农大 108 增产 11.3%；2003 年参加同组生产试验，15 点增产，6 点减产，平均亩产 509.2kg，比当地对照增产 4.7%。

栽培技术要点：适宜密度每亩为 4000~4500 株，注意防治大斑病、小斑病、矮花叶病和玉米螟。夏播区麦收后及时播种，适宜种植密度每亩为 3500~4000 株，适当增施磷钾肥，以发挥最大增产潜力。春播区，造好底墒，施足底肥，精细整地，精量播种，增产增收。该品种适宜在北京、天津、辽宁、吉林、河北北部、山西、内蒙古赤峰和通辽地区、陕西延安地区春播种植。还适宜在河南、河北、山东、陕西、安徽、山西运城夏播种植。

（五）郑单 958

审定编号：国审玉 2000009。

选育单位：河南省农业科学院粮食作物研究所。

品种来源：郑 58 × 昌 7-2。

特征特性：属中熟玉米杂交种，夏播生育期 96d 左右。幼苗叶鞘紫色，生长势一般。株型紧凑，株高 246cm 左右，穗位高 110cm 左右，雄穗分枝中等，分枝与主轴夹角小。果穗筒形，有双穗现象，穗轴白色，果穗长 16.9cm，穗行数 14~16 行，行粒数 35 个左右。结实性好，秃尖轻。籽粒黄色，半马齿形，百粒重 30.7g，出籽率 88%~90%。抗大斑病、小斑病和黑粉病，高抗矮花叶病，感茎腐病，抗倒伏，较耐旱。籽粒粗蛋白质含量 9.33%，粗脂肪 3.98%，粗淀粉 73.02%，赖氨酸 0.25%。

产量表现：1998、1999 年参加国家黄淮海夏玉米组区试，其中 1998 年 23 个试点平均亩产 577.3kg，比对照掖单 19 号增产 28%，达极显著水平，居首位；1999 年 24 个试点，平均亩产 583.9kg，比对照掖单 19 号增产 15.5%，达极显著水平，居首位。1999 年在同组生产试验中平均亩产 587kg，居首位，29 个试点中有 27 个试点增产 2 个试点减产，有 19 个试点位居第一位，在各省均比当地对照品种增产 7% 以上。

栽培技术要点：5 月下旬麦垄点种或 6 月上旬麦收后足墒直播，一般密度在每亩为 4000~5000 株。苗期发育较慢，注意增施磷钾肥提苗，重施拔节肥；大喇叭口期防治玉米螟。非常适合中国夏玉米区种植。

（六）京科 968

审定编号：国审玉 2011007。

选育单位：北京市农林科学院玉米研究中心。

品种来源：京 724 × 京 92。

特征特性：在东华北地区出苗至成熟 128d，与郑单 958 相当。成株叶片数 19 片。幼苗叶鞘淡紫色，叶片绿色，叶缘淡紫色。株型半紧凑，株高 296cm，穗位高 120cm。花药淡紫色，颖壳淡紫色。花柱红色，果穗筒形，穗长 18.6cm，穗行数 16~18 行，穗轴白色，籽粒黄色、半马齿形，百粒重 39.5g。经丹东农业科学院、吉

林省农业科学院植物保护研究所两年接种鉴定，高抗玉米螟，中抗大斑病、灰斑病、丝黑穗病、茎腐病和弯孢菌叶斑病。经农业部谷物及制品质量监督检验测试中心（哈尔滨）测定，籽粒容重767g/L，粗蛋白含量10.54%，粗脂肪含量3.41%，粗淀粉含量75.42%，赖氨酸含量0.30%。

产量表现：2009—2010年参加东华北春玉米品种区域试验，两年平均亩产771.1kg，比对照增产7.1%。2010年生产试验，平均亩产716.3kg，比对照郑单958增产10.5%。

栽培技术要点：在中等肥力以上地块种植。适宜播种期4月下旬至5月上旬。合理密植，4~5叶期及时间定苗，每亩适宜密度为4000~4500株。注意防治病虫害。玉米籽粒乳消失或籽粒尖端出现黑层时收获。合理施肥，每亩施农家肥或使用复合肥40~50kg，磷酸钾10kg，锌肥1kg做底肥。追肥一般在播种后35~37d进行，每亩使用尿素35kg左右。适宜在北京、天津、山西中晚熟区、内蒙古赤峰和通辽、辽宁、吉林、陕西延安和河北春播种植。

（七）浚单20

审定编号：国审玉2003054。

选育单位：河南省浚县农业科学研究所。

品种来源：9058×浚92-8。

特征特性：出苗至成熟97d，比农大108早熟3d，需有效积温2450℃。成株叶片数20片。幼苗叶鞘紫色，叶缘绿色。株型紧凑、清秀，株高242cm，穗位高106cm。花药黄色，颖壳绿色。花柱紫红色，果穗筒形，穗长16.8cm，穗行数16行，穗轴白色，籽粒黄色，半马齿形，百粒重32g。经河北省农林科学院植保所两年接种鉴定，感大斑病，抗小斑病，感黑粉病，中抗茎腐病，高抗矮花叶病，中抗弯孢菌叶斑病，抗玉米螟。经农业部谷物品质监督检验测试中心（北京）测定，籽粒容重为758g/L，粗蛋白含量10.2%，粗脂肪含量4.69%，粗淀粉含量70.33%，赖氨酸含量0.33%。经农业部谷物品质监督检验测试中心（哈尔滨）测定：籽粒容重722g/L，粗蛋白含量9.4%，粗脂肪含量3.34%，粗淀粉含量72.99%，赖氨酸含量0.26%。

产量表现：2001—2002年参加黄淮海夏玉米组品种区域试验，42试验点增产，5试验点减产，两年平均亩产612.7kg，比农大108增产9.19%；2002年生产试验，平均亩产588.9kg，比当地对照增产10.73%。

栽培技术要点：适宜密度为每亩4000~4500株。适宜在河南、河北中南部、山东、陕西、江苏、安徽、山西运城夏玉米区种植。

（八）中科4号

审定编号：豫审玉2004006。

选育单位：北京中科华泰科技有限公司、河南科泰种业有限公司联合育成。

品种来源：CT019×9801。

特征特性：夏播生育期96~99d。成株叶片为绿色、叶缘紫红色，叶片数为20~21片。幼苗叶鞘浅紫色，株型半紧凑，株高260~270cm，穗位100~104cm。花柱淡粉色，颖片淡紫色，花药淡绿色。果穗中间形，果穗长19cm左右，果穗粗4.9~5.2cm；穗行数14~16行，行粒数36粒，偏硬粒型，籽粒黄色有白顶，穗轴白色，百粒重35g左右，出籽率84%左右。据2003年农业部农产品质量监督检验测试中心（郑州）品质分析，籽粒粗蛋白质10.54%，粗脂肪4.07%，粗淀粉72.38%，赖氨酸0.30%，容重764g/L。经2003年河北省农科院植保所接种鉴定：中抗大斑病（5级），高抗小斑病（1级），高抗矮花叶病（幼苗病株率0%），高抗弯孢菌叶斑病（1级），高抗瘤黑粉病（0%），感茎腐病（35.6%），中抗玉米螟（5.7级）。

产量表现：2002年参加河南省玉米杂交种区域试验（3500株/亩二组），平均亩产632.9kg，比对照豫玉18增产15.5%，达极显著差异，居16个参试品种第二位，9处试点全部增产；2003年续试，平均亩产469.9kg，比对照豫玉18增产14.1%，达极显著差异，居17个参试品种第五位，8处试点7增1减。两年17个试点汇总平均亩产556.1kg，比对照豫玉18增产14.9%。2003年参加河南省玉米品种生产试验（3500株/亩二组），平均亩产451.9kg，比对照农大108增产13.5%，全省7处试点6增1减，居8个参试品种第六位。

栽培技术要点：5月下旬麦垄套种或6月上、中旬麦后直播。适宜种植密度每亩为3000~3500株。苗期注意适当蹲苗，依肥力水平控制种植密度，提高抗倒性，预防倒伏。高产田要增施磷肥、钾肥和锌肥，以发挥其高产潜力。适合河南省各地夏播种植，一般亩产600kg左右。

（九）大丰30

审定编号：晋审玉2012007。

选育单位：山西大丰种业有限公司。

品种来源：A311×PH4CV。

特征特性：生育期127d左右。总叶片数21片。幼苗第一叶叶鞘深紫色，尖端圆到匙形，叶缘紫色。株形半紧凑，株高325cm，穗位110cm。雄穗主轴与分枝角度中，侧枝姿态直，一级分枝4~5个，最高位侧枝以上的主轴长28.8cm。花药紫色，颖壳紫色，花柱由淡黄转红色。果穗筒形，穗轴深紫色，穗长18.8cm，穗行数16~18行，行粒数40.4粒。籽粒黄色，粒型马齿形，籽粒顶端黄色，百粒重40.5g，出籽率89.7%。据山西省农科院植保所、山西农业大学农学院鉴定，中抗茎腐病，感丝黑穗病、大斑病、穗腐病、矮花叶病、粗缩病。2010年农业部谷物及制品质量监督检验测试中心检测，容重756g/L，粗蛋白9.99%，粗脂肪3.57%，粗淀粉75.45%。

产量表现：2009—2010年参加山西省早熟玉米品种区域试验，2009年亩产

721.2kg，比对照长城799增产5.9%，2010年亩产714.7kg，比对照增产20.8%，两年平均亩产718.0kg，比对照增产12.8%；2010年早熟区生产试验，平均亩产698.5kg，比当地对照增产15.1%。2011年参加中晚熟玉米品种（4200密度组）区域试验，平均亩产901.8kg，比对照先玉335增产6.5%；2011年生产试验，平均亩产797.9kg，比当地对照增产9.4%。

栽培技术要点：适宜播期4月下旬；亩留4000株苗左右；亩施优质农肥3000~4000kg，拔节期追施尿素40kg。适宜山西春播早熟及中晚熟玉米区种植。

（十）中单909

审定编号：国审玉2011011，黑审玉2012005，蒙认玉2013010。

选育单位：中国农业科学院作物科学研究所。

品种来源：郑58×HD586。

特征特性：在黄淮海地区出苗至成熟101d，比郑单958晚1d。成株叶片数21片。幼苗叶鞘紫色，叶片绿色，叶缘绿色，花药浅紫色，颖壳浅紫色。株型紧凑，株高250cm，穗位高100cm。花柱浅紫色，果穗筒形，穗长17.9cm，穗行数14~16行，穗轴白色，籽粒黄色、半马齿形，百粒重33.9g。经河北省农林科学院植物保护研究所两年接种鉴定，中抗弯孢菌叶斑病，感大斑病、小斑病、茎腐病和玉米螟，高感瘤黑粉病。经农业部谷物品质监督检验测试中心（北京）测定，籽粒容重794g/L，粗蛋白含量10.32%，粗脂肪含量3.46%，粗淀粉含量74.02%，赖氨酸含量0.29%。

产量表现：2009—2010年参加黄淮海夏玉米品种区域试验，两年平均亩产630.5kg，比对照增产5.1%。2010年生产试验，平均亩产581.9kg，比对照郑单958增产4.7%。

栽培技术要点：在中等肥力以上的地块种植。适宜播种期6月上中旬。每亩适宜密度为4 500~5 000株。注意防治病虫害，及时收获。适宜在河南、河北保定及以南地区、山东（滨州除外）、陕西关中灌区、山西运城、江苏北部、安徽北部（淮北市除外）夏播种植。

（十一）登海605

审定编号：国审玉2010009。

选育单位：山东登海种业股份有限公司。

品种来源：DH351×DH382。

特征特性：在黄淮海地区出苗至成熟为101d，比郑单958晚1d，需有效积温2 550℃左右。成株叶片数19~20片。幼苗叶鞘紫色，叶片绿色，叶缘绿带紫色。株型紧凑，株高259cm，穗位高99cm。花药黄绿色，颖壳浅紫色。花柱浅紫色，果穗长筒形，穗长18cm，穗行数16~18行，穗轴红色，籽粒黄色、马齿形，百粒重34.4g。经河北省农林科学院植物保护研究所接种鉴定，高抗茎腐病，中抗玉米螟，感大斑病、小斑病、矮花叶病和弯孢菌叶斑病，高感瘤黑粉病、褐斑病和南方锈病。

经农业部谷物品质监督检验测试中心（北京）测定，籽粒容重766g/L，粗蛋白含量9.35%，粗脂肪含量3.76%，粗淀粉含量73.40%，赖氨酸含量0.31%。

产量表现：2008—2009年参加黄淮海夏玉米品种区域试验，两年平均亩产659.0kg，比对照郑单958增产5.3%。2009年生产试验，平均亩产614.9kg，比对照郑单958增产5.5%。

栽培技术要点：在中等肥力以上的地块栽培，每亩适宜密度为4 000~4 500株。注意防治瘤黑粉病，褐斑病、南方锈病重发区慎用。适宜在山东、河南、河北中南部、安徽北部、山西运城地区夏播种植。

（十二）鲁单981

审定编号：鲁农审字〔2002〕001号，冀审玉2002001，国审玉2003011、豫审玉2003005。

选育单位：山东省农科院玉米研究所。

品种来源：齐319×IX9801。

特征特性：早熟大穗型品种，生育期平均100d，夏播生育期93d。该杂交种苗期叶鞘紫色。株型半紧凑。株高平均280cm，穗位高平均118cm。花柱红色，花药浅紫色。穗长22cm，穗粗5.4cm，果穗筒形，穗长20.1cm，穗粗5.2cm，轴粗3.4cm，秃顶1.0cm，穗行数14.9行，穗粒数550粒，百粒重29.8g，出籽率83.8%。红白轴，籽粒马齿形，黄粒（有白顶）。抗病性较好。2001年委托河北省农林科学院植保所（国家黄淮海夏玉米区试抗病性指定鉴定单位）鉴定结果，高抗小斑病（1.0级）、弯孢菌叶斑病（1.0级）、青枯病（病株率为0），抗大斑病（3.0级），中抗玉米黑粉病（病株率为7.1%）、玉米矮花叶病（5.0级）；对玉米螟（心叶期食叶等级3.0级）有一定抗性；抗倒伏（折）性较差。经农业部谷物品质监督检验测试中心（北京）检测，粗蛋白质含量10.74%，粗脂肪含量4.48%，赖氨酸含量0.29%，粗淀粉含量70.26%，容重745g/L。

产量表现：1999—2000年山东省杂交玉米区域试验，平均亩产635.4kg，比对照鲁单50和鲁玉16平均增产7.82%；2001年参加生产试验，平均亩产583.9kg，比对照鲁单50增产6.6%。2000年参加国家黄淮海夏玉米区试，平均亩产548.0kg，比对照掖单19增产19.15%，2001年区试亩产600.6kg，比对照农大108增产5.85%。2001年国家黄淮海生产试验平均亩产568.4kg，比对照增产7.0%。

栽培技术要点：适宜种植密度每亩为3 000株，高水肥地块每亩可达3300株。前期注意蹲苗，中后期保证水肥供应。黄淮海夏玉米区及西南山地丘陵玉米区等地种植，尤其适合黄淮海地区套种和夏直播。

（十三）蠡玉37

审定编号：国审玉2010010，蒙审玉2010033号，陕审玉2009005号，冀审玉2011008号，辽审玉2010473号。

选育单位：石家庄蠡玉科技开发有限公司。

品种来源：L5895×L292。

特征特性：在黄淮海地区出苗至成熟101d，与郑单958相当，需有效积温2550℃左右。成株叶片数19片。幼苗叶鞘浅紫色，叶片绿色，叶缘绿色。株型紧凑，株高268cm，穗位高112cm。花药浅紫色，颖壳浅紫色。花柱浅紫色，果穗长筒形，穗长18cm，穗行数14~16行，穗轴白色，籽粒黄色、半马齿形，百粒重33.2g。区试平均倒伏（折）率8.1%。经河北省农林科学院植物保护研究所接种鉴定，高抗矮花叶病，中抗大斑病和茎腐病，感小斑病、瘤黑粉病和弯孢菌叶斑病，高感褐斑病、南方锈病和玉米螟。经农业部谷物品质监督检验测试中心（北京）测定，籽粒容重750g/L，粗蛋白含量8.37%，粗脂肪含量3.25%，粗淀粉含量74.82%，赖氨酸含量0.28%。

产量表现：2008—2009年参加黄淮海夏玉米品种区域试验，两年平均亩产667.4kg，比对照郑单958增产7.5%。2009年生产试验，平均亩产624kg，比对照郑单958增产6.4%。

栽培技术要点：在中等肥力以上的地块栽培，每亩适宜密度为4000~4500株。注意防止倒伏（折），防治玉米螟，褐斑病、南方锈病重发区慎用。适宜在河北中南部、山东、河南、陕西关中灌区、江苏北部、安徽北部、山西运城地区夏播种植。

（十四）农华101

审定编号：国审玉2010008。

选育单位：北京金色农华种业科技有限公司。

品种来源：NH60×S121。

特征特性：在东华北地区出苗至成熟128d，与郑单958相当，需有效积温2750℃左右。在黄淮海地区出苗至成熟100d，与郑单958相当。成株叶片数20~21片。幼苗叶鞘浅紫色，叶片绿色，叶缘浅紫色。株型紧凑，株高296cm，穗位高101cm。花药浅紫色，颖壳浅紫色。花柱浅紫色，果穗长筒形，穗长18cm，穗行数16~18行，穗轴红色，籽粒黄色、马齿形，百粒重36.7g。经丹东农业科学院和吉林省农业科学院植物保护研究所接种鉴定，抗灰斑病，中抗丝黑穗病、茎腐病、弯孢菌叶斑病和玉米螟，感大斑病；经河北省农林科学院植物保护研究所接种鉴定，中抗矮花叶病，感大斑病、小斑病、瘤黑粉病、茎腐病、弯孢菌叶斑病和玉米螟，高感褐斑病和南方锈病。经农业部谷物及制品质量监督检验测试中心（哈尔滨）测定，籽粒容重738g/L，粗蛋白含量10.90%，粗脂肪含量3.48%，粗淀粉含量71.35%，赖氨酸含量0.32%。经农业部谷物品质监督检验测试中心（北京）测定，籽粒容重768g/L，粗蛋白含量10.36%，粗脂肪含量3.10%，粗淀粉含量72.49%，赖氨酸含量0.30%。

产量表现：2008—2009年东华北春玉米品种区域试验两年平均亩产775.5kg，

比对照郑单 958 增产 7.5%；2009 年生产试验，平均亩产 780.6kg，比对照郑单 958 增产 5.1%。2008—2009 年参加黄淮海夏玉米品种区域试验，两年平均亩产 652.8kg，比对照郑单 958 增产 5.4%；2009 年生产试验，平均亩产 611.0kg，比对照郑单 958 增产 4.2%。

栽培技术要点：中等肥力以上的地块栽培。东华北地区每亩适宜密度为 4000 株左右，注意防治大斑病；黄淮海地区每亩适宜密度 4500 株左右，注意防止倒伏（折），褐斑病、南方锈病、大斑病重发区慎用。北京地区春播在 5 月 1 日前后播种，种子最好包衣或拌种，预防地下害虫与丝黑穗病；种植密度每亩 3500~4000 株，播前施足基肥，4~6 叶定苗，定苗前拔除病株，清除杂草，在蚜虫迁飞期喷施杀虫剂防治矮花叶病；播后 45~50d 或 9~10 片展开叶时亩追尿素 20~25kg，追后浇水；大喇叭口期撒施颗粒剂预防玉米螟，抽雄期间避免过旱，最好乳线消失后收获。适宜在北京、天津、河北北部、山西中晚熟区、辽宁中晚熟区、吉林晚熟区、内蒙古赤峰地区、陕西延安地区春播种植，山东、河南（不含驻马店）、河北中南部、陕西关中灌区、安徽北部、山西运城地区夏播种植。注意防止倒伏（折）。

（十五）金海 5 号

审定编号：京审玉 2003010。

选育单位：山东莱州市金海作物研究所有限公司。

品种来源：JH78-2×JH3372。

特征特性：该品种株型紧凑，根系发达，抗旱性极强。生育期 105d。全株叶片 19~20 片，叶色浓绿。株高 245cm，穗位高 92cm，活秆成熟。果穗长筒形，穗行数 14~16 行，果穗长 20.7cm，穗轴红色。籽粒黄色，马齿形，百粒重 32.7g。经河北省农科院植保所进行的抗病性鉴定结果为中抗大、小叶斑病，抗弯孢菌叶斑病、青枯病，高抗玉米黑粉病、矮花叶病。经农业部谷物品质监督检验测试中心分析，该品种粗蛋白含量 10.1%，粗脂肪含量 4.31%，赖氨酸含量 0.32%，粗淀粉含量 70.36%，容重 760g/L。

产量表现：2000—2002 年参加北京市春播玉米区试，平均亩产 637kg，比对照农大 108 增产 2.2%。

栽培技术要点：春平播、间作均可。适宜种植密度每亩为 3 500~4 000 株，高肥水地块可加大至每亩为 4500 株。施足底肥，重施攻穗肥，酌施攻粒肥。浇好开花至灌浆的丰产水，播种前进行种子处理。黄淮海春夏播皆可，南方、东北、西北玉米区宜春播。

（十六）农大 108

审定编号：国审玉 2001002。

选育单位：中国农业大学。

品种来源：黄 C×178。

特征特性：株型半紧凑。生育期 108d 左右。叶片数 22~23 片。穗位以上叶上冲，穗位以下叶平展，属半紧凑型。叶宽直、色浓绿。生长后期保绿性好，成熟时仍有 12~13 片绿叶。株高 260cm 左右，穗位 100cm。抗倒性强。穗长 16~18cm，果穗筒形，穗行数 16 行左右，单穗平均粒重 127.2g，百粒重 26~35g。籽粒黄色，半马齿形，品质优良。高抗玉米小斑病、丝黑穗病、弯孢菌叶斑病和穗腐病，抗玉米大斑病、灰斑病和玉米螟，感茎腐病和纹枯病。籽粒含粗蛋白 9.43%，粗脂肪 4.21%，粗淀粉 72.24%，赖氨酸 0.36%，是粮饲兼用的理想品种。

产量表现：1994 年全国 11 个省、市、自治区 23 个试点（包括春、夏播）平均亩产 581.30kg，比对照中单 2 号增产 27.0%，比丹玉 13 增产 31.5%，比掖单 13 增产 59.69%，比中单 2 号增产 29.87%。1996 年全国 17 个省市自治区 76 个点平均亩产 625.9kg，比对照丹玉 13 增产 28.7%，比沈单 7 号增产 18.9%。其中北京市春播区试、全国新品种筛选和展示田均第一，亩产为 614.3kg。河北省种子公司春玉米大区试验亩产量为 543kg，居第一位。山西省区试平均亩产量为 779.6kg，居 8 个参试品种的第一位，沈阳市 5 亩示范田，平均亩产量 932.6kg，比对照铁单 10 号增产 42.2%，居第一位。

栽培技术要点：该品种根系发达，吸肥水能力强，稳产性好，增产潜力大。一般肥力条件下每亩为 3 000~3 500 株，条件较好或夏播每亩为 3 500~4 000 株。前期应适当控制肥水，大喇叭口期可重施追肥。灌浆期应及时追粒肥，以增加百粒重和防止秃尖。后期应注意田间排水，如成熟期积水，会增加茎腐病的发生。适宜在东北、华北、西北春玉米区及黄淮海夏播玉米区和西南玉米区推广种植，但在纹枯病流行区应慎用。

（十七）伟科 702

审定编号：国审玉 2012010，蒙审玉 2010042 号，豫审玉 2011008，冀审玉 2012016 号。

选育单位：郑州伟科作物育种科技有限公司、河南金苑种业有限公司。

品种来源：WK858×798-1。

特征特性：东华北春玉米区出苗至成熟为 128d，西北春玉米区出苗至成熟生育期 131d，黄淮海夏播区出苗至成熟为 100d，均比对照郑单 958 晚熟 1d。成株叶片数 20 片。幼苗叶鞘紫色，叶片绿色，叶缘紫色。株型紧凑，保绿性好。株高 252~272cm，穗位 107~125cm。花药黄色，颖壳绿色。花柱浅紫色，果穗筒形，穗长 17.8~19.5cm，穗行数 14~18 行，穗轴白色，籽粒黄色、半马齿形，百粒重 33.4~39.8g。东华北春玉米区接种鉴定，抗玉米螟、中抗大斑病、弯孢叶斑病、茎腐病和丝黑穗病；西北春玉米区接种鉴定，抗大斑病、中抗小斑病和茎腐病，感丝黑穗病和玉米螟，高感矮花叶病；黄淮海夏玉米区接种鉴定，中抗大斑病、南方锈病，感小斑病和茎腐病，高感弯孢叶斑病和玉米螟。籽粒容重 733~770g/L，粗蛋白含量 9.14%~9.64%，粗脂肪含量 3.38%~4.71%，粗淀粉含量 72.01%~74.43%，赖氨酸含量 0.28%~0.30%。

产量表现：2010—2011 年参加东华北春玉米品种区域试验，两年平均亩产 770.1kg，比对照品种增产 7.2%；2011 年生产试验，平均亩产 790.3kg，比对照郑单 958 增产 10.3%。2010—2011 年参加黄淮海夏玉米品种区域试验，两年平均亩产 617.9kg，比对照品种增产 6.4%；2011 年生产试验，平均亩产 604.8kg，比对照郑单 958 增产 8.1%。2010—2011 年参加西北春玉米品种区域试验，两年平均亩产 1006kg，比对照品种增产 12.0%；2011 年生产试验，平均亩产 1 001kg，比对照郑单 958 增产 8.8%。

栽培技术要点：中等肥力以上的地块栽培，亩密度为 4000 株左右，一般不超过 4500 株。黄淮海夏玉米区注意防治小斑病、茎腐病和弯孢叶斑病，西北春玉米区注意防治矮花叶病和丝黑穗病。适宜在吉林晚熟区、山西中晚熟区、内蒙古通辽和赤峰地区、陕西延安地区、天津市春播种植；河南、河北保定及以南地区、山东、陕西关中灌区、江苏北部、安徽北部夏播种植；甘肃、宁夏、新疆、陕西榆林、内蒙古西部春播种植。

（十八）美豫 5 号

审定编号：国审玉 2012009 号。

选育单位：河南省豫玉种业有限公司。

品种来源：758×HC7。

特征特性：东华北春玉米区出苗至成熟为 127d，黄淮海夏玉米区出苗至成熟 99d，均比对照郑单 958 早 1d。成株叶片数 20 片。幼苗叶鞘浅紫色，叶片绿色，叶缘浅紫色。株型紧凑，株高 255~278cm，穗位 107~122cm。花药浅紫色，颖壳绿色。花柱浅紫色，果穗筒形，穗长 16.1~18.6cm，穗行数 16~18 行，穗轴白色，籽粒黄色、马齿形，百粒重 29.6~35.6g。黄淮海夏玉米区平均倒伏倒折 6.0%。东华北春玉米区接种鉴定，抗大斑病、丝黑穗病，中抗弯孢叶斑病和茎腐病；黄淮海夏玉米区接种鉴定，中抗小斑病，感大斑病、茎腐病和弯孢叶斑病，感玉米螟。籽粒容重 726~746g/L，粗蛋白含量 8.81%~8.92%，粗脂肪含量 3.71%~4.78%，粗淀粉含量 73.90%~74.08%，赖氨酸含量 0.26%~0.3%。

产量表现：2010—2011 年参加东华北春玉米品种区域试验，两年平均亩产 757.8kg，比对照品种增产 4.5%；2011 年生产试验，平均亩产 772.3kg，比对照郑单 958 增产 7.5%。2010—2011 年参加黄淮海夏玉米品种区域试验，两年平均亩产 606.1kg，比对照品种增产 4.7%；2011 年生产试验，平均亩产 590.3kg，比对照郑单 958 增产 5.4%。

栽培技术要点：中等肥力以上地块栽培，东华北春玉米区 4 月下旬播种，亩密度为 4 000 株左右，黄淮海夏玉米区 5 月 25 日至 6 月 15 日播种，亩密度

为 4 000~4 500 株，可宽窄行种植。夏播区注意防倒伏。注意防治茎腐病和弯孢叶斑病。适宜在吉林中晚熟区、山西中晚熟区、内蒙古通辽和赤峰地区、陕西延安地区春播种植；河南、河北保定及以南地区、山东、陕西关中灌区、山西运城、江苏北部、安徽北部地区夏播种植。

（十九）中种 8 号

审定编号：豫审玉 2010008。

选育单位：中国种子集团有限公司。

品种来源：CR2919×CRE2。

特征特性：夏播生育期 101d。全株叶片 20 片。株型半紧凑，株高 300cm，穗位高 125~131cm；芽鞘紫色。雄穗分枝中，花药浅紫色。花柱浅紫色，苞叶中；果穗筒形，穗长 18.6~19cm，穗粗 5.1~5.2cm，穗行数 14~16 行，行粒数 24.8~35.0粒；黄粒，红轴，马齿形，百粒重 35.6~37.6g，出籽率 85.5%~86.4%。2007 年农业部农产品质量监督检验测试中心（郑州）对该品种多点套袋果穗籽粒混合样品品质分析：粗蛋白质 9.64%，粗脂肪 4.33%，粗淀粉 71.39%，赖氨酸 0.318%，容重716g/L。籽粒品质达到普通玉米国标 1 级；饲料用玉米国标 2 级。2008 年河北省农科院植保所人工接种抗性鉴定：高抗矮花叶病（0.0%），中抗弯孢菌叶斑病（5 级）、茎腐病（11.9%）、小斑病（5 级），感瘤黑粉病（23.8%），高感大斑病（9 级），感玉米螟（8.0 级）。

产量表现：2007 年省玉米品种区域试验（3500 株 1 组），12 点汇总 10 增 2 减，平均亩产 550.0kg，比对照浚单 18 增产 4.4%，差异不显著，居 20 个参试品种第 9位；2008 年续试（3500 株 1 组），12 点汇总 10 增 2 减，平均亩产 632.1kg，比对照浚单 18 增产 7.3%，差异极显著，居 18 个参试品种第 9 位。综合两年 24 点次试验，平均亩产 591.1kg，比对照浚单 18 增产 5.9%，增产点比率为 83.3%。2009 年省玉米品种生产试验（3500 株组），9 点汇总全部增产，平均亩产 542.3kg，比对照浚单18 增产 9.8%，居 9 个参试品种第 8 位。

栽培技术要点：适期播种。播种时要求深浅一致，确保一播保全苗，建议种植密度每亩 4 000~4 500 株。适时中耕培土、施肥、灌水，大喇叭口期用呋喃丹丢心叶防治玉米螟。适宜河南省各地种植。

（二十）屯玉 99

审定编号：国审玉 2006030。

选育单位：山西屯玉种业科技股份有限公司。

品种来源：T6×T23。

特征特性：在东华北地区出苗至成熟 130d，与对照农大 108 相当，需有效积温3 000℃左右。成株叶片数 21 片。幼苗叶鞘紫色，叶片深绿色，叶缘紫红。株型紧凑，株高 287cm，穗位高 126cm。花药黄色，颖壳浅紫色。花柱绿色，果穗锥形，穗长 18cm，穗行数 18~20 行，穗轴红色，籽粒黄色、马齿形，百粒重 36.3g。经辽宁省丹东农业科学院和吉林省农业科学院植物保护研究所两年接种鉴定，抗大斑病、灰斑病、丝黑穗病、纹枯病和玉米螟，中抗弯孢菌叶斑病。经农业部谷物及制品质量监督检验测试中心（哈尔滨）测定，籽粒容重 668g/L，粗蛋白含量 11.58%，粗脂肪含量 4.80%，粗淀粉含量 70.24%，赖氨酸含量 0.37%。

产量表现：2004—2005 年参加东华北春玉米品种区域试验，36 点次增产，8 点次减产，两年区域试验平均亩产 678.5kg，比对照增产 8.2%。2005 年生产试验，平均亩产 614.5kg，比对照增产 4.6%。

栽培技术要点：每亩适宜密度为 3300 株左右。适宜在山西、吉林晚熟区、辽宁丹东、天津、河北北部、陕西延安地区春播种植。

第三节　播　种

一、适期播种

玉米生育特点是喜温暖潮湿气候，全生育期要求有比较高的温度和有效积温。玉米播种时要求温度下限为 10℃，最适温度 20℃以上；抽雄、吐丝期适宜温度为 26~27℃；灌浆期最适温度 22~24℃。在此范围内，随着温度升高，生长发育、干物质积累的速度加快，反之速度变慢。玉米在低于 18℃时雄穗不能正常开花传粉，低于 16℃时，灌浆就会停止，最终导致粒重下降，产量降低。因此热量条件就决定了玉米的栽培种植区域、栽培模式以及品种的选择。

常规玉米杂交种的选择，首先要符合当地的光、热等资源环境条件，如生育期的长短应在当地栽培模式以及栽培技术允许的范围内。其次还要选择品种的高产、稳产能力，品质是否优良，抗逆性、抗病性的强弱，是否有利于简化栽培等多种特征特性。

（一）播期对玉米生长发育和产量的影响

玉米是稀播、高产谷类作物，自身调节能力小，缺苗易造成株数不足而减产。因此，适时播种、提高播种质量，对实现全苗、苗匀、苗壮，建立合理群体结构，获得玉米高产具有十分重要意义。

1. 播期对生长发育进程的影响

气温和光照是影响生育时期长短的主要生态因子。玉米为喜温短日照作物，从整个生育期看，播期的推迟引起了全生育期持续时间的缩短，推迟播期后所带来的温度升高是影响生育期持续时间变化的主要原因。

低温有利于延长生育期。随着播种期推迟玉米的生育期由长变短，播期推迟，温度逐渐升高，各分期播种至出苗天数逐渐减少，达到各生育时期所需积温的日数

逐渐减少，各处理的各生育时期依次缩短，生育进程加快。播种越晚，生育期越短，但播期过分提早并不等于相应早熟。玉米播种期相差的天数与出苗期相差的天数并不相等，它们之间呈明显正相关；玉米自交系播种期相差的天数并不等于雌雄穗开花相差的天数，它们之间呈明显正相关。随着播期的推迟，气温逐渐升高，玉米的生育进程也逐渐加快，生育期随着播期的推迟逐渐缩短。抽雄期若提前1天，则抽雄至成熟所需活动积温相应增加13℃/天，即用≥10℃活动积温来表示，但这一指标随抽雄期的不同而变化。抽雄越早，抽雄至成熟所需积温越多，间隔日数也多；抽雄越晚所需积温越少，抽雄至成熟的间隔日数也越少。

播期对玉米的影响是与生长发育期间光、热、水和土壤等生态因子综合作用的结果。适期早播能延长玉米生育期，植株生长量大，物质基础好，茎秆粗壮，根系发达，穗大粒多，有利于创高产。玉米随着播期的推迟，节间逐渐增长，尽管叶片数变化不大，但植株却显著增高，穗位也随之升高、成穗率显著降低、穗粒数和千粒重都显著下降。随着播期推迟，玉米的株高、穗位高有下降趋势，在田间表现为个体的生长量和生产力的下降，播种越晚，玉米田间空秆率越高。

2.播期对产量构成因素的影响

不同播期对果穗性状有影响。以春播玉米为例，随播期推迟，产量性状与播期呈极显著负相关关系。

播期对春玉米总生育期及不同生育阶段持续时间影响显著，其中播种至拔节期持续时间变异最大，温度条件的差异是其主要原因。不同播期间春玉米叶面积指数和干物质累积量差异显著，拔节至大喇叭口的降雨是其出现差异的根本原因。

（二）不同地区和播季适宜播期范围

1.春玉米适宜播期

北方春玉米区为一年一熟制。影响播期的主要因素有温度、土壤墒情和品种特性。（表2-2）

玉米种子6~7℃时开始发芽，但发芽缓慢，容易受病菌侵染及害虫、除草剂为害。一般将5~10cm土层的地温稳定在8~10℃，作为春玉米适播期开始的标准。播期过晚，容易贪青晚熟，遇霜减产。北方春玉米区适宜播期为4月中旬、下旬至5月上旬。

在地温允许的情况下，土壤墒情较好的地块可及早抢墒播种。适宜播种的土壤含水量在20%左右，一般黑土为20%~24%，冲积土18%~21%，沙壤土15%~18%。适时早播有利于延长生育期，增强抵抗力、减轻病虫为害，促进根系下扎、基部茎秆粗壮，增强抗倒伏和抗旱能力。土壤墒情较差不利于种子萌发出苗的地区，可采用坐水抗旱播种，也可等雨或浇底墒水进行足墒播种。

早春干旱多风地区，适时早播有利于利用春墒夺全苗；覆盖栽培可比露地早播7~10d；同一纬度山坡地要适当晚播；盐碱地温度达13℃以上播种较为适宜。

玉米播种出苗过程中，若遇到极端天气条件、病虫害、整地质量等因素影响，要以确保播种质量，实现苗全、苗齐、苗匀、苗壮为前提，因地制宜及时调整播期。对于降雪量较大且春季气温持续偏低的地区，应视地温上升情况适当推迟播期。

以"郑单958"和"鲁单984"为材料，研究比较两个播期（4月24日和5月15日）条件下春玉米的生长发育和产量形成，与4月24日播期相比，5月15日播期的春玉米产量（干重）提高2157kg/hm^2（郑单958）和1137kg/hm^2（鲁单984）。粒重在播期间、品种间及播期与品种互作间差异均不显著。通过对不同播期间气象因子的分析发现，降雨是影响春玉米生长发育和产量形成的最重要气象因子。降雨主要通过对穗粒数的调节来影响产量，5月15日左右是春玉米获得高产的最佳播期。合理安排播期，重视降雨对春玉米生长发育及产量形成的影响，是获得高产的重要措施。

表2-1 北方春玉米区玉米适宜播期（李少昆等，2011）

省份	区域	适宜播期	播种高峰期	玉米最晚播种日期
黑龙江省	第一积温带	4月20—30日	4月25日	5月05日
	第二积温带	4月25日至5月05日	4月30日	5月10日
	第三积温带	4月30日至5月10日	5月05日	5月15日
	第四积温带	5月5—15日	5月10日	5月20日
	第五积温带	5月10—20日	5月15日	
吉林省	全省玉米产区	4月25日至5月15日	5月1—10日	5月20日
	中部平原区	4月20日至5月15日	4月30日	5月20日
	辽北平原区	4月15日至5月10日	4月25日	5月15日
辽宁省	东北冷凉中高产区	4月25日至5月10日	5月1日	5月10日
	东部中低山丘陵区	4月20日至5月10日	4月28日	5月20日
	辽南山地丘陵区	4月25日至5月10日	4月30日	5月25日
	西部河谷平原区	4月15日至5月10日	4月25日	5月25日
	辽西丘陵区	4月20日至5月10日	4月28日至5月5日	5月20日
内蒙古自治区	蒙西地区	4月20日至4月30日	4月25日	5月15日
	蒙东地区	4月25日至5月5日	4月30日	5月15日
山西省	早熟区	4月25日至5月5日	4月30日	5月20日
	中熟区	4月15日至5月5日	4月25日	5月20日
	晚熟区	4月10日至5月10日	4月20日	5月25日

续表

省份	区域	适宜播期	播种高峰期	玉米最晚播种日期
宁夏回族自治区	引黄灌区	4月15—25日	4月20日	5月30日
	扬黄灌区	4月20日至5月1日	4月25日	5月20日
	宁南山区	4月25日至5月5日	5月1日	5月15日
陕西省	渭北、陕北春玉米区	4月15日至5月10日	4月25日至5月1日	5月20日
河北省	春玉米区	4月20日至5月15日	4月25日至5月5日	5月30日
	春玉米间套复种区	4月25日至5月25日	5月1—15日	5月25日
北京市	平原春玉米区	5月1日至6月10日	5月20日	6月16日
	北部山区春玉米区	4月15日至5月12日	4月20日	5月15日

玉米播种出苗过程中，若遇极端天气条件（如低温、霜冻、冰雹、干旱、洪涝等）病虫害以及管理不善等因素影响保苗，使田间植株密度低于预期密度的60%时，可以考虑重播、毁种或补种。重播要根据当地生产条件，估算产量与投入成本确定，并选择生育期相对短的玉米品种或鲜食玉米或饲用玉米，适当增加密度，以减少损失；毁种可种植向日葵、谷子、荞麦、豆类、高粱等生育期较短的作物。

2. 夏玉米适宜播期

（1）因地制宜，科学选种　根据区域气候特点和生产条件，进行科学品种布局。应选择中早熟至中熟、抗病抗逆、高产稳产、耐密抗倒、后期脱水快、适宜机械化收获的玉米品种；在选用优良品种基础上，选购和使用发芽率高、活力强、适宜单粒精量播种的优质种子，要求种子发芽率≥95%，同时最好为包衣种子。

（2）抢时抢墒，机械精播　为提高夏玉米播种质量，采用带秸秆粉碎和抛撒装置的小麦联合收割机收获小麦，留茬高度控制在10cm以下。小麦收获后，要抢时抢墒，机械精量贴茬直播夏玉米，等行距种植，行距60cm，播深5cm左右。黄淮海中南部区域夏玉米适播期为6月上中旬，北部区域为6月中旬，争取6月20日前完成播种。粗缩病重发区可根据情况调整播期。耐密性好的品种和肥水条件较好的高产田可适当提高密度。以密度定播量，采用精量播种的种子粒数应比确定的适宜留苗密度多10%~15%。

玉米播种不受温度限制，播种时间的确定应遵循以下原则。

套种玉米因地制宜小麦浇或不浇麦黄水，在小麦收获前3~5d播种。

麦收后贴茬播种，应及时抢播，若延迟则有芽涝风险；其他茬口应错过灰飞虱高发时间，减少粗缩病的发生。有灌溉条件的地块，先播种后浇水（浇"蒙头水"），提早播种。

根据小麦播种时间和玉米生育期，控制玉米最晚播种时间。

粮饲兼用型青贮玉米可比最晚播种时间推迟 15~20d。

玉米播种出苗过程中，若遇极端天气条件，病虫害以及管理不善等因素影响保苗，使田间植株密度低于预期密度的 60% 时，可以考虑补种一些豆类作物。是否重播、毁种，要根据当地生产条件，估算增产幅度与投入成本确定，并选择生育期相对短的玉米品种或甜糯玉米、饲用玉米，控制在最晚播种时间以前播种，同时适当增加密度，以减少产量损失。

适宜在黄淮海夏玉米区种植的主要品种为郑单 958、浚单 20 等。其中，第一大品种是郑单 958，占总面积的 35% 左右。

（3）化学除草，防治害虫　播后苗前，土壤墒情适宜时或浇完"蒙头水"后，用 40% 乙阿合剂或 48% 丁草胺·莠去津、50% 乙草胺等除草剂对水后进行封闭除草。也可在玉米出苗后，用 48% 丁草胺·莠去津或 4% 烟嘧磺隆等除草剂对水后进行苗后除草，做到不重喷、不漏喷，注意用药安全。播后苗前，结合土壤封闭除草喷洒杀虫杀卵剂，杀灭麦茬上的二点委夜蛾、灰飞虱、蓟马、麦秆蝇等残留害虫。

（4）测土配方，平衡施肥　根据产量目标和土壤肥力等确定施肥量并科学施肥。在上茬小麦秸秆还田的前提下，夏玉米生产应以施氮肥为主，配合一定数量的钾肥（硫酸钾）并补施适量微肥。采取"一底一追"方式，其中，1/3 氮肥和全部的钾肥、微肥作为底肥在播种时侧深施，与种子分开，防止烧种和烧苗。

（5）旱灌涝排，促苗生长　如播种时土壤墒情不足，播后要及时补浇"蒙头水"。苗期如遇暴雨积水，要及时排水，防止出现芽涝和苗涝。

表 2-2　黄淮海夏播区玉米播种时间（李少昆等，2011）

区域	最晚播种时间	玉米最适收获期	玉米品种类型
南部地区 （安徽、鲁南、豫南）	6 月 30 日	10 月 1—10 日	中早熟
	6 月 25 日		中熟
	6 月 20 日		中晚熟
中部地区 （鲁中、豫中北、冀南、关中）	6 月 28 日	10 月 1—8 日	中早熟
	6 月 23 日		中熟
	6 月 18 日		中晚熟
北部地区 （鲁北、冀中）	6 月 25 日	10 月 1—5 日	中早熟
	6 月 20 日		中熟
	6 月 15 日		中晚熟

（三）适期早播

1. 适期早播的意义

适时播种，可以为玉米发芽、出苗创造良好的条件，玉米生长健壮。玉米的适宜播期主要根据玉米品种特性、温度、墒情以及当地的地势、土质、栽培制度等条件综合考虑确定。播种是一项非常关键的技术，要做到适时、适量、精确、均匀、确保苗全、苗壮。根据每个省各地的玉米栽培模式、种植习惯、播种方法，合理确定播期、播量。

（1）春玉米提早播种　玉米适时早播是农业生产上重要的栽培技术。所谓适时早播，即春季土壤表层 5~10cm 深处土层温度稳定在 10~12℃，土壤水分达到田间持水量 60%~70% 时即可播种。春玉米的播种期地域间相差很大，一般由南向北，从 2 月中旬开始至 5 月上旬均有播种春玉米的地区。

早播玉米前期生长处于较低温度及雨水不多条件下，可延缓地上部生长，促进根系下扎，加强营养生长从而获得高产。中国北方玉米早播延长生育期且使籽粒灌浆期处于较优越的光热条件下，明显提高了产量。早播玉米叶面积的高峰期处于全年辐射能最高的时期，光能生产潜力最高，其后播种的玉米光能利用率低。但是，气温、日照和降水在玉米生长发育的全生育期、各生育阶段之间有密切关系。降水在玉米生长发育和籽粒形成中有着至关重要的作用，降水可以补充调节光温因子对产量和生长发育的影响。早播春玉米开花授粉期间降雨对散粉的影响很难用人工措施来消除，而迟播春玉米植株生长旺盛具有较优叶面积指数，有利于干物质积累并向籽粒转移减少籽粒败育，且开花授粉期错过 7 月上中旬的雨季，提高授粉受精率，增加穗粒数。

① 选用良种　选择所在区域的国审或省审品种，注意品种的适应性、产量、品质、抗性等综合性状。玉米播种机一般为精量或半精量播种，故要求玉米种籽的发芽率应达到 95% 以上，且应大小均匀，单粒点播时要求发芽率更高。为了防治病虫害，必须选用包衣种子。一个产区优化组合 3~4 个品种，包括主栽品种、搭配品种和苗头品种或不同熟期品种搭配种植（如中晚熟为主搭配晚熟和中熟）。

② 因地选种　水肥条件好的地块，可选耐密高产品种，根据当地气候特点和病虫害流行情况，尽量避开可能存在缺陷的品种；干旱地区应适当选用早熟品种；优选在当地已种植并表现优良的品种。

③ 播期确定　春玉米要求墒足。5 月初，春白地经秋耕、冬灌后，早春应该耙轧保墒，时间在 5 月 5~15 日。一般大田播期为 4 月 25 日至 5 月 5 日。

④ 肥料准备　玉米施肥的增产效果取决于土壤肥力水平、产量水平、品种特性、种植密度、生态环境及肥料种类、配比与施肥技术等。玉米对氮、磷、钾的吸收总量随产量水平的提高而增多，要增施磷、钾肥，调整好氮磷钾的比例。一般每亩可施磷酸二铵 10~20kg，尿素 15~25kg，氯化钾或硫酸钾 7~15kg，也可选择养分数

量相当的复合肥。实现全面施肥，氮磷钾的比例为1：0.7：0.5。在不同产量水平下，施肥量要有所调整。肥料的施用量及使用方法要合理，根据各地玉米产量目标和地力水平进行测土配方施肥，春玉米由于生育期较长，建议在拔节或大口期进行一次追肥，应以氮、磷速效化肥为主。雨养区春玉米更要及时利用好自然降雨追施化肥，提高肥效或使用长效缓释肥，注意科学施用。

施肥与播种同时完成，要选用颗粒肥，长效与速效肥兼顾，按比例混合均匀后加入肥箱。为保证下肥顺畅，化肥中不应有结块存在。播种和施肥深度应根据土壤墒情而定，一般情况下，玉米种籽的覆土为3cm左右，化肥则应施在种籽的正下方、侧下方或侧面（取决于播种机的类型），种肥间距应保证在5cm以上。假如播种时地表有干土层，则应实行深开沟、浅覆土，保证种籽种在湿土上。

（2）夏玉米提早播种　农谚有"春争日，夏争时，夏播争早，越早越好"的说法。夏玉米播种应抓紧时间抢时抢墒播种，愈早愈好。抢时早播可增加有效积温，延长玉米的有效生长期，有利于苗齐、苗壮，玉米适时早播，可增加日照时数延长有效生育期，可使授粉期提前，提高结实率，使灌浆期抢在秋吊前，提高籽粒饱满度。充分利用肥、水、光和热资源，实现充分成熟和降低籽粒水分，是确保夏玉米高产、稳产的重要措施之一。

夏玉米因其生育期短，要特别重视尽量早播。夏玉米早播可延长生育期，避免和减轻病害，可在雨季来临之前长成壮苗，避免产生"芽涝"，是争夺高产的重要措施。同时促进根系生长，使玉米植株健壮。因此，夏玉米在前茬收后及早播种。播种的方法主要是条播和点播。条播就是用播种工具进行开沟，把种子撒播在沟内，然后覆土。点播即是平时说的开穴播种。播种量要根据种子的大小、种子的发芽率、要求种植的密度来决定。如果是条播，播种量要适当增加，一般每亩3~4kg；如果是点播，播种量适当减少，每亩用种量是2~3kg。一般要求4~6cm为宜。土质黏重、墒情比较好的时候，可适当浅些；如果是在干旱或者在生长不良的土壤上播种，一定要适量的加深播深。

播种后要及时镇压，使种子与土壤密切结合，以利于种子吸水出苗。镇压要根据墒情而定，墒情一般时，播后采取一般的镇压措施即可；当土壤湿度过大时，要等待土壤的表土适当干点儿后再进行镇压，以免造成板结，影响出苗。

夏玉米生育期短，争取早播是高产的关键，一般不要求深耕。一是全面整地，即是在前茬收获后全面耕翻耙耢，耕地深度也不应超过15cm。二是局部整地，按玉米种植的行距进行开沟，沟内集中施肥，再用旋耕犁使土肥混匀，然后平沟进行播种。三是前作收获后，不整地也不灭茬，直接进行开沟播种。目前，随着机械化水平的提高，这类播种面积逐年扩大。有利于提高受精花数和有效粒数，减少籽粒败育率，增加玉米的穗长、行粒数、穗粒数，减少玉米的秃尖长。同时早播晚收可以使灌浆期延长，籽粒内干物质充分积累，千粒重显著增加。且晚收的增产作用明显

大于早收。夏玉米合理的播期应在 6 月 15 日前，收获期应在吐丝后 50d 以后。

适时早播可增加有效积温，延长玉米的有效生长期，充分利用肥、水、光和热资源，可在一定程度上避免芽涝和后期低温影响，实现充分成熟和降低籽粒水分，是确保夏玉米高产、稳产、优质的重要措施之一。

① 品种选择　"早准备"即是获得夏玉米丰产的基础。提前选好良种和进行种子处理是十分必要的。夏玉米品种的选用要因地制宜，不但要考虑当地的种植制度，保证正常成熟，不影响下茬作物的播种，还要考虑能充分利用生产资源。如果肥水条件好的地区，要选用耐肥水、生产潜力大的高产品种。在丘陵、山区，则应选用耐旱、耐瘠、适应性强的品种，要根据当地常发病的种类选用相应的抗病品种。此外，还要根据生产上的特定要求，例如饲用玉米、甜玉米、黑玉米、笋玉米等选用相应良种。

热量充足，就尽量选择生长期较长的、丰产性能好、增产潜力较高玉米品种，使优良品种的生产潜力得到有效发挥。但是，过于追求高产而采用生长期过长的玉米品种，则会导致玉米不能充分成熟，籽粒不够饱满，影响玉米的营养和品质。所以，选择玉米品种，既要保证玉米正常成熟，又不能影响下茬作物适时播种。地势高低与地温有关，岗地温度高，宜选择生育期长的晚熟品种或者中晚熟品种；平地适宜选择中晚熟品种；洼地宜选择中早熟品种。

根据当地生产管理条件选种　玉米品种的丰产潜力与生产管理条件有关。丰产潜力高的品种需要好的生产管理条件，生产潜力较低的品种，需要的生产管理条件也相对较低。因此，在生产管理水平较高，且土壤肥沃、水源充足的地区，可选择产量潜力高、增产潜力大的玉米品种。反之，应选择生产潜力稍低，但稳定性能较好的品种。

③ 根据前茬选种　玉米的增产增收与前茬种植有直接关系。若前茬种植的是大豆，土壤肥力则较好，宜选择高产品种；若前茬种植的是玉米，且生长良好、丰产，可继续选种这一品种；若前茬玉米感染某种病害，选种时应避开易染此病的品种。另外，同一个品种不能在同一地块连续种植 3~4 年，否则会出现土地贫瘠、品种退化现象。

④ 根据病害选种　病害是玉米丰产的克星，主要与土壤有关。土壤养分不平衡，地温不正常，选种时应避开不适宜此条件生长的品种。例如"登海 9 号"只适宜在土壤养分均衡、熟化程度高的地块生长。

⑤ 根据种子外观选种　玉米品种纯度的高低和质量的好坏直接影响到玉米产量的高低。玉米 1 级种子（纯度 98%）的纯度每下降 1%，其产量就会下降 0.61%。选用高质量品种是实现玉米高产的有利保证。优质的种子包装袋为一次封口，有种子公司的名称和详细的地址、电话；种子标签注明的生产日期、纯度净度、水分、发芽率明确；种子的形状、大小和色泽整齐一致。

⑥ 根据当地降水和积温选种　根据生产经验，上年冬季降雪量小，冬季不冷，翌年夏季降雨会比较多，积温不会高，生长期过长的品种，积温不够，影响成熟。反之，上年冬季降雪量大，冬季很冷，翌年夏季降雨一般偏少，积温偏高，宜选择抗旱性能强的品种，洼地可以适当种些中晚熟品种。

⑦ 种子处理　玉米单株生产力高，出苗不全或苗不齐，会影响产量。因此，要做好种子处理。在精选种子、做好发芽试验的基础上，进行晒种和拌种。晒种可提高发芽率，及早出苗。药剂拌种，可根据当地常发生的病虫害确定药剂种类。对于缺少微量元素的地区，可根据缺少种类进行微肥拌种。有条件的地区应该利用种衣剂进行包衣。

⑧ 肥料准备　夏玉米施肥的基本原则是"有机肥与无机肥配合；氮肥、磷肥、钾肥和微量元素肥配合；基肥、种肥和追肥配合；氮肥、磷肥、钾肥总的施用量要根据产量水平、品种特性、种植密度、地力等各种因素确定"。产量水平高、地力差、密度大、植株高大的应适当多施，反之则减少用肥量。

基肥的施用应以有机肥为主，并适量配合氮肥、磷肥、钾肥和微量元素化肥。基肥的施用方法有撒施、条施和穴施 3 种，要根据具体情况适宜地选用。

种肥主要补充基肥的不足，保证幼苗健壮生长。应以速效化肥或优质腐熟人粪尿、家畜粪为主，施用量不宜过多，一般用磷酸二铵 60~90kg/hm^2，氮肥、磷肥、钾肥等混合作种肥时，各自的施用量要相应地减少。

⑨ 玉米行间覆盖小麦秸秆保墒　覆盖小麦秸秆对节水保墒、培肥地力有其重要的作用。覆盖小麦秸秆一般可使土壤含水量比对照提高 1.8%~4.5%，同时土壤有机质含量平均每年提高 0.01%~0.04%。对抑制玉米田杂草也有明显的效果，可达 90%以上。铺施方法是于 6 月底 7 月初雨季到来之前，在玉米行间覆盖碎麦秸，每亩为300~500kg。

2. 旱农地区的早播

春玉米区为一年一熟制，影响播期的主要因素是温度、土壤墒情和品种特性。晚播耽误农时，过早播种又易感染玉米丝黑穗病和烂种缺苗。

（1）温度的影响　玉米喜温喜光。玉米种子发芽的最低温度为 6~7℃，但发芽速度极为缓慢，易受土壤中细菌和真菌侵害而腐烂。有的地方为了避免伏旱影响和高温季节带来的授粉不良，在入春时过早播种，由于土温低、季节性气温尚未稳定，从播种到出苗往往需要 20d，其间如遇阴雨或寒潮，常造成出苗不齐或种子霉烂。玉米种子在 10~12℃的温度下发芽较快而且整齐，生产上把这一温度作为开始播种的最低温度指标。

一般将 5~10cm 土层的地温稳定在 8~10℃，作为春玉米适播期开始的标准。播期过晚，容易贪青晚熟，遇霜减产。北方旱作春玉米区适播期为 4 月中下旬至 5 月上旬。

（2）调整播种时间或等雨播种　在地温允许的情况下，根据土壤墒情，适当调整播种时间或等雨播种。适宜播种的土壤含水量在20%左右，一般黑土为20%~24%，冲积土18%~21%，沙壤土15%~18%。适时早播有利于延长生育期，增强抵抗力、减轻病虫为害，促进根系下扎、基部茎秆粗壮，增强抗倒伏和抗旱能力。土壤墒情较差不利于种子萌发出苗的地区，可采用引水抗旱播种，也可等雨播种。

早春干旱多风地区，适时早播有利于利用春墒夺全苗；覆盖栽培可比露地早播7~10d；同一纬度山坡地要适当晚播；盐碱地温度达13℃以上播种较为适宜。

玉米播种出苗过程中，若遭遇极端天气条件、病虫害、整地质量等因素影响，要以确保播种质量，实现苗全、苗齐、苗匀、苗壮为前提，因地制宜及时调整播期。对于降雪量较大且春季气温持续偏低的地区，应视地温上升情况适当推迟播期。

玉米幼苗抗低温能力比生长后期强。遇0℃低温不至于冻死，在−3~−2℃的短期低温下，幼苗会受到损伤，若温度回升快，管理及时，幼苗在几天后即可恢复正常生长。若低温条件持续长，幼苗就会冻死。玉米长出4~5片叶子时，仍能抵抗轻微霜冻，此后抗寒能力逐渐降低。低温致使幼苗生长缓慢的原因是根的代谢减慢，当温度降至4~5℃时，根系完全停止生长。在农业生产管理上，采取起垄播种来增加日照面积或采用地膜覆盖提高土壤温度，对促进根系发育有很大好处。

（3）抗旱精播　抗旱精播保全苗是实现高产的前提。通过适时抢墒播种早，赶在春旱之前（充分利用返浆水）。追肥早在伏旱之前（使玉米需肥水高效期与7~8月雨热期同期高峰相吻合）。

① 早播时间　4月15~25日，最佳时间为20日。地温指标，10cm土层地温稳定在7~8℃即可播种。如果播后出现缺株少苗，但没有明显的缺行断垄现象，可以在缺株的临近株穴，在定苗的时候，留双株来补足密度；也可在缺行断垄严重的区域种植耐阴性较强的作物如大豆、马铃薯等。如出苗只有一半，可播种间作作物。出苗不足一半时，建议毁种重播。

② 种子抗旱处理技术　使用玉米生物浸种剂和抗旱保水剂处理（使用方法参照品种说明）。

③ 播种质量　保证深度适宜，盖土一致，提高出苗整齐度，达到苗全苗齐苗壮。

（4）播种技术　随着产量提高，播种技术对产量的作用逐渐增强。播种技术包括种子处理、土壤备墒、合理密度、播种方法、播种量以及播种深度等。

① 晒种　经过阳光晒过的玉米种子，播种后吸水快，发芽早，出苗整齐，出苗率高，幼苗粗壮。

② 浸种和拌种　清水浸种主要是供给水分，促进发芽。化学药剂浸种主要有磷酸二氢钾和微量元素，但浸种的浓度太高或浸种时间太长，种子容易中毒受害，降低发芽率。用农药拌种可防治病虫为害。

种子包衣就是给种子裹上一层药剂。包衣的种子播种后具有抗病、抗虫以及促进生根发芽的能力，要针对当地病虫害对症用药。

③ 精心备墒　土壤墒情是影响种子出苗质量的关键。墒情好，土地平整，播种深浅一致，出苗整齐均匀。播前备墒的一个重要环节就是土壤水分的调整。在黄淮海夏播和套种夏玉米区，麦收后常出现季节性的干旱而使玉米播种时墒情恶化；因此生产上常用浇麦黄水来补充底墒。

④ 合理密植，确定播量　合理密度要考虑品种特性。其次，如土壤肥力较高、施肥量大而合理，适宜的密度就大。在易旱而无灌溉条件的地区，种植密度宜稀。

⑤ 玉米播种量的计算　用种量（kg）＝播种密度 × 每穴粒数 × 粒重 × 面积。应重点发展玉米精播技术、提高播种质量。

⑥ 确定播种深度　播种深度一般以 5~6cm 为宜。在墒情较好的黏土，应适当浅播，以 4~5cm 为宜。疏松的沙质壤土，应适当深播，以 6~8cm 为宜。如土壤水分较大，不宜深播，土干则应适当深播。

⑦ 播后镇压　播后覆土以后，要适当镇压，干旱时要重镇压，而土壤水分过多时，不要镇压。

（5）培肥地力蓄水保墒　水和肥力具有互相促进作用，肥力越高，水的作用越明显。当土壤有机质含量提高到 5% 时，雨水入渗量较一般田可增加 50% 左右，蒸发量可减少 40%。

增施有机肥：有利于提高有机质含量，连续亩施有机肥 2500kg，土壤有机质平均每年提高 0.028%。

适施种肥：适量施种肥可以供给幼苗充足的养分，促进苗期的生长和增强对干旱、低温、病害等不良因素的抵抗能力。种肥包括少量的氮肥、磷肥、钾肥以及微量元素肥料。种肥使用要控制用量和将种、肥隔离，以免烧苗。一般亩施磷酸二铵 5~8kg，效果不错。

有机肥和化肥相结合：每公顷施入优质农家肥 80m^3，氮肥 75% 施入底肥，25% 作为追肥，底肥深度 15~20cm（以免化肥烧幼根，要拌入尿素缓释剂），施肥标准要根据当地地力肥水条件调解用量。标准为常年常用量的 130% 为前提（增加常规用量 30%）。

（6）选择抗旱品种　选用抗旱节水型品种对提高旱地玉米产量十分关键。旱地玉米品种要求抗病、耐瘠薄、抗旱衰、适应性强的品种。

（7）配套栽培技术　抗旱栽培技术可以提高自然降水的利用率，是稳定增加作物产量的重要手段。旱地玉米栽培技术的综合研究表明：密度、施肥、化学除草是旱地玉米丰产的 3 个重要环节，具体措施如下。

① 合理密植　密度是栽培水平的综合体现，受到土质、自然降水、施肥水平、种植样式、光照等多种因素制约。一般每亩留苗为 2500~4000 株。紧凑型生育期较短的玉米取上限，平展型玉米取下限；土壤肥力较高的取上限，土壤肥力较低的取

下限。

② 化学除草　玉米田杂草主要有马唐、稗草、马齿苋、狗尾草、反枝苋等，约占总数的 90% 以上。即使多次中耕，草荒威胁仍很大，经 1 次施用化学除草剂，一般可保证不闹草荒，免去中耕作业使机械伤苗减少，亩穗数可增加 150~300 穗。在除草剂的选用上，以每亩施用乙阿合剂 100~150g 对水 30~50kg 效果最佳，防治效果可达 90% 以上。

二、合理密植

（一）密度对玉米生长、生理活动和产量的影响

1. 密度对玉米生长、生理活动的影响

选用玉米杂交种郑单 958 和浚单 20，均为紧凑型玉米品种。不同种植密度对夏玉米雌雄穗开花进度有一定影响。

（1）种植密度对玉米雌穗分化的影响　种植密度对玉米雌穗分化的影响不大，尽管低密度比高密度早 1d 进入生长锥伸长期，但其他发育进程相同。

（2）种植密度对穗轴结构的影响　密度对玉米果穗维管束的数目、面积影响显著。穗轴维管束的数目和维管束总的横截面积随密度的增加而减小。雌穗穗轴结构指标与密度呈显著的负相关关系，高密度条件下雌穗穗轴木质部的导管数目显著减少，导管直径也明显减小。穗轴结构的各项指标与密度及产量性状之间具有显著的相关性；在河南豫北地区，对于紧凑型玉米品种而言，中密度（75000 株 /hm^2）产量最高，是适宜的种植密度。

（3）种植密度对玉米小花分化、吐丝进度及花粒数的影响　种植密度对玉米雌穗小花的分化、吐丝进程、花粒数量、穗轴结构和产量影响显著。随着密度的增加，玉米小花分化推迟，吐丝进度也相应推迟；小花总数、吐丝小花数、受精小花数和饱满粒数随密度的增加而减少，未受精小花数、败育籽粒数和总退化率随密度的增加而增大；穗轴维管束的数目和维管束总的横截面积随密度的增加而减小。

2. 密度对产量的影响

玉米种植密度的大小是直接影响玉米产量因素之一。而合理的密植正是取得高产的关键，在一定的范围内玉米的产量随着密度的增大而提高，当密度达到一定值后，增加密度反而使产量下降，所以，适宜的密度是决定产量的因素。

（1）因地制宜　选择适合本地种植密度的品种。作为良种在不同的条件下也有它的相对性，只在根据当地的气候条件、地理条件、水肥条件选择适合密植的品种。

（2）因品种特征特性不同播期选择品种，不同类型的品种具有不同的耐密性紧凑型杂交种耐密性强，密度增大时产量较稳定，适宜种植的密度较大；平展型耐密性差，密度增加范围小，若增加密度就会减产。

① 平展型中晚熟玉米杂交种　此类品种植株高大、叶片较宽、叶片多、穗位以

上各叶片与主秆夹角平均大于 35°，穗位以上的各叶片与主秆夹角平均大于 45°。亩留 3000~3500 株为宜，适时春播能充分利用光热资源，增加有效积累提高产量。

② 竖叶型早熟耐密玉米杂交种　此类品种株型紧凑，叶片上冲，穗位以上各叶片与主秆夹角平均小于 25°，穗位以下各叶片与主秆夹角平均小于 45°，亩留 4500~5000 株为宜，适宜麦收以后夏播。

③ 中间形　此类品种的叶片与主秆夹角介于紧凑型和平展型之间，多数属中早熟耐密品种，亩留苗 3 500~4 500 株为宜，适宜麦垄套种或油菜茬播种。

（3）根据品种特性、产量水平、土壤肥力及施肥水平选择合理的密度　每亩 400~500kg 的中产田，平展型玉米杂交种适宜密度为 3000 株 / 亩左右；紧凑型杂交种为 4 000 株 / 亩左右。亩产 500~600kg 的产量水平适宜密度范围是：平展叶型玉米杂交种每亩为 3 500 株左右；紧凑型中晚熟大穗型杂交种每亩为 3 700~4 000 株，紧凑竖叶中穗型杂交种每亩为 4 500 株左右。每亩产 650kg 以上产量水平的适宜密度范围是：紧凑中穗型，每亩为 5 000~5 500 株，紧凑大穗型每亩为 4 500~5 000 株。

（4）增密增产技术　根据玉米品种的特征特性和生产条件，因地制宜将现有耐密品种的种植密度每亩增加 500~600 株，前提是选耐密品种和水肥条件好地块。

（5）玉米亩穗数是构成玉米产量三要素之一，密度的大小直接决定着玉米的产量　由于自然界限制玉米最终成穗的因素较多（如病虫、营养、光照等）种植密度的成穗率一般为 90%~95%，为确保亩穗达到设定目标穗数，大田留苗时应按适宜的穗数增加 5%~10%，这样才能实现预期的穗数指标。

（6）种植郑单 958 和浚单 20　随着密度的增大，雌穗小花的分化相应推迟；在吐丝初期和吐丝中期，吐丝数量随密度的增加而减少，吐丝后期差异不显著；小花总数、吐丝小花数、受精小花数和饱满粒数随密度的增加而减少，未受精小花数和总退化率随密度的增加而增大；雌穗穗轴维管束数目、维管束总横截面积和韧皮部总横截面积随密度的增加而减少。

从低密度增加到中密度时，玉米株数增加的幅度大于单株产量受密度影响减少的幅度，所以中密度的产量大于低密度的产量；从中密度增加到高密度时，密度增加后玉米株数增加幅度小于单株产量受密度影响减少的幅度，所以高密度的产量低于中密度的产量。有报道指出，吉林省在 90 000 株 /hm^2 和 71 786 株 /hm^2 条件下产量最高，但在河南豫北地区，紧凑型玉米品种 75 000 株 /hm^2 产量最高，是适宜种植密度。

（二）适于密植的条件

种植紧凑型耐密品种比平展型品种、半紧凑品种具有更高的丰产潜力。但由于穗粒数、千粒重与密度（或亩穗数）呈显著负相关，当增加种植密度超过了土壤肥力承载极限，或提高的亩穗数不足以弥补因穗粒数、粒重降低造成的产量损失时，继续提高密度就会造成减产。种植密度与产量呈抛物线关系，不是越高越好。生产上应根据品种、地力、水肥管理水平、当地气候等因素确定一个适宜的种植密度，

合理密植。

1.品种的株型

玉米的产量与株型关系密切。从株型上可以把玉米分成两大类型，平展型玉米和紧凑型玉米。

（1）平展型玉米 即叶片平展，外伸广阔，以便尽可能多的获取阳光雨露。由于其在争夺空间上有优势，每一株又能结出较多的玉米籽粒，所以在以往的种植历史中成为唯一的株型。平展型玉米的每个单株都占据了较大的面积，一般种植密度每亩在3000~3500株，其中，下部叶片尚能得到足够的光照，保证正常的生长发育至成熟，最高亩产量可达到600kg。如果进一步增加种植密度，会导致中下部叶片受光不足，光合作用效能降低，总产量不但不会增加，反而还要减产。

（2）紧凑型玉米 株型十分紧凑，上部叶片向上挺举，中下部叶片较平展。上部叶片挺举的好处是能够减少对中下部叶片的遮阴，单株所占面积比平展型玉米为小，每亩可种植4000~4500株，种植密度能够增加30%，而单株产量仍然不比平展型玉米差，从而保证了玉米的产量。

紧凑型玉米的选育，需要将理想的株型，良好的丰产性、抗倒伏性和抗病虫害能力等许多优良遗传基因，通过杂交选育到一个新品种中。现中国已示范推广了25个紧凑型玉米新品种，掖单12杂交种是世界种子市场的主要玉米品种。据统计紧凑型玉米在全国已累计推广种植面积0.3亿hm^2，增产250亿kg，可见株型的不同对粮食增产至关重要。例如：

①中国育种专家李登海 在近$1hm^2$试验地上种植掖单12号、13号两个紧凑型玉米新品种，经验收平均亩产1008kg，创造了中国夏玉米的最高产量。

②西南地区的最适玉米品种类型为半紧凑型品种 密度对产量有极显著影响，密度为3500株/亩时产量最高。西南地区阴雨天多、日照不足、昼夜温差小、土壤贫瘠、山地丘陵较多，使得种植密度比北方低。种植半紧凑型玉米的适宜密度为3500~4000株/亩。

2.品种的用途类型

按照玉米用途与籽粒组成部分，可分为两大类，特用玉米和普通玉米。特用玉米一般是指除普通玉米以外的各种优质专用玉米，包括甜玉米、糯玉米、笋玉米、爆裂玉米、青贮玉米、高油玉米、优质蛋白玉米和高淀粉玉米等。特用玉米的生物学特性都是由不同的遗传基因所控制，因而表现出不同的籽粒性状、营养成分和口味特征。与普通玉米相比，特用玉米具有更高的经济价值和加工利用前景。

（1）甜玉米 又称蔬菜玉米或水果玉米，是一种菜果兼用的新兴食品，具有甜、嫩、香的特点。鲜穗的含糖量一般在14%~25%，明显高于普通玉米。甜玉米主要用于鲜食、冷冻和制作罐头。甜玉米可分为普通型、加强甜和超甜型3类。甜玉米增加了乳熟期籽粒的含糖量，以适应鲜食和加工需要。甜玉米对生产技术和采收期的要求比较严格，且货架寿命短，国内育成的各种甜玉米类型基本能够满足市场需求。

普通甜玉米采收后糖分向淀粉转化的速度快，保持最佳食用的时间短。超甜玉米糖分含量为普通甜玉米的 2 倍，但不具有普通甜玉米的风味。加强甜玉米具有超甜玉米一样高的糖分含量，是一个较有发展前途的青苞鲜售和加工兼用型玉米。

（2）糯玉米　又称黏玉米或糯质玉米。其籽粒不透明，无光泽，外观晦暗成蜡质状，又称为蜡质玉米。可以鲜食或制作罐头，主要用于鲜食。糯玉米有较高的黏滞性和适口性，可制作各种糯性食品和点心。糯玉米具有糯性强、黏软清香、甘甜适口，皮薄，风味独特等特点，秸秆可作优质青贮饲料。籽粒中支链淀粉含量高达20% 左右。食用消化率高，达到85%，比普通玉米高 20% 左右，故用于饲料可以提高饲养率。在工业方面，糯玉米淀粉，是食品工业的基础原料，可作为增调剂使用，还广泛地用于胶带、黏合剂和造纸等工业，扩大糯玉米生产面积，将会带动食品行业、淀粉加工业及相关产业的发展。

糯玉米籽粒的颜色有纯白、纯黄、黑（紫）色和彩色。黑（紫）色糯玉米，硒含量高出普通玉米数倍，具有特殊的滋补功效。要根据销售途径、加工目的不同，确定种植品种的颜色和类型。

（3）高淀粉玉米　是指籽粒淀粉含量达 70% 以上的专用型玉米，而普通玉米只 60% ~69%。玉米淀粉是各种作物中化学成分最佳的淀粉之一，有纯度高（达99.5%）、提取率高（达93% ~96%）的特点，广泛应用于食品、医药、造纸、化学、纺织等工业。据调查，以玉米淀粉为原料生产的工业制品达 500 余种。因此，发展高淀粉玉米生产，不但可为淀粉工业提供含量高、质量佳、纯度好的淀粉，同时还可获得较高的经济效益。

玉米淀粉由支链淀粉和直链淀粉组成。由于二者的性质存在着明显的差异，所以通常根据二者组成的不同可以分为混合型高淀粉玉米、高支链淀粉玉米（糯玉米）和高直链淀粉玉米。

玉米是制造淀粉的重要原料之一。由于玉米具有产量高、适应性强、宜于种植等特点，所以作为淀粉加工原料，具有如下特点：玉米淀粉的质量好；玉米籽粒中淀粉含量高达 73% ~75%，出粉率高 2% ~4%；玉米综合利用的潜力大，加工玉米淀粉后的废料可提取玉米油、玉米蛋白粉、胚芽饼和粗饲料，几乎玉米产品的99%都可利用。玉米淀粉是世界淀粉产量最多的一种，主要用于医药工业。其籽粒中淀粉含量高于普通玉米，是制造抗生素的重要原料。

（4）高油玉米　是一种高附加值玉米类型，其突出特点是籽粒含油量高。普通玉米含油量为 4%~5%，而籽粒含油量比普通玉米高 50% 以上的粒用玉米称高油玉米。是指籽粒含油量超过 8% 胚的含油量高达 47% 以上的玉米。由于玉米油主要贮存在于胚内，直观上看高油玉米都具有较大的胚。此外，高油玉米比普通玉米蛋白质含量高 10%~12%，赖氨酸含量高 20%，维生素含量也较高，是粮、饲、油兼顾

的多功能玉米。含油量较高，特别是其中亚油酸和油酸等不饱和脂肪酸的含量达到80%，具有降低血清中的胆固醇、软化血管的作用。

高油玉米同普通玉米相比，主要优点是有较高的含油量。普通玉米的含油量只有4%~5%，而高油玉米的含油量可以达到7%~10%，含油量最多的超过了20%。高油玉米的产油量可与相同面积的大豆产油量相当。高油玉米的价值主要表现在由玉米胚芽榨出的玉米油，该油不仅营养丰富，而且还有一定的药用价值，是深为消费者喜爱的高级植物油。

（5）优质蛋白玉米（QualityProteinMaize，简写为 QPM），又称高赖氨酸玉米（HighLysineMaize） 中国优质蛋白玉米籽粒中的赖氨酸含量有个公认指标，即籽粒赖氨酸含量超过 0.4%。如中单 9409，其籽粒赖氨酸含量在 0.42%左右。普通玉米的赖氨酸含量一般在 0.2% 左右。

优质蛋白玉米所含蛋白质品质高，比普通玉米具有更高的营养价值，且口感好。其籽粒中人畜体内必需的赖氨酸、色氨酸含量比普通玉米高出一倍以上，营养丰富，品质优良，可制作优质食品，也可作为畜禽的优质精饲料。

（6）笋玉米 俗称娃娃玉米。笋玉米是指以采收幼嫩果穗为目的的玉米。由于这种玉米吐丝授粉前的幼嫩果穗下粗上尖，形似竹笋，故名玉米笋。玉米笋是玉米吐丝或刚刚吐丝时，将苞叶和花柱除去，剩下形似笋尖还未膨粒的幼嫩雌穗。

其特点是：单株多穗，一般单株结穗 4~6 个，其穗清脆可口，营养丰富，玉米笋炒食脆甜可口，还可加工成罐头。笋玉米富含氨基酸、糖、维生素、磷脂和矿质元素。通常干重的总氨基酸含量可达 14%~15%，其中赖氨酸含量高达0.61%~1.04%，总糖量达 12%~20%。笋玉米目前主要用于爆炒鲜笋、调拌色拉生菜、腌制泡菜、制作罐头，是宴席上的名贵佳肴。

笋玉米有 3 类：

① 专用型的笋玉米，即一株多穗的专用玉米笋品种 当花柱吐出达 1~2cm 长时，采摘果穗做笋玉米蔬菜或做笋玉米罐头。

② 粮笋兼用型笋玉米 即在普通玉米生产中选用多穗型品种，将每株上部能正常成熟的果穗留做生产籽粒，下部不能正常成熟的幼嫩果穗做笋玉米。

③ 甜笋兼用型 在甜玉米生产中，采收每株上的大穗做甜玉米罐头或将鲜穗上市，将下部幼嫩果穗采收用做甜笋玉米。

（7）饲用玉米 主要用作青饲或青贮的玉米品种，一般分为单秆大穗型和分枝多穗型两种类型。按其用途，可分为青贮专用型玉米和粮饲兼用型。具有高产、优质、抗病等特点，特别是秸秆青贮产量高于普通玉米。青贮玉米持绿度高，绿叶面积大，茎秆比较大，鲜嫩多汁，营养丰富，一年可以种植多次，短期内可获得较高的茎叶产量。青贮玉米组织柔软，适于青贮和鲜喂，经过微贮发酵以后，适口性、利用转化率进一步提高，是家畜的主要饲料来源，与普通玉米相比，青贮玉米具有更高的饲喂价值。

（8）爆裂玉米 爆裂玉米又称爆炸玉米或爆花玉米。膨爆系数可达25~40，是一种专门供作爆玉米花（爆米花）食用的特用玉米。育种起源于美国，玉米分类上曾作为亚种或变种定名为 *Zea mays* L. var. *everta* Sturt.。果穗和子实均较小，籽粒几乎全为角质淀粉，质地坚硬。粒色白、黄、紫或有红色斑纹。有麦粒型和珍珠型两种。籽粒含水量适当时加热，能爆裂成大于原体积几十倍的爆米花。籽粒主要用作爆制膨化食品。有些一株多穗类型可种为观赏植物。

爆裂玉米果穗和籽粒均较普通玉米小、结构紧实，坚硬透明，遇高温有较大的膨爆性，即使籽粒被砸成碎块时也不会丧失膨爆力。爆裂玉米即由此而得名。籽粒多为黄色或白色，也有红色、蓝色、棕色甚至花斑色的。但膨爆之后均裸露出乳白色的絮状物，呈蘑菇状或蝴蝶状。

爆裂玉米籽粒的含水量决定它的膨爆质量。优质爆裂玉米籽粒膨爆率达99%。籽粒太湿（含水量为16%~20%）或大干（8%~10%）、不能很好地充分膨爆。公认的标准是籽粒含水量13.5%~14.0%最为适宜。膨爆时爆炸声清脆响亮，爆花系数大、爆出的玉米花花絮洁白、膨松多孔，若含水率过高，会导致爆裂预热期长、膨爆声急促刺耳、爆花系数小。

（9）紫玉米 是一种非常珍稀的玉米品种，因颗粒形似珍珠，有"黑珍珠"之称。紫玉米的品质虽优良特异，但棒小，粒少，亩产只有50kg左右。

（10）转基因玉米 转基因玉米就是利用现代分子生物技术，把种属关系十分遥远且有用植物的基因导入需要改良的玉米遗传物质中，并使其后代体现出人们所追求的具有稳定遗传性状的玉米。转基因技术是生产转基因玉米的核心技术，是利用DNA重组技术，将外源基因转移到受体生物中，使之产生定向的、稳定的遗传改变，也就是使得新的受体生物获得新的性状。

3.根据土壤肥力确定密度

土壤肥力较低，施肥量较少，取品种适宜密度范围的下限值；土壤肥力高、施肥水平较高的高产田，取其适宜密度范围的上限值；中等肥力的取品种适宜密度范围的中密度。阳坡地通风透光条件好，种植密度可高一些；土壤透气性好的沙土或沙壤土宜密些；低洼地通风差，黏土地透气性差，应种稀一些。

（三）适宜密度范围

玉米以群体进行生产，产量主要取决于穗数、每穗的粒数、籽粒的重量。合理密植可以使玉米群体发展适度，个体发育良好，充分利用光能和地力获得玉米高产。玉米的适宜种植密度受品种特性、土壤肥力、气候条件、土地状况、管理水平等因素的影响。因此，确定适宜密度时，应根据上述因素综合考虑，因地制宜灵活运用。

1.根据品种特性确定密度

一般应掌握以下原则：肥地宜密，瘦地宜稀。阳坡地和沙壤土地宜密，低洼地和重

黏土地宜稀。日照时数长、昼夜温差大的地区宜密。精细管理的宜密，粗放管理的宜稀。

株型紧凑和抗倒品种宜密，株型平展和抗倒性差的品种宜稀；生育期长的品种宜稀，生育期短的品种宜密；大穗型品种宜稀，中、小穗型品种宜密；高秆品种宜稀，矮秆品种宜密。一般中晚熟杂交品种适宜密度为 3 500~4 500 株 / 亩；中熟杂交品种为 4 000~5 000 株 / 亩；中早熟杂交品种为 4 500~5 500 株 / 亩；早熟杂交品种为 5 500~6 000 株 / 亩。稀植大穗型杂交种如沈单 16、海玉 5 号、豫玉 22，中间形如兴垦 3 号、农大 108、四单 19，耐密型如郑单 958、浚单 20、先玉 335。

2. 根据土壤肥力确定密度

土壤肥力较低，施肥量较少，取品种适宜密度范围的下限值；土壤肥力高、施肥水平较高的高产田，取其适宜密度范围的上限值；中等肥力的取品种适宜密度范围的平均值。

3. 根据水分条件确定密度

北方春玉米区全年降水量平均 469mm，90% 置信区间为 383~555mm，从西向东、由北向南递增。无灌溉、水分条件较差的宜稀；有灌溉、水分条件适宜的宜密。

4. 根据地形确定密度

在梯田或地块狭长、通风透光条件好的地块可适当增加密度；反之，减小密度。

5. 根据光照条件确定密度

陕北、宁夏、内蒙古中西部光照条件较好，每亩可增加 500 株。山地向阳坡密度可比山阴坡密度高一些。

6. 机播适当增加播量

为避免机械损伤和病虫害伤苗造成密度不足，需要在适宜密度基础上增加 5%~10% 的播种量。

三、播种方法

（一）使用包衣种子

1. 种子包衣的作用

种衣剂是一种含有一定的成膜物质的，可专用于良种包衣处理的有效种子处理剂。有效成分是杀菌剂，丸衣化物料有杀菌作用；是杀虫剂，有杀虫作用；是着色剂，有化妆或警戒作用；是惰性物质，起丸粒化作用。

玉米种子包衣，是将具有药效、肥效的种衣剂均匀地黏附在经过精选的玉米良种表面，再进行播种的一种技术。能起到种子消毒、防治种传、土传病害及地上地下害虫侵害的作用，同时还能刺激玉米根系生长。不仅能提高保苗率，节省种子，而且还能增加玉米产量。

（1）提高了保苗率　种子播入土壤，种衣剂在种子周围形成防治病虫害的保护屏障，使种子消毒，防治种传、土传病菌侵害；种衣剂被植株吸收并传导到地上部位，起到防治病虫害的作用，提高了保苗率。

（2）促进生根发芽，植株健壮生长 含有微肥的种衣剂，能刺激玉米根系生长，苗期营养充足，玉米苗期生长健壮，为增产奠定了基础。

（3）省药省肥省工 玉米种衣剂所含药肥缓慢的释放，能被种子充分吸收，持效期可达 50~60d，在此期间不必进行病虫害防治，易于实现一次播种保全苗。

（4）减少用药量，有利于环境保护 使用玉米种衣剂与喷药防治病虫相比可以降低对周围环境的污染，减少对天敌的伤害。种子包衣节省用种量，可实现精量播种。

（5）提高玉米产量 玉米种子使用种衣剂比未使用的增产 12%，扣除成本等费用，亩净增加收入 45 元。

2. 注意用种安全

农民使用玉米种衣剂应注意以下几方面问题：

要戴胶皮手套在通风空地拌种。拌种时将 0.2kg 的玉米种衣剂倒入装有 7~10kg 的玉米种子的盆中，边倒边上下翻动，使种衣剂均匀黏附在种子表面，过 1 小时种衣剂风干即可播种。

种衣剂是固定剂型，不能加水稀释或添加其他农药、肥料。

种衣剂为高毒农药，禁止与人畜接触，不得与食品混放，严禁田间喷雾。

包衣后种子不能食用和作饲料。

发现操作人员有中毒迹象，应立即离开现场，并用肥皂水清洗手脸，严重者立即送医院用阿托品解毒。

（二）具体播种方法

1. 单粒精播

玉米精量播种（或单粒播）技术在中国推广进程逐年加快，在局部区域已经成为主要的播种方式。

密度一次到位，株行距均匀，光合效率高；不间苗不伤根；苗匀、苗齐，易高产。省工、省力、省钱；精播（或单粒播）省去了很多后续的繁重工作，对农民来讲省去了大量工作，省去了大量劳力，最终可以节省投入。

有利于机械化。集约化、机械化是中国农业发展的必由之路。中国有大量的精播机械生产厂家（厂家名单略，有兴趣者可与笔者联系），但精播机械普及比较缓慢。这主要是由于种植粗放，种子质量水平低造成的。

省种子。中国常年生产玉米种子面积在 300 万亩以上。基本都是生产条件好的区域，如果能够降低生产面积，能节约大量的优质土地。

2. 机械点播

用机械播种完成符合玉米播种农艺要求的全部作业环节的技术。主要内容有：开沟、播种、覆盖、镇压。按不同的播种时期分春玉米和夏玉米播种。春玉米主要适宜于一年一作区，播种方式为机械直播，在春季的 4~5 月。夏玉米种植适宜于一

年两作地区，播种方式和时间为麦收前机械套种和麦收后机械直播。按播前对土壤处理方式，可分为传统播种、少耕播种和免耕播种。按播种量和播种方式可分为点播、穴播和条播。

玉米播种机械化技术要求一次完成全部播种作业内容和技术环节，同时还要具有破土开沟、分草防堵、化肥深施、覆土镇压等功能，并要求保证播量适宜、深度一致、覆土严实、镇压适度等机械播种的质量要求，为种子萌发创造一个良好的种床环境。播种深度是机械化播种技术的一个关键质量因素，深度适宜，覆土均匀，有利于苗全、苗齐、苗壮；玉米播种深度主要根据土壤墒情和土壤质地来决定；播种深浅保持一致，可以提高群体齐度，有利于均衡发挥群体生育优势。

直播春玉米提倡开沟条点播，播量25kg/hm²，开沟深浅一致，覆土均匀，克服穴播深浅不一，出苗不齐的问题。出苗后及时查苗补苗，缺苗断垄严重的地方，及时补种或带土移栽，3~5叶期进行间苗定苗，留苗5000~5200株/亩，拔节期及时清除小苗、弱苗，抽雄吐丝期拔空秆，减少养分消耗，提高群体的有效光合生产率，最终确保有效穗数达到4 500~5 000穗/亩。夏玉米采用机械条点播的，机条播带种肥1次完成，肥料行与种子行最少间距要10cm以上，肥料行深度15cm以上，种子行深度3~5cm，确保一次齐苗。

（三）播种行距行向安排

玉米的生长发育及产量形成不是孤立的受某一生态因子影响，而是各生态因子综合作用的结果。一般认为，通过品种、播期、种植密度和行距、行向配置等调控措施可以充分利用田间生态环境资源，建立适合于玉米高光效群体建成的田间小气候，也是玉米高效生产的重要措施。玉米群体中的风速、光照和温湿度等因素构成了生产玉米的田间小气候，田间空气流动和光照强度受叶片的阻碍作用影响较大，种植密度和行距、行向会影响群体间的热量和水汽交换，从而影响温湿度的变化。玉米田间小气候的各个因素相互影响并对玉米的生长发育起到调节作用。

"浚单20"是目前中国种植面积较大的紧凑性高产玉米品种。为充分发挥该品种在安徽种植区域的高产潜力，余利等（2013）开展了种植密度、行距和行向三者相配置的田间试验。在60 000株/hm²和67 500株/hm²两种种植密度下，研究了不同行距和行向对"浚单20"的田间小气候和玉米产量的影响。随着行距增大，玉米群体内部的日均风速和日均光照强度逐渐增大，累计积温和日均相对湿度则呈下降趋势。在同一种植密度和行距条件下，东西行向种植比南北行向种植的玉米群体日均风速较大，日均光照强度较高，累计积温较低和日均相对湿度较小，且产量高。同一种植行向，不同种植密度和行距配置条件下，玉米产量差异达显著水平（P<0.05）。其中，种植密度为60 000株/hm²，东西行向种植，行距为50cm时，玉米群体结构较为合理，所形成的田间小气候较有利于"浚单20"的生长发育，籽粒产量达到10 582.5kg/hm²。研究阐明了行距、行向和密度三者不同配置所形成的田间小气候与玉米产量形成的关系。

在同一种植密度条件下，东西行向种植的日均相对湿度偏小，这和玉米生长发育期内该地区的风向有关。说明东西向种植形成的田间小气候更有利于"浚单20"的高产。得出"浚单20"优先选择的种植方式为：种植密度 60 000 株/hm², 东西行向种植，行距为 50~60cm，以达到玉米高产、稳产的目的。

汪先勇等（2009）对"创玉38"玉米进行东西、南北不同行向的栽培试验，结果表明东西行向受光面积和强度比南北行向大，产量水平也为最高。在同一种植密度和行距条件下，该地区东西行向比南北行向种植的玉米群体日均风速较大、日均光照强度较高、累计积温和日均相对湿度较小，东西行向种植比南北行向种植产量高。东西向种植光照强度强、日照时数长、通风条件好、温湿升降快、养分积累多、发病指数低，有利于夺取高产。对玉米"创玉38"进行东西、南北不同行向的不同定向结穗栽培试验，比常规栽培增产明显，尤以东西行向，三叶期最大最长叶片朝南定向移栽的田块，产量水平为最高。因东西行向受光面积、强度比南北向大，加之玉米三叶期最大最长叶片的指向，基本上是以后玉米结穗的朝向，其叶片采光性亦好，光合强度大，理论与实际产量均高于其他7种处理，表现出了明显的增产优势。

再者采用东西行向种植可以较好地利用地球磁场的效应，使得东西行向种植作物根系的扩展方向和行向垂直，可以充分利用地力，从而提高根系对肥料的吸收利用率和增强植株的抗倒伏能力。

对于玉米定向结穗栽培，透光通风效应好，是提高光能利用率、增产的有效新途径。玉米在播期相同，气象条件及田间管理一致的条件下，东西行向三叶期最大最长叶片（即结穗）朝南移栽的玉米，比对照及其他几个处理小区，均表现出明显增产优势，其果穗长、果穗粗均大小一致，籽粒重，且无病虫为害，每亩产量为520.6kg，比南北行向三叶期最大最长叶片（即结穗）朝南移栽的要多。其主要原因系东西行向受光面积大，光照强度强，光合强度高。也有报道南北行向、三叶期最大最长叶片（即结穗）朝北移栽的产量，与东西行向三叶期最大最长叶片（即结穗）朝南移栽的产量相当，可能是该年6月的气温偏高、最多风向为南北向的情况下，有利于通风降温，植株呼吸作用小，其有机物质消耗少的缘故。

至于何种行向为好，应因地制宜，主要看产量效应。根据田块位置和地形，可有南北走向，东西走向，东北向西南走向，西北向东南走向等多种行向，以保证通风透光为宜。

第四节　种植方式

一、玉米常见种植方式

玉米常见的种植方式主要是单作，但间作、套作、轮作、混作、带田种植模式

也在玉米主产区呈扩大化的趋势。

与玉米间作的作物有：辣椒、马铃薯、小麦、大豆、木薯、绿豆、小豆、甘蓝、绿肥、甘薯、棉花、芸豆、萝卜、豇豆、花生、姜等。

与玉米套作的作物有：线辣椒、马铃薯、大豆、小麦、胡萝卜、春甘蓝、油菜、玉竹、棉花、苜蓿、穿心莲等。

与玉米轮作的作物有：小麦、榨菜、大豆、白术等。

与玉米混作的作物有：大豆、辣椒、花生等。

在玉米带田种植的作物有：小麦、马铃薯、蚕豆、大蒜、辣椒、大豆、芸豆等。

二、单作

（一）垄作

1. 大垄双行栽培模式

（1）玉米大垄双行机械化栽培技术　玉米大垄双行机械化栽培技术是大垄技术、双行密植技术、机械化技术、机械深施肥技术等组合在一起的一种复合技术。该项技术适用于地势比较平坦、土壤有机质含量比较高、中等以上肥力、保水保肥、适合机械化作业，并且大面积连片的地块。如中国的东北三省和新疆维吾尔自治区地区。

① 垄型规格和模式　大垄宽度根据当地的土壤有机质含量、降水量、有效积温等因素来确定。目前，在东北地区推广应用的大垄宽度主要有 90、93、120 和 130cm 4 种。一是大垄宽度为 90cm 时，垄顶宽度约为 60cm，垄高约为 18cm，垄上 2 行玉米苗之间的距离为 40cm，大行距（2 边行之间的距离，以下同）为 50cm。二是大垄宽度为 93cm 时，垄顶宽度约为 60cm，垄高约为 18cm，垄上 2 行玉米苗之间的距离为 40cm，大行距为 53cm。三是大垄宽度为 120cm 时，垄顶宽度约为 90cm，垄高约为 20cm，垄上 2 行玉米苗之间的距离为 40cm，大行距为 80cm。四是大垄宽度为 130cm 时，垄顶宽度约为 90cm，垄高约为 20cm，垄上 2 行玉米苗之间的距离为 40cm，大行距 90cm。

② 种植密度　种植密度除与行距有关外，还与株距有关。株距的大小应根据大垄宽度、土壤状况、气候条件、玉米品种等因素来确定。通常情况下，大垄宽度大时，株距应小些；大垄宽度小时，株距应大些。当大垄宽度为 90cm，2 行玉米苗带之间的距离为 40cm，株距为 40cm 时，可种植玉米 5.5 万株 /hm^2；当大垄宽度为 93cm，2 行玉米苗带之间的距离为 40cm，株距为 40cm 时，可种植玉米 5.3 万株 /hm^2；当大垄宽度为 120cm，2 行玉米苗带之间的距离为 40cm，株距为 30cm 时，可种植玉米 5.5 万株 /hm^2；当大垄宽度为 130cm，2 行玉米苗带之间的距离为 40cm，株距为 30cm 时，可种植玉米 5.1 万株 /hm^2。

（2）种植方法

① 整地和起垄　应实行秋翻、秋耙、秋起垄，如不能秋起垄，在早春起垄后及

时镇压确保墒情，达到待播状态。

②种子处理 实行种子包衣，避免苗期病、虫为害，做到一次播种保全苗。

③适时早播 适时早播，应因品种而异。生育期 130d 以上的晚熟品种在 4 月 25 日前抢墒播种，中熟品种可在 5 月 1 日以后播种。实行机械或半机械化播种，每条大垄上种两行，行距 40cm，形成垄距（大行距）80cm 和小行距 40cm，一宽一窄的群体结构。

④合理密植 先玉 335、高油 115 等高秆品种可比清种增加 10%~15% 以上的密度，每公顷保苗为 49 500~52 500 株，并在抽雄前 3~7d 进行喷洒翠竹牌玉米专用型植物生长剂，实行矮化处理。东单 7 号、掖单 13 等中秆品种每公顷保苗为 52 500~57 000 株，试 138 等矮秆品种可每公顷保苗为 67 500~75 000 株左右。

⑤合理施肥 大垄双行栽培密度大，要做到以肥保密，为确保丰产打下良好基础。基肥每公顷施优质农肥 45~75m³，在秋整地前施。为了后期不追肥，可采用一次深施方法，即每公顷 525kg 以上尿素拌肥隆（750kg 尿素拌 45kg 肥隆），春天一次性深施，深度在 15~20cm。种肥每公顷施磷酸二铵 225kg，氯化钾 150kg，一般后期可以不追肥，生育后期如发现玉米脱肥，可在玉米 13~15 片叶时每公顷追施 75~150kg 尿素。

⑥药剂除草免中耕 采用药剂封闭土壤，每公顷可用阿特拉津 3.0~4.5kg 加乙草胺 2.25~3.75kg 对水 300kg，在播种后，出苗前，用喷药机喷洒，要求喷洒均匀，不重、不漏，对周围敏感作物留出安全带。

⑦定苗 在玉米 3 叶期进行间苗，5 叶期定苗。

⑧防治虫害 主要防治对象，一防黏虫，公顷 150~225ml30% 的氧化乳油加水喷雾；二防玉米螟，用高压汞灯或投放颗粒剂防治。

（3）增产机理

①增加苗数 大垄双行种植，能够增加保苗数。俗话说："丰收之年不收无苗之田"。由此可见，苗的多少直接影响着农作物的产量。大垄宽度为 90 和 93cm 时，就是把原来垄宽为 60 和 65cm 的 3 条小垄变成 2 条大垄，把原来的 3 垄种 3 行改为 2 垄种 4 行。因此，在相同面积内，当大垄和小垄的株距相同时，采用大垄种植玉米株数可以增加 33.33%。大垄宽度为 120 和 130cm 时，就要把原来垄宽为 60 和 65cm 的 2 条小垄变为 1 条大垄，把原来的 2 垄 2 行变为 1 条大垄 2 行，把原来小垄株距 40cm 变为大垄株距 30cm。因此，在相同面积内，行数虽然不变，但由于株距减少而使种植玉米株数增加 33.33%。

②扩大受光面积 大垄双行种植，植株立体受光，能够扩大受光面积。万物生长靠太阳。刘忠山（1998）认为大垄双行种植，是人为制造边行，并且行行都是边行。与小垄相比较，边行能够减少玉米植株之间的相互遮挡，使玉米植株立体受光面积增加，从而提高了光能利用率，提高了玉米地白天的温度。据范玉良（1999）

对大垄双行栽培技术进行了田间测试，结果表明，大垄双行栽培田的玉米株高2/3处透光率为51.5%，清种田为42.8%，比清种田提高了8.7%。农作物产量绝大部分来源于光合作用，光能利用率的提高使玉米光合作用能力增强。玉米地白天温度的提高也使有效积温增加，从而使玉米群体产量提高。

③ 改善通风条件　大垄双行种植，宽窄行布局，能够改善通风条件。刘忠山（1998）认为大垄双行种植时，玉米植株形成宽窄行布局，从而能够改善玉米地的通风条件。与等行距小垄种植相比较，大垄双行种植能够提高玉米植株冠层的风速。范玉良（1999）测试大垄双行栽培田玉米的株高2/3处自然通风率为24.4%，清种田为23.8%，比清种田提高了0.6%。风速的增加能够增强玉米地空气交换能力，使玉米光合作用所需要的 CO_2 浓度增加，从而促进光合作用；能够增强玉米花粉的活力，使玉米授粉能力增强，从而使玉米秃尖率减少；能够降低玉米地夜间温度，使昼夜温差加大，从而使干物质积累增加。冉军（2001）认为，采用大垄双行种植技术种植玉米时，玉米穗秃尖可减少1cm，每穗可增加20粒。

④ 增强土壤保墒能力　大垄双行种植，能够扩大蓄水空间，减少水分蒸发，增强土壤抗旱保墒能力。大垄的蓄水空间比小垄大，蓄水能力增强。与小垄相比较，大垄表面积较小，从而使土壤表面水分蒸发减少。采用大垄能够缓解旱情，提高土壤的蓄水抗旱保墒能力，从而提高出苗率。

⑤ 提高肥料利用率，延长肥效　大垄双行种植能够减少肥料损失，提高肥料利用率，延长肥效。采用大垄双行种植时，肥料深施在种子下方，上方用土覆盖，左右被大垄包围，因此，能够减少肥料挥发和淋溶损失，提高肥料利用率，延长肥效。

⑥ 便于机械作业和田间管理　大垄方便机械化作业和田间管理，能够减少幼苗损伤。大垄的边行是拖拉机行驶的轨道和人工进行田间管理的通道。由于大垄的边行比较宽，能够减少机械压伤刮伤幼苗和人为损伤幼苗，从而提高保苗率。

⑦ 促进根系发育　大垄双行种植，能够促进玉米根系发育，扩大植株吸收水肥的空间。大垄比小垄宽，玉米根系横向延伸的空间比小垄大，使玉米植株吸收水分和肥料的空间扩大，从而使玉米植株可以吸收更多的水分和营养。

⑧ 提高植株整齐度　大垄双行种植时，采用机械化作业，能够提高植株整齐度。张锦川（2005）认为弱株是减产的重要因素之一。张明哲（2012）测试，当田间的弱株率达10%以上时，平均减产7.1%。郑铁志（2004）采用机械化作业，能够使行距、株距和播种深浅一致，使植株分布和施肥均匀，从而使每棵玉米植株所吸收的光、气、热、肥等一致，提高植株的整齐度，减少弱株率。

2.玉米大垄双行覆膜机械化栽培技术

玉米大垄双行覆膜机械化栽培技术是将玉米大垄双行机械化技术与覆膜技术结合在一起的一项新技术。该项技术适用范围同玉米大垄双行机械化栽培技术。

（1）垄型规格和模式　大垄的宽度主要有120cm和130cm两种。垄顶宽度约为

90cm，垄高约为 20cm，垄上 2 行玉米之间的距离为 40cm。当大垄宽度为 120cm 时，大行距为 80cm；当大垄宽度为 130cm 时，大行距为 90cm。

种植密度采用大垄双行覆膜机械化技术种植玉米时，株距一般为 27~30cm。若大垄宽度为 120cm，株距为 27~30cm，可种植玉米 5.5 万 ~6.1 万株 /hm²；若大垄宽度为 130cm，株距为 27~30cm，可种植玉米 5.1 万 ~5.6 万株 /hm²。

（2）种植方式 玉米大垄双行覆膜机械化栽培技术种植方式与玉米大垄双行机械化栽培技术相同。机械播种、深施种肥、镇压、覆膜工序可以采用拖拉机牵引玉米大垄双行播种覆膜机一次完成。

（3）增产机理 采用玉米大垄双行覆膜机械化栽培技术增产原因除具有玉米大垄双行机械化栽培技术所有的增产原因外，还有以下原因。

① 地膜有保温增温的功能，能够增加有效积温 张明哲（2012）认为，地膜覆盖在土壤上，阻止了土壤里的热量向大气中散失，起到了保温作用。与不覆盖地膜比较，晴天，在太阳光的照射下，覆膜的土壤能够获得更多的太阳辐射热，并将热量储存在土壤里，从而使土壤的温度增高，增加有效积温。因此，采用玉米大垄双行覆膜机械化栽培技术能够减缓因积温不足造成的减产问题。马树庆（2004）研究表明，采用地膜覆盖晴天时可提高地温 3~5℃，阴雨天时可提高地温 1~2℃，玉米全生育期可增加有效积温 180℃以上。

② 地膜能够阻止土壤水分蒸发，提升地下水，提高水的利用率 地膜下的部分水吸收太阳辐射热后变成水蒸气，储存在地膜与土壤之间形成的空间里。水蒸气遇冷后在地膜上凝结成小水珠，当小水珠达到一定重量时又滴落到土壤上。因此，地膜能够阻止地膜下的水分向大气中散发。由于地膜下的水分受热后不断向地面上蒸发，土壤里较深层水沿毛细管不断向上移动，使地下水向上提升。因此，与不覆膜比较，采用覆膜技术可以使玉米根部吸收更多的地下水。

③ 地膜能够保肥增肥，提高地力 张明哲（2012）认为，地膜覆盖在土壤上，能够避免肥料因挥发和淋溶而造成的损失，减少土壤中有机质因被风刮走和被水冲走而造成的损失。马树庆（2004）认为地膜的保温增温作用能够促进土壤里微生物的活动，加快土壤中有机质的分解速度，从而使土壤肥力增加。郑铁志（2004）认为地膜有保肥增肥作用，能够提高肥效和肥料利用率，提高地力，使玉米在生长期有较多的肥料。

④ 地膜能够改善土壤物理性状，促进玉米根系发育 地膜覆盖在土壤上，能够减少土壤的水蚀和风蚀，减少人为和机械压实，减少雨水直接溅击造成的板结，使地膜下的土壤能在较长时间处于疏松状态，从而促进玉米根系发育，使玉米根系伸长、粗壮，能够吸收较大范围内的水分和养料。

⑤ 地膜能够减轻草害虫害 地膜的不透气性和地膜下的高温能够破坏杂草和害虫的生存条件，使杂草被高温灼烧致死，使害虫因缺氧窒息致死，从而能够减轻草

害虫害，减少因草害虫害造成的损失。

⑥ 增收效益初步分析　一般年景，采用小垄单行种植时，吉林省玉米平均产量为7500kg/hm²，而采用玉米大垄双行覆膜机械化耕种技术种植玉米时，其产量可达到10125kg/hm²，增产2625kg/hm²，增产幅度为35%，按每千克玉米卖1元计算，可增加收入2625元/hm²，扣除增加投入（种子、化肥、地膜等费用）的1000元/hm²，可增加收入1625元/hm²。若3口之家种1hm²地，人均收入可增加542元。

3. 大垄双行膜下滴灌种植

大垄覆膜滴灌，利于保墒。春季发生春旱是直接影响玉米一次播种保全苗和前期玉米生长发育的主要因素。实行大垄双行膜下滴灌栽培技术，由于滴灌能够满足玉米不同生育期对水分的需要，使土壤含水量增加；同时由于地膜的增温作用，可以提早播种，比正常栽培方式提早5~7d，增加有效积温200℃，这就为玉米营养生长和生殖生长创造了良好的条件，能够满足玉米高产品种对温度和水分的要求，为高产打下基础。玉米大垄双行膜下滴灌栽培技术由于田间通风、透光条件的改善和土壤含水量的增加，为增加种植密度提供了可能。一般比小垄单行栽培每亩增加500株以上；玉米大垄双行膜下滴灌栽培技术的最大好处是能够满足玉米不同生育期对水分的需求，适宜的水分条件为玉米根系生长创造了良好的根际条件，使根的吸收能力大大增强，茎秆粗壮，这是玉米高产的生物基础，并实现了节水灌溉。玉米大垄双行膜下滴灌栽培技术在正常年份，特别是灾害年份，在增产方面差异极显著，显示出巨大的生命力，能够缓解东华北区十年九春旱，玉米大面积"清种"存在的通风透光差、密度不够、群体不足，难于提高玉米产量等生产中的主要矛盾。将习惯栽培的65cm或70cm小垄，在整地时改成为130cm或140cm的大垄，也就是将原来的2条小垄经旋耕整地后形成一条大垄，在已打好的大垄上种植两行玉米。大垄上两行玉米之间的距离为40~50cm，则两垄之间相邻两行之间的距离（即大行距）为90cm左右，达到通透的目的。

玉米大垄双行膜下滴灌栽培是针对北方寒地气温低、气候干旱、无霜期短等特点，在总结国内玉米耕作栽培方法的基础上探索出的栽培技术，是集整地、地膜覆盖、供水、栽培等为一体的综合技术，是增加地温、抗旱、节水、提高肥料利用率、增产增效的有效措施，特别适用于北方干旱地区。

（二）平作

采用平作技术是应对气候变化、发展低碳农业的一项有效技术措施。在玉米生长前期，田间尚未封垄时遇干旱，平作较垄作能更好地蓄水保墒，利于抗旱；中耕之后，平作与垄作土壤含水量没有显著差异，平作耕层土壤温度上升或下降幅度均小于垄作，平作较垄作能更好地抵御低温或高温为害；通过调查数据表明，玉米平作比常规垄作每公顷节约柴油22.2L。

1. 等行距种植

（1）单株等行距种植　佟屏亚（2000）认为中国玉米的栽培方式在20世纪90年代前多为等行距栽培，推广黑龙江省肇源县"等距、宽播、间苗、保苗"高产技术经验。玉米于16世纪初期传入中国，在人口压力下以"救荒作物"而使面积迅速扩大。《三农纪》说玉米种植方式，"三月点种，每种需三尺许，种二三粒，苗六七寸，去其弱苗者，留壮苗一株"。1951年11月，农业部颁布了《农业丰产奖励试行办法》，玉米列为粮食增产的重要作物之一。四川省宣汉县农民张明德在观察玉米生长发育的基础上，1956年提出了"玉米定向种植"栽培法，合理地增加了密度，提高了光能利用率，玉米亩产量超过了550kg。20世纪80年代初期，随着中国小麦-玉米两作农业机械化的试验、示范和推广，提出玉米种植方式逐步实行套作畦式规格化，以适应机械作业的需要。这尽管确定了不同地区玉米清种或与其他作物套种的种植方式和耕作方法，但从种植方式上玉米仍为等行距种植方式。行距一般为50cm、55cm、60cm。谭秀山（2010）认为这种等行距种植方式的弊端是：玉米群体内通风透光受到影响，限制了玉米的种植密度，进而限制了玉米产量的提高。

（2）玉米"双株"等行距种植　陈颖（2002）在云南、贵州和西北部分地区，多采用"双株"等行距种植模式，如贵州清镇市的营养块双株育苗移栽。翟萍（2007）在陕西岐县"2000×2（穴/亩×株/穴）"的双株栽培。据研究，毕建杰（2009）认为双株栽培主要是降低了空秆率，提高了单株（同密度）生产力，对产量构成因素来说，增加了密度，而穗粒数和千粒重变化很小。数据表明，双株栽培较对照每亩增加330株左右，增产34kg左右，空秆率降低5.2%。这种种植方式的弊端是：虽然从理论上来说适应了大穗型品种，解决了其综合性差和植株高易倒伏问题，但播种费工，不便于田间管理。

2. 宽窄行种植

（1）应用条件和优越性　该技术始于1980年12月在天津召开的"第一届全国作物栽培科学讨论会"。谭秀山（2010）认为，20世纪80年代以后，随着紧凑型玉米的推广，深入研究了玉米群体的光能利用、合理叶面积指数、源与库的辩证关系等，使中国玉米种植密度每亩再次增加800~1 000株。吉林省农业科学院与黑龙江省农业科学院1986—1990年主持"松嫩平原玉米主产区高产稳产耕作技术体系"课题，着重研究了不同玉米品种的生物学特性及其配套栽培技术，提出的宽窄行栽培法取代了传统的宽行大垄耕种法，他们集东北地区玉米产区科研成果、生产经验编制的《东北地区春玉米生产技术规程》于1990年5月经农业部批准在东北玉米生产区发布实施，标志着玉米宽窄行大小垄种植方式的形成。华北地区的宽窄行大小垄种植比东北地区整体要晚近10年。20世纪80年代山东莱州李登海先后培育成一批紧凑型玉米杂交种，如掖单2号、掖单4号等，一般亩产量在500kg以上。1983年，农业部科技司和农业技术推广总站在山东黄县（今龙口市）召开"北方玉米高

产示范现场观摩会"，使紧凑型玉米种植面积迅速扩大。1996年8月，国家科委和农业部在山东省烟台市召开"全国紧凑型玉米及其配套技术推广会议"，宽窄行种植方式和张明德的"玉米定向种植"栽培法得到推广。1989年李登海创造了全国夏玉米亩产量1096.3kg的高产纪录。1978年从日本引进塑料薄膜栽培技术后，玉米覆膜栽培面积增大，宽窄行加地膜覆盖技术使中国各地的玉米高产纪录被不断刷新。谭秀山（2010）认为，宽窄行种植模式的弊端是：虽然增加了玉米的种植密度，解决了行间的通风透光问题，但是，株间的通风透光及根系争肥争水问题没有得到解决，尤其是不同行内的株间空间排布不合理。

梁熠（2009）认为宽窄行栽培方式下，玉米群体叶面积指数和干物质积累增加。群体叶面积指数的变化具有高产冠层特性的发展趋势，即"前快、中稳、后衰慢"的特点，且最大叶面积指数持续期长；干物质积累前期差异不明显，后期宽窄行种植方式下干物质积累量明显大于等行距种植，这可能是由于宽窄行种植方式的光照条件和通气条件较好，给叶片创造了充分的生长空间。高产田玉米叶片的光合特性有所改善。冠层内叶片的光合特性与光照存在着密切的关系。宽窄行种植方式改善了冠层的微环境，增加了中部冠层的透光率，使穗位叶的初始量子效率明显增高，能有效利用弱光，使玉米叶片的光合性能有所改善

（2）种植规格和模式　宽窄行种植模式常用的有四种：60cm×40cm，70cm×40cm，80cm×40cm，90cm×40cm。不同密度和行距配置方式对玉米产量是有影响的，因此，在选择行距时应根据土地条件和所用品种来定。如郑单958类耐密型品种就应选择60cm×40cm，70cm×40cm这两种方式，先玉335类型品种就应选择80cm×40cm，90cm×40cm两种方式。

3. 未来玉米种植方式

（1）国外玉米种植方式　国外发达国家，如美国，玉米生产区的种植密度大，这除了与品种耐密植有关外，还与相应的配套技术措施有很大关系。美国在20世纪50年代推广了大小行（宽窄行）玉米种植方式，80年代推广了大小行错位种植方式。美国印第安纳州农业部门推广的玉米单粒播种器构成的大小行种植方式，两行中的玉米形成错位排布，比单纯的大小行种植方式产量增加8.58%。两者根系比较，大小行错位排布的根系粗壮发达，而单纯大小行种植方式的根系明显细弱，须根少；两者在玉米生长期的光合速率方面差别也很大。

（2）未来玉米种植方式　大小行双行单株交错种植方式是未来玉米种植方式的方向。谭秀山（2010）认为，在玉米高产进程中，这一种植方式将逐步推广，依靠自动化精确控制的单孔排种器来实现大小行双行错位排种。但现阶段中国玉米种植领域由于受条件限制，很难在短时间内普及玉米单粒播种。山东农业大学毕建杰等人历时十余年研制出"双行交错稀植"玉米播种机，2009年8月获得国家实用新型专利，首次提出了"双行交错稀植"的种植方式。所谓"双行交错稀植"，即将原来

大小行中的每一行改为距离只有 15cm 的两行，定苗时再将原来一行的株数分配到两行中，然后再适当增加每行中的株数，即两行株苗交错排布。这样虽然单位面积总株数增加了，但每行的株距加大了，即"稀植"了。这样能充分利用空间和地力，从而增加单产。

三、轮作

与玉米轮作的作物有小麦、大豆、花生、甘蓝、榨菜等。夏玉米与冬小麦轮作主要在华北平原地区（河南、山东）和西北平原区（陕西），一年一个轮作周期。黑龙江省是一年一熟大豆主产区，近年来，由于大豆连作现象严重，多年的重茬、迎茬加上不平衡施肥，使产量和品质均有下降的趋势。而合理轮作和平衡施肥是提高大豆品质和产量的关键。采取有效的耕作与施肥技术，改良、培肥土壤，提高肥料效益和肥料利用率，减轻施肥对环境的污染具有重要的现实意义。大面积种植大豆必然导致大豆连作现象普遍存在，连作减产已为生产上所证实。长期连作，作物对土壤中某种元素消耗过多，易造成土壤营养失衡，产生缺素症，影响作物正常生长发育。因此，必须实行合理的轮作制度。轮作的优势已经被大量的试验研究所证实，大豆轮作周期为 3 年以上。

四、带田种植

（一）春玉米与春小麦带田种植

1. 规格与模式

（1）带比　有 3 种配置方式。带宽 1.5m，种小麦 6~7 行，种玉米 2 行。带宽 1.8m，种小麦 6~8 行，种玉米 3 行。带宽 2m，种小麦 8~10 行，种玉米 4 行。各地实践经验，以带宽 1.5m 产量最高。

（2）行向　农作物在单作情况下，南北行向种植有利于光合作用。据研究，在套种情况下东西行向种植较南北行向种植，两作群体透光好，能提高光能利用率。

（3）良种　两作要合理搭配。春小麦宜选用矮秆、抗病、丰产、早熟种，春玉米宜选用株型紧凑、叶片直立、适宜密植、高产抗倒的杂交种。

（4）密度　小带田的春小麦每亩要求 45 万 ~50 万穗，大带田的春小麦每亩要求 35 万 ~40 万穗。春玉米密度随带宽加大而增加株数。

2. 种植方式

（1）小麦∥玉米全覆膜带田　总带幅 160cm。用 145cm 宽的地膜覆盖，膜面中间种植 5 行小麦，行距 20cm，在小麦带两侧膜上各种玉米 1 行，小麦距玉米 25cm，玉米小行距 30cm，株距为 20cm。

（2）地膜小麦∥玉米带田　总带幅 160cm。用 120cm 宽的地膜覆盖，膜面中间种植 5 行小麦，行距 20cm，在小麦带两侧 25cm 处露地各点 1 行玉米，玉米小行

距30cm，株距20cm。

（3）小麦//地膜玉米带田　总带幅155cm。小麦带幅75cm，种植小麦6行，行距15cm，不覆膜；在小麦带间留80cm空带，用70cm宽地膜覆盖，膜上种2行玉米，行距30cm，株距20cm，小麦距玉米25cm。

（4）露地小麦//玉米带田　总带幅155cm。小麦带幅75cm，种植小麦6行，行距15cm；在小麦带间留80cm空带，空带内种2行玉米，行距30cm，株距20cm，小麦距玉米25cm。

3.主要栽培技术要点

（1）整地施肥　前茬作物收后及时平整土地，秋施农家肥45~75t/hm²、过磷酸钙1125~1500kg/hm²，并深耕25cm以上，灌足冬水，镇压保墒。春季表土层解冻10cm深时进行耙糖。春小麦播前2~3d在种植地膜小麦//玉米和小麦//玉米全覆膜带田地块深施尿素300kg/hm²、磷二铵150~225kg/hm²，在种植小麦//地膜玉米和露地小麦//玉米带田的地块深施尿素150kg/hm²、磷二铵150~225kg/hm²，在玉米带施硫酸锌22.5kg/hm²。

（2）选用良种　小麦品种选用永良4号、宁春13、V28；地膜玉米选用品种郑单958、先玉335或利民33。露地玉米选用凉单系列品种。

（3）种子处理　在小麦种子播前要进行药剂拌种，先用40%的甲基异柳磷100g对水5kg喷拌种子50kg，晾干后再15%的粉锈宁150g干拌种；玉米均选用包衣种子。

（4）适期播种　小麦的播期一般为3月10~15日，地膜小麦提前5~7d播种，在无霜期长地区播期可适当推迟。地膜小麦用小麦穴播机先铺膜后播种，每穴播种14~17粒，播量210.0~225.0kg/hm²，露地小麦用条播式播种机播种，播量为225.0~255.0kg/hm²；玉米播期为4月中、下旬，用玉米点播机播种或人工点播，每穴播2~3粒种子，播量为37.5~45.0kg/hm²。

（5）间苗、定苗　玉米3叶期间苗，5叶期定苗，每穴留1株健壮苗，保苗6.0万~7.5万株/hm²。地膜小麦出苗后要及时放苗。

（6）灌水追肥　小麦3~4叶期灌第一次水，孕穗前灌第二次，开花后10~15d灌第三次水；小麦收获后玉米抽雄期、灌浆期各灌水1次。露地小麦结合灌头水追施尿素225kg/hm²，地膜小麦追施尿素150kg/hm²；玉米大喇叭口期追施尿素450kg/hm²，灌浆期补施尿素150kg/hm²。

（7）适时化控　多效唑是一种抑制植株节间伸长生长、控制株高、提高产量的植物生长调节剂。为防止小麦灌浆期由于玉米遮阴而导致小麦减产，可在玉米5~6叶期用15%的多效唑750g/hm²，对水450kg对玉米进行化控，要求喷药及时均匀。

（8）防治虫害　小麦如发生蚜虫为害时，可用50%抗蚜威可湿性粉剂75~150g/hm²对水750kg喷施防治；麦收后用20%的速灭杀丁450ml/hm²或50%辛硫磷乳油

$1.05\sim1.50$kg/hm^2 对水 1125kg 叶面喷施防治黏虫、玉米螟和棉铃虫。

4.增产机理

带状种植之所以能够增产，原因是多方面的，但其中主要的一个原因，就是带田中边行占的比重较大，由于边行优势现象的存在，使带田的总产量也随之提高。张立忠（2003）认为边行作物在生长的一定时期，由于邻接带内的作物尚未长出或者生长尚小，对环境条件的竞争力很小，因而能够得到较多的光、气和水肥的供应，促进了生长和发育。例如在小麦带田的边行中，群体的透光率高，光照条件好，小麦的分蘖数与成穗数都显著提高，叶面积系数与光能利用率也高于单作田，最后使籽粒产量也大大提高。和小麦共栖的玉米，在前期由于生长较迟，在环境条件的竞争上处于劣势地位，因而前期生长落后于单作玉米。但在小麦收割后，小麦带即变为玉米通风透光的渠道及养料水分供应的辅助基地，使玉米的后期生长能够迅速赶上。这样在带田中小麦和玉米分别在不同时期利用了邻接带内共栖作物所未能利用完的环境条件，使在单位面积内能够生产较多的物质，也提高了经济产量。周廷芬（2000）以甘肃河西走廊为例：当地光热资源丰富，年辐射量 $586.2\sim649.0$kJ/cm^2，日照 $2\,900\sim3\,700$h，大于 0℃积温 $3\,000\sim4\,000$℃，大于 10℃的积温 $2\,800\sim3\,200$℃，昼夜温差达 $12\sim16$℃，光温配合适宜。据研究估算这一地区春小麦理论产量亩产可达 $1\,300$kg，春玉米可达 $2\,100$kg，表明农作物有很大的增产潜力。但无霜期仅 $120\sim160$d，种两季积温不足。佟屏亚（1994）认为，采用两作带田套种，显示出以下优越性。一是提高光能利用率。春小麦或春玉米一熟种植。利用光能时间分别为 128d 和 164d；实行带田种植，两作对光能利用时间可达 292d，春小麦提高 0.78 倍，春玉米提高 1.2 倍。小麦和玉米的太阳辐射利用率分别高了 33.7% 和 9.7%。二是提高热量利用率。当地种一季春小麦需要大于 0℃积温 $1\,600\sim2\,200$℃，春玉米需要大于 10℃积温 $2\,200\sim3\,400$℃。两作带田种植可以利用积温 2890℃，较单作春小麦和春玉米多利用积温 40% 和 9%。三是改善 CO_2 供应条件。矮秆小麦和高秆玉米套种，增强行间空气流通，有利于 CO_2 的补充，促进光合作用。四是边行优势。两种作物一早一晚，一高一低的生长层次结构增强边行效应，春小麦边行优势可以深入 $2\sim3$ 行。单作小麦最大叶面积指数一般为 3.4，单作玉米为 4，而带田套种两作叶面积指数增加到 $6.5\sim7.0$，有利于增强光合作用，增加干物质产量。据分析，边行效应增产的原因，地上部光、热因素增产占 46.8%，地下部水、肥因素增产占 52.3%。五是提高土壤肥力，3 年定位试验表明，小麦茬地土壤有机质含量提高 $2.22\%\sim9.01\%$。玉米由于大量的秸秆和根茬还田，土壤有机质增加 $0.08\%\sim0.11\%$。

（二）玉米与其他作物带田种植

1.玉米与马铃薯带田种植

在中国西南山区应用得较多，可提高对土地和光能的利用率，充分利用土壤不同层面的养分，减轻马铃薯病虫害，增加农民经济收入。最重要的是可以避免因单

一作物受自然灾害大幅度减产或失收的危险。该技术具有投资少、易操作、收效大的优点，是提高西南山区粮食产量的一项突破性栽培技术，现已在西南山区不同海拔地区广泛推广，应用前景广阔。

（1）马铃薯－玉米带田种植规格和模式　常用的带宽200cm，马铃薯种植4行，行距40cm，株距50cm，亩种植马铃薯2 500株左右。两边各1行玉米，马铃薯距玉米40cm，玉米株距30cm，亩种植玉米1 200株左右。一般马铃薯亩产1 300~1 500kg、玉米350~400kg，马铃薯按照1.20元/kg计算，玉米按照2.20元/kg计算，比单种一季马铃薯增收300元左右，比单种一季玉米增收500元左右。可根据所选品种不同适当调整株行距，总之，既保证了单位面积的种植密度，又改善了行间通风透光条件，有利于提高两者的单株产量。

（2）种植方式

① 选择适宜品种　从缩短马铃薯、玉米的共栖期出发，马铃薯要选用结薯集中、植株矮小或直立紧凑、早熟高产的品种，以减轻对玉米的荫蔽程度，在收获时不损伤玉米根系，保证玉米高产。玉米品种应选用苗期耐荫蔽，后劲足，增产潜力大的紧凑型中晚熟品种。

② 适当增施肥料　主要是增施基肥，一般亩施优质农家肥2000~4000kg，P肥25~30kg，草木灰50kg左右。追肥要做到巧施，根据马铃薯的长势而定，玉米追施碳酸氢铵，亩追25~35kg。

③ 加强田间管理　在马铃薯块茎膨大期和玉米抽雄期要保证水分供应。雨水较大的地区，要挖好排水沟，做到前期能灌、后期能排。马铃薯块茎形成期要及时培成高垄，玉米拔节前结合中耕进行培土防倒伏，马铃薯在6月中旬前后适时收获，并将马铃薯茎叶压青，结合玉米中耕将藤秆埋入。

2. 玉米与绿豆带田种植

绿豆与玉米带田种植是黑龙江省西部半干旱地区玉米和绿豆生产中一种典型的种植方式。在目前的技术条件下，采用玉米与绿豆带田种植方式，通过合理配置各复合群体的结构，充分利用光、热、水、肥等资源，进一步挖掘单位土地的产出能力，是实现种植业高产高效的一种有效途径。由于这种技术应用地区少，研究人员也少，所以，玉米绿豆不同比例带田模式仍处于初步探索阶段，许多理论和技术问题尚有待于进一步深入研究来不断完善、充实。

（1）种植模式和规格　常用的带宽490cm，绿豆、玉米均采用大垄双行种植模式，大垄垄距98cm，玉米株距30cm，绿豆株距20cm，比例为6∶4。一般绿豆亩产45~50kg、玉米200~220kg，以2010年玉米2元/kg、绿豆14元/kg的价格的经济效益分析，两种作物合计收入1 000~1 200元/亩。

（2）种植方式

① 选择适宜品种 从缩短绿豆、玉米的共栖期出发，绿豆要选用直立紧凑、早熟高产的品种，如绿丰 2 号。玉米品种应选用苗期耐荫蔽，后劲足，增产潜力大的紧凑型品种，如嫩单 13、利民 33 等。

② 适当增施肥料 主要是增施基肥，一般亩施优质农家肥 2000~3000kg，P 肥 25~30kg，K 肥 15kg 左右。追肥要做到巧施，根据绿豆的长势而定，玉米追施尿素，亩追 15~20kg。

③ 加强田间管理 在绿豆结荚期和玉米抽雄期要保证水分供应。雨水较大的地区，要挖好排水沟，做到前期能灌、后期能排。绿豆在 7 月中旬前后适时收获，并将绿豆茎叶压青。

第五节 田间管理

实现作物高产、优质、高效的综合目标与植物、土壤、肥料三者有着密切关系。因为植物是施肥的对象，土壤是施肥的载体，肥料是施肥的物质保证。影响玉米产量的诸多因素中，施肥和灌溉起着十分关键的作用。在各项增产措施中，化肥起的作用占 30%~50%。不同的土壤水分条件，作物对 N、P、K 的吸收和利用存在明显差异，不同施肥条件对作物的生长发育具有不同影响。土壤水分是作物吸收各种矿物营养元素的载体，它的多少决定了土壤中养分的运移速度和转化率。只有合理的水肥配合，才能以水促肥，以肥调水，达到水分和养分的高效利用。

一、施肥

玉米在生长过程中需要多种营养元素，其中，大量元素 C、H、O、N、P、K、Ca、Mg、S，微量元素 Mn、B、Zn、Cu、Mo，此外玉米还吸收一些 Al、Si 等有益元素。N、P、K 等元素则主要通过根系从土壤中吸收。作物对这 3 种营养元素的需要量比较多，而土壤提供的数量比较少，在农业生产中往往需要通过施肥才能满足作物对它们的需求，因此，N、P、K 被叫做"作物营养三要素"。N 是植物体内许多重要有机化合物的组成成分，例如蛋白质、核酸、叶绿素、酶、维生素、生物碱和激素等都含有 N 素。P 是植物体内重要化合物的组分，积极参与体内的代谢作用，提高抗逆性和适应外界环境条件的能力。K 以阳离子的形态存在，在体内移动性很强，促进叶绿素的合成，参与光合作用产物的运输，有利于蛋白质合成，增强抗逆性，改善产品品质，调节叶片气孔的运动，有利于玉米经济用水。

（一）施肥的作用

1.施肥对玉米生长发育和产量的影响

在玉米生长发育过程中，植株体内营养元素的分布很不均匀，且各器官营养元素的浓度都不是固定不变的。玉米3~4片叶的苗期，是其一生中N、P、K浓度最高的时期，这一时期吸收养分数量虽少，但对玉米壮苗有重要作用。玉米拔节至抽雄，茎秆迅速生长，叶片顺序展开，根系的数量和干重逐渐向最大值增加，雄穗和雌穗也相继开始分化，此阶段是玉米需肥的最大效应期。有研究表明，夏玉米播后50d左右单株日吸收N量最高可达243.8mg，是一生中吸N最高时期，P、K吸收也相应增多。这时N供给充足，能增加株高，增大叶面积，使叶片宽厚，叶绿素含量增加，光合作用加强。可促进雌穗小叶分化，为后期生产奠定良好的生物学基础。玉米抽雄以后，进入开花、授粉、受精和籽粒形成的生殖生长阶段，此时是高产玉米需要养分最多的时期。据河南省农业科学院植物营养与资源环境研究所测定，灌浆期N、P、K吸收量占总量分别为N占40.4%、P占58%、K占42.3%，这时植株既不断从土壤中吸收养分，同时，体内衰老器官的已被吸收的养分，也不断分解向新生的生殖器官转移。此时营养生长基本停止，叶面积指数由最大值逐渐下降，根系已逐渐衰老，吸收养分功能减弱。而授粉后的一段时间又是决定穗粒数的关键时期，充足的N、P、K营养供给，显得特别重要，它是保证较多的穗粒数及粒重增加的重要条件，否则顶部穗粒败育，增加果穗的秃尖率。

国外对玉米营养特性的研究工作开展的较早。Sayre（1955）研究指出玉米出苗1月内累积N为3.8kg/hm²，到40d，累积N量上升到16.5kg/hm²。而在玉米抽雄、抽丝期间最高每天可达到4.4kg/hm²N。Bromfield（1969）研究证明，玉米对N吸收累积，在干物质累积增加线性的前一周有迅速增加。在出苗后4~6周，对N吸收平均每天为2.75kg/hm²。以后随生育期而下降，但是果穗部位的N明显增加。在中国国内一些研究表明，春玉米苗期对N的吸收量较少，只占总N量的2.14%，拔节孕穗期吸收较多，占总量的32.21%；抽穗开花期吸收占总量的18.95%；籽粒形成阶段吸收量占总量的46.7%。夏玉米由于生育期短，吸收N素的时间较早，吸收速度较快，苗期吸收占总量的9.7%，拔节孕穗期吸收占总量的76.19%。

一些研究认为，玉米对P的吸收，春玉米苗期只占总量的1.12%，拔节孕穗期吸收占总量的45.04%。夏玉米对P素的吸收也较早，苗期吸收10.16%，拔节孕穗期吸收占总量的62.96%，抽穗受精期吸收17.37%，籽粒形成期吸收9.51%。

玉米对K吸收累计的速度，在头30d生长期内超过N、P养分。玉米培养试验证明，出苗后28d玉米对N、P吸收速度最快，而K在玉米发芽后不久即达到最大吸收速度（Minar和Lastu1969）。何萍等（1999）也认为，玉米在生长前期K素吸收较快，到灌浆期已积累了总量的82.18%~95.15%，此后仅有少量吸收。也有一些研究认为，K素在三叶期吸收百分率在20%左右。拔节后猛增到40%~50%，抽雄吐丝期 K 素累积吸收已达 80%~90%。这个试验结果与 Larson·Hanway（1997）指出的玉米成熟时全株 2/3 的 N 和 1/4 的 P 都在籽粒中，而大量的 K 留在茎秆内，籽粒中的 K 通常将近总 K 量的 1/4 的数据相吻合。

郭孝（1998）研究结果在玉米生产中运用 Zn、B、Mn 肥能够促进玉米生长、提高产量。施用适量的 Si、Zn、Fe 肥时，可以使玉米产量提高 15.6%~73.8%。高育峰等（2003）研究表明，喷施 Mn、Zn 肥可以可以使玉米分别增产 4.40%、8.40%。土地施 $H_2MoO_4$0.33kg/hm^2 可以使玉米增产 4.35%。王恒俊等（1999）研究发现，锌肥拌种能增加玉米株高、杆粗、穗长，并提高籽粒产量。张兰兰等（2009）研究 5 种微肥对青贮玉米产量的影响，结果表明 B、Mo 肥对青贮玉米产量有显著影响。

前期施肥有利于营养库的加大，后期施 N 肥则对后期干物质积累有好处，并且促进了干物质从营养体向籽粒中转移。但如果施肥过早（如只施底肥或苗肥）或过晚（如只施粒肥），对产量均不利。前者虽然促进了营养库的建成，但供给源缺乏，底肥和苗肥处理的生长后期叶鞘、叶片和茎节等营养器官中的干物质积累下降较多，这主要是因为两处理由于生长后期肥料缺乏，光合产物供应不足，籽粒库只能大量从叶、鞘、茎中大量争夺养分所导致。而后者虽在后期促进了供给源，但由于库容太小，且利用时间又短，同样对产量不利。综合看来，只有平衡前后期肥料的供应，才能使植株库容和供给源的潜力发挥出来，形成库 / 源的良好结合，从而达到高产目的。

茎节对施肥时期的反应要小于叶片和叶鞘。对单株干物质积累影响最大的是穗肥，其次是拔节肥。底肥和苗肥对叶片和叶鞘的作用较大，拔节肥的作用平均，穗肥和粒肥及对照由于前期肥少，导致后期营养体较小，但穗肥、粒肥对籽粒增重的影响较大，能有效促进生长后期干物质向籽粒中转移。

2. 施肥对不同种植模式下春玉米光合特性和产量的影响

华利民等（2014）研究了春玉米后期的早衰与 N 素营养之间有着密切的关系，随着施 N 量的增加，玉米叶片叶绿素含量、根系干重均呈增加的趋势，黄叶比例逐渐下降，施 N 240kg/hm^2 处理与 N 340kg/hm^2 处理比较差异不显著；保护酶 SOD、POD 活性均为 240kg/hm^2 处理更高，说明适量的施用 N 肥能延长有效的光合时间，延缓叶片枯黄衰老，有效地提高保护酶 SOD、POD 活性，预防早衰的发生。玉米产量随施 N 量增加呈现先增加后降低的趋势，施 N 240kg/hm^2 时产量最高，这与王空军等（1999）研究的玉米开花后叶片 SOD 和 POD 等活性提高，衰老延缓，有利于产量提高结果一致；施氮量高于 240kg/hm^2 时，籽粒产量反而有降低的趋势，这符合肥料报酬递减的规律。高 N 处理 340kg/hm^2 与中 N 处理 240kg/hm^2 比较，其叶绿素含量、根系干重并没有显著增加，叶片枯黄比例没有明显差异，SOD 和 POD 活性、产量反而降低，表明施 N 240kg/hm^2 就能有效预防玉米早衰的发生，实现产量和效益最大化，同时也避免了因过量施肥带来的肥料浪费和环境污染。

王向阳等（2012）研究，随着施肥量的增加，净光合速率 Pn、气孔导度 Gs、胞间 CO_2 浓度 Ci 和单株叶面积都有增加趋势。间作玉米与单作玉米相比，玉米的单株叶面积表现为间作在生育前期小于单作，但在灌浆期及以后的生育时期单作下降较快，表现出间作明显大于单作；玉米叶片 Pn 生育前期单作较高，但生育后期间作明显高于单作。叶片光响应曲线及其拟合结果也表明，间作前期的最大净光合速率和表观量子效率均小于单作，生育后期大于单作。

王帅等（2008）研究表明，各施肥条件下，净光合速率、叶绿素含量和可溶性蛋白含量随玉米生育期的推进呈现出相同的变化趋势，净光合速率和叶绿素含量呈降低趋势，而可溶性蛋白含量却先增后减。不同 N、P、K 用量对穗位叶光合特性 3 个指标的影响也大体相同，即随施肥量的增加，净光合速率、叶绿素含量和可溶性蛋白含量均表现出先提高到一定程度后再降低的趋势，说明 N、P、K 养分缺乏或过量均会使光合能力降低。适宜的 N、P、K 用量（N240kg/hm²、$P_2O_5$150kg/hm²、K_2O75kg/hm²）可明显提高春玉米穗位叶的净光合速率、叶绿素含量和可溶性蛋白含量，并能保持较长的高光合持续期，有效地提高玉米的光合作用，增加产量。

谭昌伟等（2005）对不同 N 素水平（0、7.5 和 15g/m²）下 3 个夏玉米品种的群体光辐射特征进行了研究。结果表明，叶面积指数（LAI）随生育进程呈抛物线单峰变化，且生长约 55d 时各 N 肥处理的 LAI 值及其差异性达到最大；平均叶簇倾斜角（MLIA）在抽雄期达到最大且随施 N 量的增加而变小；散射辐射透过系数（TCDP）和直接辐射透过系数（TCRP）随生育进程和施 N 量增加均呈递减的趋势，TCRP 随天顶角增加呈先增后减的趋势，以 37.5° 时最大；消光系数在抽雄期最小，且随天顶角增大而增大，随施 N 量的变化因生长期而异；叶片分布（LD）值随生育进程和施 N 量呈增加趋势，随方位角增大呈先增后减的趋势，以 180° ~270° 最大。此结果为实现夏玉米冠层结构改良和高产、稳产目标奠定了基础。

张丽丽等（2009）研究表明，施 N 能够增加叶向值，使叶片直立从而接受更多的光合有效辐射，保障光合作用的进行。本试验研究得出叶向值与光合速率密切相关，叶向值越大叶片光合速率越大。对于不同施 N 量和施 N 时期，夏玉米冠层内不同部位叶向值表现为上层＞中层＞下层。基施 N 180kg/hm² 的处理各层叶向值均大于其他处理；拔节期施 N 75kg/hm² 的处理各层叶向值表现最大。各处理冠层内光合速率上层＞中层＞下层，在吐丝期达最大值；在吐丝期表现为基施 N 180kg/hm² 处理＞拔节期施 N 180kg/hm² 处理＞大喇叭口期施 N 180kg/hm² 处理；拔节期施 N 75kg/hm² 处理＞基施 N 75kg/hm² 处理＞大喇叭口期施 N 75kg/hm² 处理；到灌浆中期基施 N180kg/hm² 处理下降程度大于其他处理。对光合速率和叶向值进行相关性分析表明，吐丝期光合速率与叶向值呈正相关关系。

鱼欢等（2010）以玉米品种 Pioneer38B84 为材料，研究不同施 N 量和基追比例对玉米最上一片全展开叶 SPAD 值、Dualex 值、净光合速率（PN）、叶面积指数（LAI）、地上部生物量、冠层叶绿素密度（SPAD×LAI）、冠层光合能力（PN×LAI）以及产量的影响。试验设 5 个处理：N0（基 0+ 追 0）、N20+93（基 20kg/hm² + 追 93kg/hm²）、N45+68（基 45kg/hm² + 追 68kg/hm²）、N113（基 113kg/hm² + 追 0）和 SAT225[基 225（播种时施氮 45kg/hm²，播种后 10d 再沟施 180kg/hm²）+ 追 0]。结果表明，追肥前叶片 SPAD 值、PN、LAI、地上部生物量、SPAD×LAI 及 PN×LAI 均随基肥 N 量的增加而增加，Dualex 值则降低。同等施 N 量下，基肥配合追肥显著提高叶片 SPAD 值，而追肥对叶片 Dualex 值和 PN 无显著影响。虽然基肥配合追肥处理的 LAI、地上部生物量、SPAD×LAI、PN×LAI 在追肥后均显著低于 N 肥一次性基施，但显著提高了玉米产量。基施 N 肥 20kg/hm² 与 45kg/hm² 处理之间玉米产量无差异，但前者过早地表现出缺 N。总施 N 量为 113kg/hm² 时，其 SPAD 值、Dualex 值、PN、LAI、地上部生物量、SPAD×LAI 以及 PN×LAI 等指标在出苗后 25~60d 与 SAT225 处理差异不显著，但产量却显著低于 SAT225 处理。本试验条件下，基肥量 45kg/hm² 能较好地满足玉米前期生长，但总施 N 量 113kg/hm² 不能满足玉米全生育期的需求，需要进一步地评估适宜的施 N 量。同等施 N 量下，基肥配合追肥显著提高玉米产量；SPAD 值和 Dualex 值均与玉米植株 N 含量显著相关，SPAD 和 Dualex 可以作为实时快速指导玉米追肥的有效工具。

3.氮肥对夏玉米穗粒数的影响

N 肥是通过对单位面积穗数、穗粒数、千粒重的综合影响，而最终影响产量。前人研究指出，N 素缺乏会显著影响穗粒数。在一定的施肥范围内，穗粒数会随着 N 肥用量的增加而增加，但当 N 肥施用过量时，增施 N 肥对穗粒数作用不显著。申丽霞等（2006）研究认为，不施 N 或施 N 过多影响植株体的 C、N 代谢，影响有效粒数的形成，是造成穗粒数下降的原因之一。因此，N 肥可以通过影响穗粒数调控籽粒产量。增加种植密度条件下，N 肥是调控籽粒产量的重要因子。曹胜彪等（2012）研究表明，种植密度为 60000 株 /hm² 时，随着施 N 量升高，玉米品种 DH661 和 ZD958 的穗粒数呈先增加后降低趋势；进一步增加施肥量，穗粒数降低或者增加不显著。但在高密度条件下，随施 N 量增加，穗粒数呈线性上升趋势，并未出现下降。

申丽霞等（2007）研究表明，N 肥对玉米产量的影响主要体现在对穗粒数、穗粒重的影响上。施 N 量为 180kg/hm² 时，显著促进玉米穗粒数、穗粒重的增加；施 N 量增加至 240kg/hm² 时，促进作用下降。施 N 明显促进大喇叭口期至灌浆期植株体的 C、N 代谢，使 C、N 代谢的关键酶硝酸还原酶（NR）、谷氨酰胺合成酶（GS）和蔗糖磷酸合成酶（SPS）活性提高，增强光合产物的积累和运输，从而满足生殖生长的需求，促进穗粒数的形成，提高产量。在抽丝前供 N 充足的前提下，抽丝期施氮对增产意义不大。

张学林等（2010）研究表明，随施肥量增加，夏玉米穗粒数、千粒重和产量均增加，但差异不显著，其中，施肥量在 113~181kgN/hm² 的玉米产量、N 素利用效

率均相对较高；随施肥量增加，夏玉米蛋白质和赖氨酸含量增加，淀粉含量降低。依据产量水平，黄淮海高产夏玉米区适宜的施肥量在113~180kgN/hm²。

魏亚萍等（2006）研究结果表明，合理的N肥运筹对中下部和上部籽粒的单粒和单穗重量都有提高作用。所有处理中以基肥施N45kg/hm²+雌穗小花分化期施N135kg/hm²的单穗总重量最高。与中下部籽粒相比，上部籽粒更容易受到外界环境条件的影响，N肥对上部籽粒单粒和单穗重量的促进作用明显大于中下部籽粒，上部籽粒占单穗总重量的比例虽小，但增加该部分籽粒重量对提高单穗重量意义重大。

4.不同施氮模式对夏玉米籽粒灌浆和产量的影响

王进军等（2008）通过不同量的缓释尿素一次基施和普通尿素一次追施对玉米进行处理，研究其干物质积累、分配以及产量情况。结果表明：施N增加了干物质最大积累速率，普通尿素一次追施的干物质最大积累速率大于缓释尿素一次基施。缓释尿素一次基施的碳转移量大于普通尿素一次追施，但光合碳量却小于普通尿素一次追施。缓释尿素一次基施和普通尿素一次追施处理均提高了玉米产量，其中普通尿素一次追施处理的籽粒产量显著大于缓释尿素一次基施处理。由于缓释尿素肥力释放平稳，一次基施使得干物质积累速率较小。虽然后期干物质向籽粒转移的量较大，但增产幅度较小。因此，玉米生产应注意后期N素供应能力。

5.不同供氮水平对夏玉米养分积累、转运和产量的影响

戴明宏等（2008）研究了不同N素管理（不施N、推荐施N、经验施N）对春玉米的干物质积累、分配及转运的影响。结果表明，在高肥力土壤条件下，第一年推荐和经验施N同不施N相比在干物质积累、叶面积指数、籽粒产量、穗位叶光合速率等方面都没有起到明显的促进作用，但在第二年不施N处理产量比推荐施N和经验施N分别下降了12.0%和11.6%。推荐施N的优势不仅体现在减少N肥投入的前提下保持产量的稳定，同时也明显促进了生育后期植株营养体干物质向籽粒的转运，各器官干物质转运总量占籽粒总干质量的22.1%，比经验施N高6.1%。

张家铜等（2009）在高P土壤上研究了不同供N水平对玉米体内干物质、N动态积累和分配、根系发育及产量构成的影响。结果表明：与不施肥相比，施N肥增加了整株玉米及籽粒中干物质和氮的积累，整株玉米干重与出苗天数呈显著二次相关。根、茎、叶、穗轴的干物质和N积累均有先增加后降低的趋势，最大值多数出现在出苗后58d。同一取样时期，不同处理玉米体内干物质和N积累随施N量增加而增加，当施N 240kg/hm²时最大，随后降低；施肥量与产量之间呈明显的二次关系，当施肥量为254.32kg/hm²时，最高产量为11 118.18kg/hm²，在该处理下玉米的根系发育较好、玉米穗长、行粒数、单株粒重显著增加，秃尖长度显著减少，各施肥处理对玉米穗粗、穗行数和百粒重影响不大。

6.施氮量对夏玉米产量和土壤水氮动态的影响

随着施N量的增加，单作和套作条件下，春、夏玉米吸N量显著增加，籽粒产

量、生物产量和籽粒蛋白质产量也显著增加。由于春、夏玉米需求的养分种类与形态一致，低 N 条件时竞争较激烈，春玉米处于优势地位，但其吸 N 量仍低于单作。增加施 N 量可以缓解这种竞争，利于玉米的高产优质。施 N 量由 187.5kg/hm^2 增至 375kg/hm^2 时，春、夏玉米单作时生物产量平均增加 1.717kg/kgN，而套作时平均增加 12.179kg/kgN；春、夏玉米单作时蛋白质产量平均增加 0.305kg/kgN，而套作时平均增加 1.829kg/kgN；春夏玉米套作的土地当量比由 1.59 增加到 1.91。与单作相比，春夏玉米套作可显著提高玉米产量和改善品质，增施 N 肥有利于套作条件下玉米高产优质潜力的充分发挥。

随着施 N 量升高，玉米生育后期穗位叶 POD、CAT、SOD 活性和玉米产量呈升高趋势，MDA 含量呈降低趋势。同时，在施 N 量相同的条件下，N 肥后施处理玉米穗位叶 MDA 含量明显降低，SOD、POD 和 CAT 活性显著提高，玉米产量也显著提高，增产幅度达 15.0%。N 肥后施可以延缓夏玉米叶片衰老进程，显著提高产量。

土壤 NO$_3^-$-N 含量在夏玉米季的变化因土层深度而异，0~20cm 的 NO$_3^-$-N 含量在大喇叭口以前下降、大喇叭口以后上升，20~200cm 各层的 NO$_3^-$-N 含量均在吐丝以前下降、吐丝以后上升。与此不同，DouZ 等在美国宾夕法尼亚州研究结果是：0~25cm 和 25~45cm 两层的土壤 NO$_3^-$-N 含量均在玉米播种后 4 周上升到最大值，此后下降。施 N 能增加土壤 NO$_3^-$-N 含量，特别是增加 20cm 以上和 80cm 以下土层的 NO$_3^-$-N 含量。周顺利等（2002）比较了 4 个施氮量（0，112.5，225，337.5 和 450kgN/hm^2）处理在夏玉米季的土壤 NO$_3^-$-N 含量，认为高施 N 量下 NO$_3^-$-N 含量高。Liang 等也认为与常规氮量（170kgN/hm^2）相比，高施氮量（400kgN/hm^2）的土壤 NO$_3^-$-N 含量在整个玉米季都显著提高。关于 NO$_3^-$-N 的垂直分布，周顺利等（2002）认为在 0~100cm 土壤剖面上 NO$_3^-$-N 在夏玉米一生的分布均为中间土层含量低、上层和下层含量高，一般是表层最高，但因降雨或灌溉在高肥处理中有下层高于表层现象。不同土层的 NO$_3^-$-N 含量受施 N 期的影响不同，即施 N 时期也能改变土壤 NO$_3^-$-N 的垂直分布。基施 N 的 0~40cm 土壤 NO$_3^-$-N 含量在播种至大喇叭口阶段比不施 N 高，10 叶处理的 NO$_3^-$-N 含量自 10 叶展 N 施入至吐丝在 0~20cm 土层增加迅速、在 20~40cm 土壤土层变化平稳，吐丝处理的 0~40cmNO$_3^-$-N 含量在吐丝 N 施入至乳熟阶段增加，而乳熟处理的 NO$_3^-$-N 含量自乳熟 N 施后在 0~20cm 土层下降、在 20~40cm 土层增加。推迟施 N 期能明显增加灌浆阶段特别是乳熟以后 80cm 以下土层的 NO$_3^-$-N 含量，其中，在成熟期基施 N+乳熟期追 N 处理 160~200cm 的 NO$_3^-$-N 含量比基施氮 + 吐丝期追氮处理［为 25.3mgN/kg（干土）］高 16%。深层土壤的 NO$_3^-$-N 含量增加，一方面可以引导玉米根系下扎，另一方面这些 NO$_3^-$-N 在灌溉或大量降雨后可能淋洗出根区造成资源浪费和地下水污染。研究表明，播前施 N157kg/hm^2 增加了玉米季土壤 NO$_3^-$-N 残留量，而且推迟施肥期能增加土壤残留 N 量。一种观点认为，最好的 N 肥管理方案是减少作物生长季末土壤

$NO_3^- - N$ 残留量。因此，如何确定最佳施 N 期，从而经济高效利用 N 肥，需要深入研究。

在郑单 958（9 株 /m^2）组成的土 – 植系统，研究了不施 N、基施 N+10 叶展追 N、基施 N+ 吐丝期追 N 和基施 N+ 乳熟期追 N 共 4 个处理下 0~200cm 的土壤 $NO_3^- - N$ 含量在夏玉米生长期间的变化和土壤 N 素的表观盈亏量，结果表明 :20cm 以上的土壤 $NO_3^- - N$ 含量以大喇叭口期为界、20cm 以下的土壤 $NO_3^- - N$ 含量以吐丝期为界前降后升。在 0~20cm 土层，与不施 N 相比，施 N 能增加土壤 $NO_3^- - N$ 含量，而且吐丝期和乳熟至成熟阶段的 $NO_3^- - N$ 含量在 10 叶展期和吐丝期各自追 N 后均显著增加。在 20~40cm 土层，乳熟期的 $NO_3^- - N$ 含量施 N 后明显比不施 N 高。在 80cm 以下土层，施 N 后的土壤 $NO_3^- - N$ 含量明显比不施 N 高；与追 N 期相比，后一追 N 处理在乳熟期和成熟期的 $NO_3^- - N$ 含量均比前一追 N 处理明显增加，其中成熟期基施 N+ 乳熟期追 N 处理在 160~200cm 土层的 $NO_3^- - N$ 含量比基施 N+ 吐丝期追 N 处理（为 25.3mgN/kg（干土））高 16%。土壤 N 素的表观盈余发生在吐丝期之前且 80% 以上盈余量出现在大喇叭口期前，表观亏损出现在吐丝期以后且其亏损量在乳熟期前后各占一半。经玉米季后，本试验中不施 N 处理出现表观盈余（为 56.3kgN/hm^2）；施 N 后表观盈余量增加，主要是施 N 减少了吐丝以后土壤 N 素的亏损量，其中推迟追 N 时期能显著减少乳熟至成熟期间的亏损量。

7. 不同氮肥类型对夏玉米产量和穗部性状的影响

易镇邪等（2006）在较低施 N 量下，研究了 3 种类型 N 肥（普通尿素、包膜尿素和复合肥）不同施用量（0、90 和 180kgNP/hm^2）对夏播玉米郑单 958 与农大 108N 素吸收、累积、转运及 N 肥利用的影响。结果表明，在本试验范围内，施 N 量增大，植株 N 素累积量增加，N 生理效率、N 肥效率与 N 肥利用率（NUE）下降。同等施 N 量下包膜尿素与复合肥较普通尿素 NUE 高，郑单 958 施 90kgNP/hm^2 与农大 108 施 180kgNP/hm^2 时尤为明显；N 素阶段性累积规律，两品种在不施 N 和施 N 条件下均具有基因型差异。播种至吐丝后 21d 氮素累积量太大对夏玉米灌浆中后期 N 素累积有一定抑制作用，郑单 958 表现特别明显；N 收获指数（NHI）具明显基因型差异，郑单 958 较农大 108 高近 6 个百分点。施 N 使郑单 958NHI 显著降低，农大 108 变化不明显。与普通尿素相比，包膜尿素与复合肥处理 NHI 较低，在郑单 958 施 90kgNP/hm^2 与农大 108 施 180kgNP/hm^2 时差异达显著水平；叶、茎鞘 N 素转运量及其对籽粒氮贡献率随施氮量增大而增大，叶氮素转运主要在吐丝后 21d 至成熟期，茎鞘氮主要在吐丝至吐丝后 21d；肥料 N 主要在吐丝前发挥作用，且最主要是在 12 叶展至吐丝期，施 N 与不施 N 处理的 N 素累积量差异在吐丝前后达最大。

（二）合理施肥

1. 优化施肥对夏玉米生长发育和产量的影响

与传统施肥比较，优化施肥和秸秆还田优化施肥夏玉米株高、基部节间直径、同一时期叶面积指数、干物质积累量、穗部基本性状，如穗长、穗粗、秃尖长、产量结构及产量与传统施肥无显著性差异，而 N 肥利用率显著提高。在优化施肥条件下，夏玉米棒三叶总叶面积略微减少，生育后期穗位叶叶绿素含量下降稍快，吐丝至收获干物质积累量略有下降。秸秆还田有利于改善夏玉米的生育状况和提高产量。

2. 施肥深度（结合灌溉）对玉米同化物分配和水分利用效率的影响

水分与养分是保证作物正常生长发育的必要条件。实现水肥协同，是提高作物水分利用效率和养分利用效率的主要途径之一（李世清等，1994；何华等，2000）。不结合施肥的灌溉，在提高水分、养分利用效率方面效果不理想；不结合灌溉的施肥，同样不利于水肥的吸收利用。因此，灌溉与施肥有机结合，通过水肥同步供应，实现水肥一体化管理是最理想的水分养分补充方式。灌溉与施肥相结合的农田管理即称为"灌溉施肥"，其技术模式主要是采用滴灌、地下滴灌和沟灌等节水技术进行灌施。

何华等（2002）研究表明，土表下灌施，使生育早期的玉米植株生长受到一定程度抑制，其根冠生物量均低于表面灌施。随着玉米根系不断向纵深发展，早期所经受的水分养分胁迫得以解除；由于补偿生长，冠层生物量迅速增加；到生育后期，与表面灌施处理的冠层生物量已相差无几。但前期对根系生长造成的影响依旧存在，表面灌施与土表下灌施的根干重相差较大，最终产生较大的根冠比差异。由此可以推知，在生育早期，土表下灌施处理的玉米根系还未伸展到灌施深度，尽管下层土壤中有充足的水分和养分，但难于吸收，从而抑制了地上部分的生长；但在作物需水需肥量大的中后期，一是由于根系的纵向伸长，二是由于作物经过了一段时间的中轻度水分养分胁迫，刺激了后期补偿生长的能力，使得土壤中下层水养分被充分利用，从而大大加强了冠层生长，对产量的形成造成积极的影响。土表下灌施处理的产量均比表面灌施高，并以 30cm 深度灌水施肥处理的产量最高；而耗水量则是表面灌施处理最大，从而导致其水分利用效率远远低于土表下各灌施处理。土表下不同深度灌施处理的产量、耗水量和水分利用效率也有所不同。耗水量随灌施部位的加深有一定增加，20cm 深度灌水施肥、30cm 深度灌水施肥、40cm 深度灌水施肥和表面灌施相比，水分利用效率分别提高 42.78%、44.36% 和 17.14%，耗水量分别减少 18.11%、14.44% 和 11.0%，具有明显的节水效应。产量与水分利用效率的变化趋势一致，即产量增加，水分利用效率也增加，均以 30cm 灌施深度效应最佳。

3. 合理氮磷用量对高产高效栽培的影响

目前，冬小麦 – 夏玉米施肥中 N 肥施用过量，冬小麦 P 肥施用过多，而夏玉米基本不施用，N、P、K 配比不平衡，肥料利用率低等问题突出，造成生产成本增加和对生态环境形成潜在威胁的负面效应。华北地区冬小麦 – 夏玉米轮作体系中农田 N 素年输入总量为 669kg/hm², 年输出总量为 583kg/hm²，N 素年盈余量为 86kg/hm²。过量施用 N 肥大幅增加深层土壤硝态 N 累积量，造成硝态 N 淋溶而污染地下

水，还可能引起作物贪青晚熟。研究表明，在土壤养分限制因子对产量的影响方面，N、P是潮土上冬小麦－夏玉米高产的主要限制因子。在河北省衡水对冬小麦－夏玉米适宜N、P用量及高产高效平衡施肥效应的研究表明，在土壤中等肥力水平下，冬小麦－夏玉米施用N肥和P肥均能显著增加产量和效益，冬小麦和夏玉米施用N肥分别增产11.1%~32.2%（平均22.5%）和12.5%~24.1%（平均19.2%），分别增收853.50~2 775.00元/hm²（平均1 876.60元/hm²）和1 352.33~2 293.77元/hm²（平均1 651.04元/hm²）；施用P肥分别增产8.1%~14.0%（平均11.7%）和2.5%~13.2%（平均9.1%），分别增收563.4~1 380.6元/hm²（平均974.7元/hm²）和189.74~1 458.39元/hm²（平均765.31元/hm²）。冬小麦－夏玉米适宜N用量范围分别为220~260kg/hm²和220~280kg/hm²，适宜施N水平的N肥利用率分别为36.5%和26.3%；适宜P_2O_5用量分别为90~110kg/hm²和95~115kg/hm²，适宜施P水平的P肥利用率分别为16.8%~17.3%和11.8%~20.5%。冬小麦－夏玉米高产高效平衡施肥较农民习惯施肥增产5.3%~9.0%，增收454.19~992.5元/hm²，提高N肥利用率5.0~15.2个百分点。

4. 长期均衡施用N、P、K肥对玉米产量和土壤肥力的影响

长期均衡地施NPK肥或NPK与有机肥配施，可以显著提高玉米产量和土壤有机质、全N、全P、速效N、速效P、速效N等肥力指标，并能提高土壤微量元素的含量；而不均衡施肥（N、NK、NP、PK）导致相应的营养元素的耗竭。

长期化肥与有机肥配施（NPKM）的处理玉米产量最高，其次为NPK处理，但两个处理间没有显著差异；并且两个处理的千粒重、株高等指标显著高于其他不均衡施肥处理或不施肥处理，说明施NPK，以及NPK与有机肥配合施用，有利于提高玉米产量，改善玉米植株的各种性状。

作物产量受多种因素影响，其中，均衡施肥对提高作物产量效果最好。长期均衡施化肥（NPK），以及NPK化肥与有机肥配施（NPKM），有利于土壤养分协调供应，保持较高的土壤肥力，巩固穗粒数，增加粒重，提高玉米的产量。张桂兰等（1999）研究认为，只要施肥合理，配比适宜，均能取得高产、稳定、增产效益，其中尤以有机肥和无机肥配合增产的效果最好。长期不均衡施用N、P、K化肥，构成产量的各因素均有不同程度的降低，从而使玉米的产量下降。

黄绍文等（2004）研究表明，施用N、P和K营养对优质玉米籽粒产量和营养品质有明显影响。N、P、K营养平衡施用（NPK）较不施氮（PK）、不施磷（NK）和不施钾（NP）显著增加优质玉米产量，使高油玉米（农大115）分别增产15.9%、6.9%和12.1%，使高淀粉玉米（白玉109）依次增产20.3%、8.6%和12.7%。施N能增加高油和高淀粉玉米籽粒蛋白质、醇溶蛋白和清蛋白含量；施P或施K能增加高油玉米籽粒蛋白质、醇溶蛋白和清蛋白含量以及氨基酸和必需氨基酸含量，而对高淀粉玉米籽粒蛋白质及其组分含量基本无或较小影响。施N使高油玉米籽粒氨基酸和必需氨基酸含量提高0.83%和0.41%，使高淀粉玉米提高1.18%和0.36%；

施 N、施 P 和施 K 增加高油和高淀粉玉米淀粉总量和支链淀粉含量，降低直链淀粉含量。施 N 能增加高油和高淀粉玉米籽粒油分、亚油酸和油酸含量，使高油玉米分别增加 0.83%、0.41% 和 0.30%，使高淀粉玉米分别增加 0.34%、0.18% 和 0.13%；而施 P 或施 K 对两品种籽粒油分、亚油酸和油酸含量的影响不明显。

5. 结合秸秆还田培肥地力

秸秆还田后能增加土壤有机质和养分含量，改善土壤物理性状，提高土壤的生物活性。秸秆还田后，大豆、玉米和小麦等作物增产 6.1%~14.3%。秸秆还田要确定适宜的翻压时间、翻压数量、补 N 数量，并要保证秸秆粉碎。国外十分重视采用秸秆还田技术培肥地力。美国把秸秆还田当作一项农作制，坚持常年实施秸秆还田。美国玉米生产中实行大量的无机 N 肥配合秸秆还田的施肥制度。美国 15 年的定点试验结果表明，秸秆还田的比不施秸秆的对照区土壤中的 C、N、S、P 分别增加 47%、37%、45% 和 14%。英国的洛桑试验站坚持百余年的定点观测试验，每年每公顷翻压玉米秸秆 7~8t，18 年后土壤有机质含量提高了 2.2%~2.4%。增加土壤有机质和养分含量，马惠杰等（1990）玉米秸秆还田 5 年后，土壤有机质增加 0.29%，0~20cm 耕层内土壤碱解 N 增加 31.2mg/kg；速效 P 增加 3.8mg/kg；速效 K 增加 24.5mg/kg。秸秆还田后经过微生物的作用形成的腐殖酸与土壤中的 Ca、Mg 黏结成腐殖酸钙和腐殖酸镁，使土壤形成大量的水稳性团粒结构，改善土壤物理性状。提高土壤的生物活性，玉米秸秆含有大量的化学能，是土壤微生物生命活动的能源。秸秆还田可以增强各种微生物的活性，即加强呼吸、纤维分解、硝化及反硝化作用。

（三）简化施肥技术

1. 施用控释肥

（1）控释肥的作用　N 素是玉米生长发育的必需营养元素之一，而且施 N 量多少对玉米产量和生态环境均有一定的影响。过量施 N 除了造成不必要的浪费之外，还会对生态环境造成严重威胁。有研究表明，当 N 肥施用量在 N90~270kg/hm² 范围内时，玉米产量会随 N 肥用量的增加而提高，而当 P 肥施用量达 360kg/hm² 时玉米产量则下降。还有研究表明，施 N 量为 N200kg/hm² 时，玉米及其秸秆的生物量随着施 N 量的增加而增加，而当施 N 量达 N240kg/hm² 后，玉米籽粒产量不再增加，且玉米秸秆产量呈下降趋势。在黄淮海地区，玉米生长季属雨热同期，传统生产中常采用的一炮轰的施肥方式易引起 N 素的淋失，使玉米常常在生长后期发生脱肥早衰，同时玉米生育后期追肥难度大，需要消耗大量的人力物力，并且还会对玉米植株造成一定的伤害，从而对玉米产量造成不良影响。此外还有研究表明，前期适当控 N 能够促进玉米的干物质和 N 素向籽粒的运转，实现玉米产量与 N 素利用的协同提高。N 肥肥效适当后移能提高夏玉米植株 N 积累量和肥料利用效率，促进玉米籽粒灌浆，增加其百粒重和产量。控释肥能显著增加玉米产量，在产量构成因素中增加千粒重的优势较大，能显著提高 N 素利用效率和农学效率。

在相同的耕作措施下，N 素积累及其向籽粒的分配量均表现为控释尿素 > 普通尿素两次施用 > 普通尿素一次施用 > 不施 N 处理；结果表明，相同耕作方式下，控释尿素处理可显著提高植株的总吸 N 量，在玉米吐丝后光合叶面积指数显著高于常规尿素处理（P<0.05），控释尿素处理也可显著提高玉米穗位叶 SOD、POD 和 CAT 活性，增加可溶性蛋白含量，降低 MDA 积累量。因而，该控释尿素处理对籽粒灌浆速率的提高效果显著。

不同类型的 N 肥会对作物的 N 素吸收利用造成一定的影响。研究表明，玉米郑单 958 两年花后植株 N 素利用效率和积累 N 素向籽粒的分配量均表现为施用控释尿素高于传统的施用常规尿素。原因是常规尿素前期大量的吸收和淋失造成花后表层土壤 N 素损失，导致植株根系周围出现 N 素亏缺，花后玉米 N 素供需矛盾加重，不利于植株花后 N 素的吸收。前期适当控 N 可提高根系的吸收和合成能力，后期还可使植株保持较强的光合生产能力，增强根系吸收 N 素的能力，并促进 N 素向籽粒的运转，促使玉米 N 素利用的提高。而 N 肥适当后移也可提高夏玉米植株 N 积累量和 N 肥利用效率。玉米专用控释尿素是针对玉米生长特性而选择性释放的一种肥料，前期释放缓慢，从大喇叭口期以后释放速率加快，花后土壤 N 素的供应能力显著提高，利于植株 N 素的积累及向籽粒转运。可见，施用包膜控释尿素能显著提高玉米的 N 素积累利用及向籽粒的分配。

改善供 N 能力是使玉米获得高产的有力措施之一。研究结果表明，与传统一次施常规尿素相比，控释尿素能显著提高花后植株的干物质积累量、向籽粒的转运量以及产量。因为充足的 N 素供应可促进作物的养分吸收和干物质累积，不但对作物的生长发育有直接贡献，而且也改善了作物后期营养体养分向籽粒的运输，从而增加了收获期植株养分总量中籽粒养分所占的比例，但一次性施肥由于是过早施底肥或苗肥，或者过晚施粒肥均对产量形成不利，前期不施氮或者施 N 过多都会增加败育粒，对产量的形成造成不良的影响。由于夏玉米生育后期追施 N 肥极不方便，而控释尿素具有肥效长且稳定，能满足玉米在整个生育期对养分的需求的优点，一次性大量施入不会造成"烧苗"，并可减少施肥数量和次数，提高产量。

（2）控释肥对玉米碳、氮代谢等生理活动的影响　卫丽等（2010）以夏玉米杂交种豫单 998 为材料，研究 3 种控释肥对夏玉米 C、N 代谢的影响。结果表明，在等养分量条件下，与常规施肥技术相比，3 种控释肥均能有效协调吐丝期至成熟期植株体 C、N 代谢，叶片可溶性蛋白的含量增加 2.20%~10.39%，硝酸还原酶（NR）活性提高 3.22%~32.10%，植株叶片和茎鞘可溶性总糖分别增加 6.78%~46.71% 和 1.26%~35.99%，全 N 含量分别增加 0.50%~10.69% 和 1.09%~41.92%；而可溶性总糖和 N 素转运率均小于常规施肥。说明控释肥能较好满足夏玉米在吐丝期至成熟期生长需要，协调其 C、N 代谢，其中，以硫加树脂包膜控释肥效果较好。

李宗新等（2007）试验研究发现，与施用普通化肥相比，施用等养分量的控释肥有助于夏玉米干物质积累和延缓植株后期的衰老，明显改善产量构成因素，可分别提高穗粒数、容重和千粒重达 3.6%、2.6% 和 8.4%，比对照增产 22.2%，比施普通化肥增产 4.3%。可显著减小玉米穗部秃尖长，但对穗长、穗粗、出籽率等穗部性状的影响不明显。2/3 量的控释肥仅比普通化肥增产 4.3%。与施用普通化肥相比，施用等养分量的控释肥可部分改善和提高玉米籽粒的品质，控释肥更有助于提高籽粒粗蛋白、可溶性糖的含量，对籽粒淀粉、粗脂肪、氨基酸含量影响不明显；2/3 量的控释肥与普通化肥施用相比效果不明显。

（3）缓 / 控释氮肥对玉米产量和氮肥效率的影响　施用缓 / 控释肥料是提高作物产量和肥料利用率的重要方法和措施。缓 / 控释 N 肥与等养分量的常规化肥相比，增加产量 5.1%~19.6%，提高 N 肥利用率 3.5%~19.0%。一次性施用 ZP 型缓 / 控释肥的产量和 N 肥利用效率高于习惯 2 次施肥（苗肥 50%+ 大口肥 50%），但仍不如 3 次施肥（苗肥 30%+ 大口肥 30%+ 吐丝肥 40%）的效果好，说明用 ZP 型缓 / 控释肥的养分释放与夏玉米对 N 素的需求还没有完全吻合，需进一步研究改进 N 素控制释放的时期和释放量。

王宜伦等（2011）采用田间试验研究缓 / 控释 N 肥对晚收夏玉米产量、N 素吸收积累和 N 肥效率的影响。结果表明，夏玉米施用缓 / 控释 N 肥较习惯施 N 籽粒产量在习惯收获和晚收条件下分别增加 2.90% 和 4.88%，蛋白产量分别增加 7.07% 和 4.41%，N 素积累量分别增加 5.51% 和 4.18%；N 肥利用率提高 3.78% 和 2.95%，N 肥农学效率提高 0.97 和 1.69kg/kg。晚收较习惯收获产量增加 2.12%~6.42%，蛋白产量增加 1.11%~7.68%，N 积累量增加 1.10%~3.18%，N 肥农学效率提高 0.82~1.55kg/kg。夏玉米苗期一次性施用缓 / 控释 N 肥可促进生育后期 N 素供应和吸收，提高产量和 N 肥利用效率，实现简化、高产和高效施肥的目的。

2. 稳定性长效施氮

（1）产量效益　徐竹英等（2013）试验结果表明，在施入农民习惯施肥量时，与普通氯化铵相比，长效氯化铵通过改善产量构成因素显著增加玉米产量 1 132kg/hm²，增加经济效益 2 804 元 /hm²，总吸 N 量、N 肥利用率和 N 肥农学效率分别提高了 80.44kg/hm²、33.52% 和 4.72kg/kg；施 N 量减少 10% 的长效氯化铵处理仍可与普通氯化铵常规施肥处理的玉米产量相当，并可增加经济效益 308 元 /hm²，且总吸 N 量、N 肥利用率和 N 肥农学效率均有所提高；施 N 量减少 15% 的长效氯化铵会使产量显著降低。综合经济效益和生态效益，可将稳定性长效 N 肥减施 10% 作为当地推荐的施肥量。

苏江顺等（2011）研究 N 肥长效剂（肥隆）对 N 肥的控释作用。结果表明：N肥在拌入肥隆一次作底肥深施能够满足玉米整个生育期所需要的 N 素养分，增加叶片叶绿素含量，延缓叶片衰老，同期的叶面积指数、光合势、光合生产率、干物质积累均有所提高，对玉米产量构成因素也有较大影响，增产效果明显。N 肥长效剂

（肥隆）在等 N 量施用条件下，能够提高玉米产量。使用肥隆比 N225kg/hm^2（1/3底、2/3追）增产 10.8%；而比 N225kg/hm^2（全部深施）增产 14.6%，增产效果主要是增加百粒重和穗粒数体现的。

3. 氮肥减量后移

对玉米冠层结构和产量有影响。施用 N 肥是提高作物产量的重要手段。近年来，人们为追求高产大量施用 N 肥，导致 N 肥利用率降低，既浪费资源又污染环境。华北平原是夏玉米主产区之一，其施 N 量普遍偏高，如山东省惠民县农民在夏玉米季的习惯施 N 量为 249kg/hm^2。赵荣芳等（2009）也发现华北农民在冬小麦和夏玉米上的习惯施 N 量都在 300kg/hm^2 左右，2000—2002 年农业部农技推广服务中心调查发现，全国玉米平均施 N 量为 209kg/hm^2，均高于 150~180kg/hm^2 的最佳水平，远远超过了达到当前产量的 N 需求量。当前华北地区农民在夏玉米生产中，对 N 肥的施用习惯有两种做法：一是作基肥和大喇叭口期追肥（用量各 50%）施用；二是俗称的"一炮轰"，即不施基肥，在大喇叭口期一次性追肥施用。N 肥在大喇叭口期集中施用，正是高温多雨的夏季，易造成 N 素淋失、挥发等损失，且 N 肥利用率低，玉米后期 N 素供应不足。

赵士诚等（2010）研究表明，与农民习惯施肥（N240kg/hm^2，基肥和大喇叭口追肥为 1:2）相比，N 肥减量后移（N168kg/hm^2，基肥、大喇叭口肥和吐丝肥为 1:3:1）处理的产量、植株干物质积累量、植株 N 积累量和积累速率均没有降低，而 N 肥利用率显著增加。N 肥减量后移可使耕层无机 N 供应较好地与作物吸收同步，降低收获期 0~100cm 土层硝态 N 积累，减少 N 素的田间表观损失。基于夏玉米不同生育阶段的 N 素吸收特征进行 N 肥减量后移可节省 N 肥 30%，是较为理想的 N 素施用方式。

王宜伦等（2011）研究表明，夏玉米施 N 显著增产，增产幅度为 9.62%~15.95%，N 肥后移比习惯施 N 增产 2.27%~5.33%。超高产夏玉米吐丝后 N 素吸收积累量占总积累量的 40.30%~47.78%，保证后期氮素养分充足供应对于夏玉米达到超高产水平至关重要；N 肥后移可促进超高产夏玉米后期的 N 素吸收积累，降低夏玉米茎和叶片 N 素的转运率，显著增强灌浆期夏玉米穗位叶硝酸还原酶活性，提高灌浆期叶片游离氨基酸含量，增加蛋白质产量；N 肥后移比习惯施 N 的 N 肥利用率提高 1.88%~9.70%、农学效率提高 0.96~2.21kg/kg，以"30% 苗肥 +30% 大喇叭口肥 +40% 吐丝肥"方式施用 N 肥的产量和 N 肥利用效率最佳。

N 肥后移可提高夏玉米植株氮积累量和氮肥利用效率，促进夏玉米籽粒灌浆，增加了百粒重和产量。简化栽培是当前玉米生产的发展趋势，夏玉米生育后期追施氮肥极为不便，施用缓/控释肥料成为实现氮肥后移和简化栽培的重要技术措施。相关研究表明，与等养分量的常规化肥相比，在不同地区不同土壤上施缓/控释肥料使玉米增产 5.1%~19.6%，化肥当季利用率提高 3.5%~19.1%。

高素玲等（2013）研究表明，N 肥减量处理（N240/2：施氮量为 240kg/hm²，分 2 次施用，基肥与大喇叭口期各占 50%）与习惯施 N 处理（N300/2：施氮量为 300kg/hm²，分 2 次施用，基肥与大喇叭口期各占 50%）相比，叶片 SPAD 值、PN 及产量均有所降低，Dualex 值则有所增加，但差异并不显著，减量施 N 在生产上应切实可行的；减量后移施 N 处理（N240/3：施氮量为 240kg/hm²，分 3 次施用，基肥、大喇叭口期和吐丝期分别占 30%、40% 和 30%）与习惯施 N 处理（N300/2）和减量施 N 处理（N240/2）在出苗后 30d 和 45d 的叶片 SPAD 值、光合速率及产量也均有所降低，Dualex 值则有所增加，表现差异也并不显著，但与减量后移施氮（N200/3：施氮量为 200kg/hm²，分 3 次施用，基肥、大喇叭口期和吐丝期分别占 30%、40% 和 30%）差异显著。减量后移施 N（N240/3）与习惯施 N 处理（N300/2）、减量施 N 处理（N240/2）和减量后移施 N（N200/3）在出苗后 60d 和 75d 的叶片 SPAD 值、光合速率及产量均有所增加，Dualex 值则有所降低，表现差异显著。N 肥减量后移（N240/3）处理的玉米植株 N 素不但能满足于玉米生长的营养需求、降低投入、提高 N 素利用率，而且产量也得到提高。过多或过少施用 N 素都不利于提高玉米冠层叶绿素含量和光合性能，处理 N240/3 与其他处理（N0 不施氮肥、N300/2、N240/2 和 N200/3）相比，表现为玉米冠层叶绿素含量、光合性能和玉米籽粒产量都有所提高。N 肥减量后移与农民习惯施 N 相比，改善了玉米后期生长性状，玉米产量不但没有降低，而且提高玉米产量显著。由于 N 肥减量后移处理，在生长前期施 N 比例小，玉米叶片叶绿素含量稍低于其他处理，但在后期因施 N 比例增加，叶片中的叶绿素含量高于其他处理。从以上结果可看出，在玉米生产中，采用 N 肥后移施肥方法，对玉米生长发育影响不大，有利于提高 N 肥利用率，可减少 N 肥投入，提高玉米生产的经济效益。

4. 平衡施肥

减少追肥次数，关键时期追肥。营养元素缺乏和不均衡供给会成为土壤养分限制因子和潜在限制因子，影响土壤 – 作物系统养分收支平衡，对作物高产、稳产构成严重威胁，应该引起足够重视。

平衡土壤中的中、微量元素养分后，N、P、K 是限制玉米产量提高的养分限制因子，养分限制顺序为，P ＞ K ＞ N；平衡施肥提高了玉米产量，促进了玉米对 N、P、K 养分的吸收，提高了 N、P、K 的养分利用率。平衡施肥的最佳处理为 OPT（中国农业科学院土肥所中加合作土壤植物测试实验室测定土样，并给出最佳处理）；平衡 N、K 及中、微量元素养分后，施 P 提高了玉米产量，玉米产量随着 P 用量的增加而增加，适宜的 P 用量在增加玉米产量的同时，提高了 N、P、K 的养分利用率与 P 肥的投资效益。

5.秋施肥

秋施肥为秋季结合深耕翻地，条施或全耕层深施肥，施肥深度10~25cm，化肥全部底施，春季不再施肥。

在土壤肥沃、保水保肥性能好的地块，如白浆土、黑钙土上可采用一次性深施肥免追肥技术或分次施肥技术；在沙土、沙壤土的地块按分次施肥法将部分肥料进行秋施底肥，其他肥料用于种肥和追肥，防止造成渗漏，生育后期脱肥，影响肥效的发挥和产量的提高。有机肥与无机肥配合施用可明显提高土壤肥力，改善土壤理化性状，增强蓄水保水能力，保证玉米的持续稳产高产。一般每公顷施腐熟的农家肥15~30t，主要为过圈粪、坑沤粪、禽畜粪等，以鸡粪效果最好。基肥以玉米专用高N缓释肥复混肥为主。目前市场上常用的一次性配方肥总含量多数为45%~55%，N、P、K比例基本在（28~30）：（10~12）：（10~13），通常按每公顷600~700kg一次性做基肥施入，播种时配以相应的磷酸二铵和硫酸钾做种肥。

不同方式的秸秆还田配以秋深施肥，由于合理解决了该区存在的施肥弊病，使得玉米生长发育状况得到改善，玉米产量大幅度提高。具体表现在玉米出苗率明显提高，春施肥由于施肥浅并且相对集中，不利于玉米幼苗根系对养分（特别是P素）的吸收利用，表现为幼苗生长缓慢。而秸秆还田秋施肥后，肥料经过冬春季和土壤充分融合，同时施肥较深，秸秆腐解与幼苗争夺养分的矛盾缓解，促进了玉米幼苗的生长，幼苗根系发达，株高、鲜重以及叶绿素含量、伤流量增加。外观表现为苗全苗壮，生长迅速。多种途径秸秆还田配合秋施肥，将抗旱保墒、保肥增效和培肥土壤结合起来，为旱地玉米生长发育创造了一个良好的土壤水分和营养环境，使得玉米产量大幅度提高，水肥得到高效利用。土壤肥力明显增加，0~20cm耕层土壤有机质和全N含量增加，尤其是秸秆过腹还田有机质含量增加最大，土壤速效P和速效K含量也呈上升趋势。同时，玉米秸秆得到充分利用，为培肥土壤提供了更充足的有机肥源。秸秆还田秋施肥较好地解决了深施肥与春季保墒促全苗以及秸秆腐解与幼苗争水争肥影响幼苗生长的矛盾，秸秆资源丰富的优势得到充分利用，土壤水肥状况得到明显改善。具体表现为玉米苗全苗壮，根系发达，植株叶片光合、蒸腾速率提高，玉米产量大幅度增长。同时维持了较高的土壤肥力。

周怀平等（2005）长期定位试验研究结果表明，旱地玉米秸秆还田秋施肥具有显著增产效果，10年累计玉米籽粒增产12.10~17.27t/hm^2，增幅达25.59%~36.52%；玉米秸秆增加5.9~13.3t/hm^2，为秸秆还田提供了充足的有机肥源。秸秆还田秋施肥可起到秋保春墒的作用，苗全苗壮，养分得到充分有效利用，且有利于土壤微生物繁殖，促进秸秆等有机物料腐解，对提高矿质营养元素有效性，改善土壤理化性质有显著作用。

6.一次性施肥

杨俊刚等（2009）采用田间试验，比较农民习惯施肥、一炮轰和缓释一次施肥3

种施肥措施对玉米产量和土壤残留 NO_3-N 以及 N 素表观损失的影响。结果表明，不同施肥处理的产量没有显著差异，添加包膜尿素 N 肥利用率提高；与播前相比，玉米收获后对照、农民习惯、一炮轰、缓释一次施肥 0~90cm 土壤剖面 NO_3-N 残留量在低肥力土壤（新立城试验点）的增加量分别为 -17.5、104.5、55.7、29.3kg/hm²，而在高肥力土壤（布海试验点）都表现为负增长，分别为 -44.3、-12.8、-57.2、-51.7kg/hm²。农民习惯"一炮轰"、缓释一次施肥处理全生育期的 N 素表观损失在低肥力点分别为 -83、-12、22kg/hm²，在高肥力点为 172、119、157kg/hm²。增加 N 肥用量 N 素表观损失增加，添加部分缓释 N 肥的一次性施肥可以减少收获后土壤剖面 NO_3-N 增量。

高强等（2007）2004—2005 年在吉林省不同类型土壤上，通过 110 个田间试点对玉米一次性施肥效果进行研究。结果表明，在吉林省 5 种主要土壤上玉米一次性施肥产量明显低于推荐施肥产量。干旱年份风沙土与农民习惯施肥相比明显减产。黑土一次性施肥效果年际间不稳定，干旱年份与农民习惯施肥相比有 30% 田块平产，70% 田块减产；在湿润年份仅有 31.2% 田块减产。白浆土、冲积土两年间一次性施肥与农民习惯施肥分别有 20%~27.2% 和 12.5%~25% 的田块增产，减产的田块分别占到 46.7%~59.1% 和 50%~62.5%。黑钙土干旱年份增产的田块只有 9.52%，有 71.4% 的田块减产，集中在淡黑钙土区。两年试验说明，在吉林省的风沙土、淡黑钙土区不适宜采用玉米一次性施肥；在黑土、白浆土、冲积土区的高肥力土壤可以短期适当采用一次性施肥，中低肥力土壤尽量不要采用。

二、节水灌溉

（一）玉米需水量及对生长发育和产量的影响

1. 玉米单株耗水量

一株玉米一生究竟需要消耗多少水，目前尚无定论。国内外许多著作中，一株玉米一生蒸腾耗水量常常引用"200kg"这一数据。在《中国玉米栽培学》中，则提出了蒸腾耗水量为 80kg/ 株，两者相差 2.5 倍。程维新等（2008）研究表明：单株春玉米的总耗水量为 100kg/ 株左右，蒸腾耗水量为 60kg/ 株左右；华北平原夏玉米总耗水量为 50~80kg/ 株，蒸腾耗水量为 30~40kg/ 株；只要土壤水分不出现长期干旱，土壤水分状况不会对单株玉米耗水量产生大的影响；种植密度对单株玉米需水量产生重大影响，当玉米种植密度由 5.0×104 株 /hm² 增至 10.0×104 株 /hm² 时，总耗水量仅增加 13.18%，而单株耗水量减少了 44.48%。

2. 玉米生育期的需水量及影响因素

中国春玉米需水量变化在 400~700mm，自东向西逐渐增加，低值区在东部牡丹江一带，高值区在新疆哈密一带。夏玉米需水量变化在 350~400mm，济南附近为高值区；春玉米需水高峰期为 7 月中旬至 8 月上旬，即拔节—抽穗阶段，日耗水量达

4.5~7.0mm/d。夏玉米需水高峰期为 7 月中下旬至 8 月上旬，同样在拔节—抽穗阶段，日耗水量达 5.0~7.0mm/d。春玉米和夏玉米生长期棵间蒸发量分别占需水量的 50% 和 40%。

各生育期土壤水分影响玉米产量大小的顺序是灌浆期＞孕穗期＞拔节期＞开花期＞苗期。灌浆、孕穗期是影响玉米产量的关键期。当土壤水分低于 13% 时，茎叶会枯萎，若继续下降到 11% 时，整个叶片卷缩，即便苗期需水也不得少于 17%。从拔节到灌浆期，是一生需水第一个高峰期，占总需水量的 43%~48%；灌浆到成熟期需水量仍达 33%，是第二个需水高峰期，24h 内一株玉米耗水 1.5kg 以上。据试验：抽雄时当叶出现 1~2d 的萎蔫，就会减产五成左右；萎蔫 1 周则将减产 50%，此时再浇水也徒劳无用。

孙景生等（1999）用水分适宜处理夏玉米。夏玉米生育期 107d，平均划分为 7 个生育时段，生育期耗水量 425.25mm，各时段耗水量占全生育期耗水量的百分比分别为 14.34%、10.49%、10.43%、15.70%、27.16%、13.63% 和 8.25%，相应的日平均耗水强度分别为 4.064、2.973、2.958、4.452、7.699、3.860 和 2.192mm/d；玉米田的棵间蒸发量较大，占其整个生育期总耗水量的 35%~38%；各生育时段遭受水分胁迫均会引起一系列不良后果，其中尤以抽雄吐丝前后 40d 左右缺水影响最大，其次是拔节期缺水。

东先旺等（1997）研究表明，夏玉米经济产量与耗水量呈二次函数关系。玉米苗期阶段吸水范围主要在 0~20cm 土层，中、后期吸水范围主要在 0~40cm 土层。大口期以后缺水，穗粒数和千粒重与 0~100cm 深土层绝对含水量的关系呈二次函数变化。夏玉米耗水量前期少，后期多，9000kg/hm² 产量水平，全生育期总耗水量 6 750mm/hm² 左右，平均耗水强度 69.5mm/hm²·d，拔节期—大口期 67.7mm/hm²·d，大口期—开花期 81.2mm/hm²·d，开花期—乳熟期 78.5mm/hm²·d，乳熟期—成熟期 65.7mm/hm²·d。阶段耗水动态分布为：苗期阶段 990mm/hm²，穗期阶段 2 175mm/hm²，花粒期阶段 3 639mm/hm²，生育前半期耗水量占总耗水量的 46.5%，后半期占 53.5%。模系数分布动态为：苗期阶段 14.6%，穗期阶段 31.8%，花粒期阶段 53.5%。各生育阶段适宜的土壤水分指标为：播种—拔节田间相对持水量 60%~70%，拔节—大口期 70%~75%，大口—开花 70%~80%，开花—乳熟 80% 左右，乳熟—成熟 80%~70%。夏玉米灌溉水分生产效率表现为报酬递减规律，底墒水水分生产效率最高，其次为开花水，9 000kg/hm² 夏玉米的水分生产效率为 60kg/mm·hm²·d 夏玉米灌水最佳经济效益有一个适度。产量 9 000kg/hm² 左右的适度值为 1 800~2 400mm/hm² 左右。正常年份夏玉米全生育期浇 4 次水为宜，灌水定额以底墒水 450mm/hm²，开花水、乳熟水、蜡熟水各 675mm/hm² 为宜。

曹云者等（2003）研究表明，试验条件下，夏玉米全生育期需水量为 359.8mm。不同生育阶段，夏玉米对水分的需求有较大的差异，其中，以拔节到抽雄需求最高，其次是灌浆到成熟。日需水强度呈抛物线型，苗期较小，拔节到抽雄达到最大，抽雄到灌浆后需水强度逐渐减小。降雨和灌溉是夏玉米耗水的主要来源。就土壤水分周年变化而言，夏玉米生长季属于蓄水增墒时期，土壤供水在全生育期耗水来源组成中所占比例很小，甚至出现负供水。但并不是说，土壤供水在夏玉米生长季不重要。事实上，在生长发育过程中，土壤作为降雨及灌溉水的储水库，在降雨或灌溉期间蓄水，而在降雨或灌溉不足时释放出来供给作物生长。充分认识这一点，对于合理控制灌溉时期，充分利用降雨，减少灌溉量有重要意义。

3. 不同水分处理对玉米生长发育和产量的影响

王群等（2011）以玉米各生育时期（苗期、拔节期、抽雄期、灌浆期及成熟期）某一深度土层的平均含水量为试验对象，确定各处理的灌水控制下限，即当某一深度土层平均含水量达到试验设计的数值后，则灌溉至田间持水量，试验区土壤的田间正常持水量为38.9%。茎粗和叶面积与玉米全生育期水分供给量呈正相关关系。玉米的产量与耗水量和灌溉水量均呈明显的二次抛物线形关系：当灌水量和耗水量小于某一临界值（4500m³/hm²）时，产量会随着水量的增加而增加，但当超过最大（本试验中，最大是60000m³/hm²）之后，产量随着水量的增加而减少。玉米对水分亏缺最为敏感的时期是在抽穗期，其次是拔节和乳熟期，制定玉米灌溉制度时，应重点考虑抽穗期的供水。

肖俊夫等（2010）研究表明，水分胁迫抑制了玉米的生长发育，高水分处理均具有较高的叶面积、株高及茎粗；轻度胁迫对各项指标影响不大，随着胁迫的进一步加深，各项生态指标均呈下降趋势；低水分处理产量明显降低，耗水量较小，后期植株衰老加速，成熟期提前；高水分处理存在奢侈性蒸腾蒸发，耗水量最高，产量低于轻度胁迫处理。作物的生长发育与土壤水分状况密切相关，当土壤水分出现亏缺时，作物的生长性状（叶面积、株高和茎粗）就会受到影响，受旱越重，株高越低，叶面积指数越小。不同土壤处理春玉米叶面积、株高和茎粗的变化趋势一致，水分胁迫对春玉米植株生态指标影响最大的时期是拔节至抽穗期，其次是抽穗至灌浆期。水分胁迫对产量和耗水量影响显著。重度水分胁迫产量在各处理之中最低，耗水量也最小；中度水分胁迫处理产量明显高于重度水分胁迫处理，耗水量也相应增加（516.3mm）。高水分处理耗水量最大，主要消耗于后期灌浆与成熟期，在玉米整个生育期中株高和叶面积均达到最大，但是产量不高，表明高水分处理存在奢侈性蒸腾耗水，水分生产效率低。轻度水分胁迫处理土壤水分适宜，产量与其他处理相比达到最高值（9 375.0kg/hm²），水分生产效率高。

白向历等（2009）对不同生育时期水分胁迫的研究结果表明，任何生育时期的土壤干旱均会导致玉米减产，其中，抽雄吐丝期水分胁迫减产最重，其次是拔节期，苗期胁迫影响相对较轻。苗期水分胁迫使玉米籽粒的"库"形成受到一定阻碍，但由于后期仍维持较大的绿叶面积，复水后可迅速补偿由于前期水分胁迫所减少的生

长量，减产较轻。拔节期水分胁迫导致植株矮化，穗位高降低，从而使产量降低。抽雄吐丝期是玉米的水分临界期，干旱可导致散粉至吐丝期间隔（ASI）加大，致使花期不遇，穗粒数大幅度下降，从而严重影响玉米的产量。不同生育时期的水分胁迫均可导致玉米籽粒产量下降，且不同处理间差异极显著。抽雄吐丝期水分胁迫减产最严重，拔节期次之，苗期减产最小，与对照相比分别减产40.61%、13.97%、10.97%。水分胁迫条件下，穗粒数和行粒数在抽雄吐丝期下降幅度最大，拔节期次之，苗期最小。百粒重在拔节期和抽雄吐丝期水分胁迫则略有增加，与对照相比增加8.62%和6.59%，达到了显著水平；苗期水分胁迫百粒重略有下降，与对照相比下降0.33%，下降不显著。抽雄吐丝期水分胁迫玉米穗长下降幅度最大，苗期次之，拔节期较小，水分胁迫也使玉米穗粗减小，下降幅度大小依次为抽雄吐丝期胁迫 > 拔节期胁迫 > 苗期胁迫，分别较对照下降6.69%、3.85%、1.42%；抽雄吐丝期和拔节期水分胁迫与对照相比差异达到了极显著水平，苗期胁迫则差异不显著；各时期水分胁迫对秃尖长的变化规律与穗长的变化规律基本一致，但与对照比较差异均未达到显著水平。玉米拔节期水分胁迫对株高和穗位高的影响较大，拔节期水分胁迫后植株高和穗位高平均较对照下降15.92%和15.59%，差异极显著；另外两个处理与对照差异不显著。抽雄吐丝期水分胁迫对玉米散粉至吐丝期间隔（ASI）影响较大，较对照延迟6d，差异达到极显著水平；另外两个处理与对照间差异不明显。水分胁迫对茎粗的影响较小，各处理与对照相比差异不显著。

玉米受干旱胁迫的影响程度因受旱轻重、持续时间以及生育进程的不同而不同，受旱越重，持续时间越长，影响越大。拔节期前，玉米株高和生物产量受有限供水或轻度干旱影响较小，但从拔节期后至抽雄和灌浆期，干旱胁迫对株高和产量产生较大的不良影响，进而引起果穗性状恶化，穗粒数和百粒重减小，最终导致经济产量大幅下降。玉米各生育阶段遭遇干旱胁迫无疑将导致植株矮化，生长发育受阻，果穗性状恶化，以至于产量大幅下降。玉米受干旱胁迫的影响程度因受旱轻重、持续时间以及生育进程的不同而有所差别，受旱越重，持续时间越长，受影响程度就越高。拔节期前，玉米株高和生物产量受有限供水或轻度干旱影响不算很大，但从拔节期后直至抽雄和灌浆期，干旱胁迫对株高和产量产生较大不良影响，进而引起果穗性状恶化，穗粒数和百粒重减小，最终导致经济产量大幅下降。根据干旱胁迫下营养器官和生殖器官的反应敏感程度，认为玉米高产栽培条件下节水应有一个合理限度，营养生长阶段的土壤水分含量不应低于相对含水量的60%，雌穗分化前是节水的主要阶段，此后应避免出现水分胁迫。而在产量形成阶段应加强水分管理，避免水分胁迫。

4. 不同水分条件对玉米光合特性和产量的影响

刘祖贵等（2006）研究了土壤水分状况对夏玉米生理特性及水分利用效率的影响。结果表明，各生理指标有着明显的日变化特征。不同处理气孔导度（Gs）峰值出现的时间早于光合速率（Pn）和蒸腾速率（Tr），在高水分条件下（T-80，土壤水分控制下限占田间持水量的 80%，下同）Tr 峰值出现的时间滞后于 Pn，而 T-60 处理、T-50 处理的 Tr 峰值出现的时间早于 Pn，随着土壤水分胁迫程度的增加，Gs、Tr、Pn 的峰值有提前出现的趋势；不同处理细胞液浓度（CSC）的峰值及叶水势（LWP）的低谷均在 14 : 00 时左右出现。Pn、Tr、Gs 和 LWP 随土壤含水量的增加而增加，而 CSC 则下降。叶片水分利用效率 LWUE（Pn/Tr）随光合有效辐射（PAR）的增加而增大，其峰值在 10 : 00 时左右出现，T-70 处理的 LWUE 最高，T-50 处理的最低。此外，通过对各处理的产量和产量水平水分利用效率（WUE）的分析得出，夏玉米节水高产的适宜土壤水分控制下限指标为田间持水量的 70%。张振平等（2009）结果表明，水分胁迫使光反应中心受到抑制，非气孔限制是影响净光合速率增加的主要限制因子；WUE 与 Pn、Gs、Tr 存在显著的正相关关系，与 Ci 存在显著的负相关关系，叶片在水分胁迫条件下主要通过降低蒸腾作用来提高水分利用效率。

常敬礼等（2008）研究表明，水分胁迫及复水后玉米叶片叶绿素含量与光合速率的变化趋势相同，尤其是重度水分胁迫下叶绿素破坏严重，光合速率下降，复水初期叶绿素含量仍保持下降趋势。耐旱性强的品种表现出较强的维持叶绿素含量的能力。水分胁迫下玉米叶片光合速率随着胁迫强度增强而明显下降。而在重度水分胁迫下，玉米叶片光合速率都显著下降，品种间的下降幅度差异不明显。耐旱性强的沈单 10 叶片光合作用受轻度水分胁迫的影响较小。在水分胁迫下，穗分化期叶片光合速率较拔节期更敏感，相同胁迫程度下光合速率下降幅度更大。恢复正常供水6d 后，同一品种各处理间，光合速率的恢复速率均以轻度和中度水分胁迫处理较快，重度胁迫最慢。说明品种的耐旱性不仅表现在水分胁迫期间也体现在复水以后。水分胁迫处理 6d 后，3 个品种的叶绿素含量均呈下降趋势。各处理均以丹玉 13 号叶片叶绿素含量最低，沈单 10 叶片叶绿素含量最高，与对照比，下降幅度也最小。胁迫解除后复水第 6d，3 个品种各处理叶片叶绿素含量均有不同程度的恢复。恢复速率的快慢也与品种耐旱性一致。但叶绿素含量的恢复速率均快于光合速率的恢复。随胁迫程度加强，各品种灌浆末期单株叶片绿叶数和绿叶面积均减少。耐旱性弱的品种其群体光合能力相对较弱，这也是水分胁迫下其产量降低幅度大的原因之一。结果表明，水分胁迫下玉米叶片光合速率随胁迫增强而下降，而在重度胁迫下光合速率显著下降。

郝玉兰等（2003）研究表明，水淹导致细胞活性氧代谢失调，膜脂过氧化作用加剧，丙二醛（MDA）含量增加，过氧化氢酶活性迅速下降，玉米叶片叶绿素含量下降。在水淹条件下，植物体内保护酶活性与膜脂过氧化水平有密切的关系。水淹胁迫造成玉米叶片丙二醛（MDA）含量增加，过氧化氢酶（CAT）活性下降，并导致叶片中叶绿素被降解，叶绿素含量降低。这些结论与前人研究得到的结果大致相

同。在水淹胁迫条件下，植物膜脂过氧化作用增强，使叶片中 MDA 含量不断积累，从而加速了植株自然老化的进程。实验结果表明，苗期和大喇叭口期受到水淹胁迫的植物叶片中 MDA 含量均高于对照植株，但不是很显著，在灌浆期的测定结果中显著增加。由此看出，玉米叶片中 MDA 含量的增加是一个逐渐积累并增加的过程。从整个生育期来看，玉米植株吐丝期前受水淹胁迫的为害较吐丝期后更严重。

5. 不同水分条件对玉米籽粒灌浆和产量的影响

张俊鹏等（2010）研究了 3 种水分条件（75%、65%、55% 田间持水量）下无覆盖（CK）、地膜覆盖（PM）和秸秆覆盖（SM）处理对夏玉米籽粒灌浆特性、产量、耗水量及水分利用效率的影响。结果表明，不同水分条件下，各处理夏玉米籽粒增重进程符合 Logistic 生长曲线。相对于无覆盖处理，地膜和秸秆覆盖处理提高了夏玉米的灌浆速率、产量和水分利用效率。其中，中水分（65% 田间持水量）条件下地膜和秸秆覆盖处理夏玉米产量及水分利用效率（WUE）增幅最大，增产率分别为 21.99% 和 35.86%，水分利用效率增加幅度分别为 16.41% 和 16.79%；其次为低水分（55% 田间持水量）处理，高水分（75% 田间持水量）处理增幅最小。拔节期高水分（W1）条件下 PM、SM 和 CK 处理间叶面积指数差异不显著，但中、低水分（W2、W3）环境下，SM 处理的叶面积指数极显著高于 CK 处理；抽雄期高、中水分（W1、W2）条件下 SM 处理叶面积指数高于 PM 和 CK 处理；灌浆期所有 SM 处理叶面积指数都高于相同水分条件的 PM 和 CK 处理。玉米全生育期中、低水分（W2、W3）条件下地膜和秸秆覆盖对夏玉米叶面积的促进效应比高水分条件大。就土壤水分环境而言，高水分（W1）处理的理论最大粒重、平均灌浆速率和最大灌浆速率最大，其次是中水分（W2）处理，低水分（W3）处理最小。其中，高水分（W1）条件下 PM 处理的理论最大粒重、平均灌浆速率和最大灌浆速率与低水分（W3）条件下相比分别增加 15.01%、14.80% 和 21.90%，SM 处理分别增加 12.08%、12.50% 和 14.41%。最大灌浆速率出现时间以及第一拐点和第二拐点出现时间有随土壤水分的增高而滞后的趋势。对覆盖处理而言，同一水分条件下理论最大粒重、平均灌浆速率以及最大灌浆速率的大小顺序均为 SM＞PM＞CK，说明地膜和秸秆覆盖可以提高夏玉米籽粒灌浆速率和粒重。地膜覆盖处理最大灌浆速率、第一拐点、第二拐点的出现时间最早，其次是对照处理，秸秆覆盖处理出现的时间最晚。不同土壤水分条件下，PM 和 SM 处理穗部性状和产量优于对照处理。PM 和 SM 处理夏玉米的果穗长、穗粗、穗行数、百粒重等穗部性状指标基本都大于同水分条件下的 CK 处理。同一水分条件下地膜和秸秆覆盖处理的玉米产量都极显著高于对照处理。高水分（W1）条件下 PM 处理玉米产量和 SM 处理间差异不显著，但中、低水分（W2、W3）条件下 PM 处理都极显著低于 SM 处理。高、中、低 3 种水分条件下 PM 处理玉米产量与 CK 处理相比依次增加 9.48%、21.99% 和 15.15%，SM 处理分别增加 9.22%、35.86%、25.02%，可见中水分（W2）条件下覆盖处理玉米增产效果最好。

王永平等（2014）研究表明，干旱胁迫显著降低夏玉米籽粒灌浆速率，进而降低夏玉米粒质量；同时，干旱胁迫显著提高夏玉米籽粒中 ABA 含量，降低了籽粒中 IAA、Z＋ZR 和 GAs 含量；相关性分析表明，在不同水分处理下，ABA 与夏玉米籽粒灌浆速率呈显著负相关，IAA 和 Z＋ZR 与夏玉米籽粒灌浆速率呈极显著正相关关系。可见，水分可能主要通过影响籽粒中 IAA、ABA 和 Z＋ZR 3 种激素调控夏玉米籽粒灌浆。

（二）玉米节水灌溉措施

1. 保证底墒

李全起等（2004）研究了底墒差异对夏玉米生理特性及产量的影响。试验结果表明，在夏玉米生育期间极度干旱的条件下，以冬小麦生育期间灌拔节水和抽穗水（各 40mm），夏玉米生育期间灌两次水（共计 100mm）的处理夏玉米产量最高，达 7466.58kg/hm^2。而且该处理的叶面积、光合速率、蒸腾速率等生理指标高于其余各处理，气孔阻力和叶温等生理指标则低于其余各处理，以上各生理指标的变化是由于前茬冬小麦不同生育期灌溉而造成的。土壤体积含水率随深度的增加而逐渐趋向稳定，但底墒影响各层的水分含量和夏玉米的耗水深度。若夏玉米生育期间不进行补充灌溉且含水率小于 27% 时，夏玉米的主要供水层在 60~90cm 范围内，冬小麦生育期间不灌水的夏玉米开始利用深层水，底墒相对充足的夏玉米利用的深度可达 1.1m 土深。在冬小麦生育期间灌两水（120mm）条件下，对夏玉米进行补充灌溉可显著提高产量，但在冬小麦生育期间灌一水（60mm）条件下再进行补充灌溉，其增产作用不及充足的底墒水。冬小麦在抽穗和灌浆期灌溉 120mm，夏玉米生育期间灌水 150mm 的处理夏玉米产量达 7466.58kg/hm^2。冬小麦在拔节—抽穗—灌浆期灌溉，夏玉米整个生育期都不灌溉的处理水分利用效率（WUE）为 33.34kg/（hm^2·mm）。试验表明，冬小麦的灌水量、灌水次数和灌水时期对夏玉米底墒水含量具有重要影响，灌水次数增多、灌水量增加以及灌水时期后移均有利于提高夏玉米底墒水含量，适当提高底墒水含量可显著提高夏玉米产量和 WUE。因此，在冬小麦—夏玉米一年两熟种植制度中，冬小麦灌水时期适当后移，对提高全年的粮食产量具有重要的现实意义。

2. 采用合理的节水灌溉方式

沟灌，交替隔沟灌溉，膜下滴灌，水肥一体化等。

（1）沟灌

① 水平沟灌　水平垄沟是由农业机械做成没有坡度的小沟，灌溉水靠水在整个土壤中的侧向运动或毛管运动将水分配至垄沟间的区域，用于灌溉垄沟中或垄沟间种植的作物。夏玉米沟灌，灌溉用水量小（平均 442.5m^3/hm^2），所供水分集中于玉米根际附近，棵间蒸发量减少，比畦灌节省灌溉用水 22.8%，水分生产率提高

16.9%。采用沟灌方式，虽然灌水量不到常规灌水量（畦灌）的47.9%，但可以取得与常规灌水量同样的产量，说明沟灌是一种有效的节水途径。

②坡式沟灌 坡式垄沟为在灌水方向上具有连续且近于均匀坡度的小沟。灌溉水入沟后，浸透土壤，以侧向扩散的方式灌溉垄沟间的区域。作物种植行之间有一条或多条垄沟，垄沟大小和形状，视种植的作物、采用的农业机械、作物行距等情况而定。

坡式沟灌可用于灌溉各种条播的中耕作物，一般不用于沙土。对于可溶性盐分浓度很高的土壤，要防止有毒盐分在垄沟间土壤中的过量积累。

③等高沟灌 与坡式沟灌相比，等高沟灌的垄沟近于水平，必要时可横穿坡式田块。为适应地面起伏，等高沟可呈弯曲状。田间配水渠或配水管道顺坡布置或稍偏于纵坡方向布置，以便向每条垄沟供水，坡度以足以输送灌溉水流为好。

④浅沟灌 浅沟灌溉是对局部地表进行淹灌的一种方法。灌溉水并不覆盖整个田间，而是灌入横穿田间等间距布置的小沟或浅沟。浅沟中的流水浸透土壤，并以侧向扩散的方式灌溉浅沟之间的区域。浅沟间距的大小，应当确保直到所期望的水量入渗到土壤之中为止，水都能够进行充分的横向扩散。

⑤隔沟灌 也是沟灌的一种节水形式。灌水时一条沟灌水，邻沟不灌水，即隔沟灌水。该方法具有灌水量小的特点，灌水定额仅225~300m³/hm²，可减轻灌后遇雨对作物的不利影响，适用于缺水地区或必须采用小定额灌溉的季节。

⑥交替隔沟灌溉 即相邻灌水沟交替灌水，同一灌水沟在前后两次灌水中轮流湿润和干燥，本次灌水沟在下一次灌水时设为非灌水沟，而本次非灌水沟在下一次灌水时设为灌水沟。

（2）膜下滴灌 是将滴灌技术和覆膜种植技术进行有机结合形成的一种新型田间灌溉方式。能够大幅度提高地膜的增温保墒，提高光能利用率和水分利用率。根据作物需水规律，当作物需要浇水时，开启水泵，加压水通过主管、支管，输送到毛管，通过毛管上的滴水器，变成细小水滴，在膜下向有限的土壤空间进行浸润。在浇水过程中，还可根据需要把肥料和农药加入其中，施肥、灌溉、用药同时进行，每个滴灌滴头浸润半径40~50cm，与传统灌溉方式相比，实现了漫灌向浸润式灌溉的转变，浇地向浇作物转变，单一浇水向浇水、施肥、用药三合一转变，是当今最为先进的灌溉方法之一。

膜下滴灌节水技术集滴灌、铺膜为一体，用水量很小，仅浸润作物根部土壤。铺膜后土壤水分循环于土壤与地膜之间，减少了作物株间蒸发；覆盖地膜后，还能提高自然降水的利用率，下小雨时，雨滴顺着地膜流入作物根部（小于5mm降雨），变无效降雨为有效降雨。玉米生产中应用膜下滴灌技术能促进植株生长发育，增产增收效果显著，建议在生产中推广应用。

膜下滴灌玉米生育前期适当灌水可以改善植物生长状况。玉米的株高、叶面积和干物质积累均随着各时期灌水量的不同，呈现出明显的差异，灌水量大的处理优于灌水量小的处理。在灌水总量相同的情况下，拔节期灌水的作用优于苗后期和三叶期。可见拔节期为玉米的需水关键期，在这一时期降水不足的情况下补充灌溉，有利于促进玉米干物质积累和茎秆发育，并为增产高产奠定基础。

3. 调亏灌溉

调亏灌溉（RegulatedDeficitIrrigation，简 RDI）是基于作物遗传特性或生长激素能影响其生理生化作用，在其生长发育的某些阶段主动施加一定水分亏缺，从而激发其光合产物向不同组织器官的分配，提高作物经济产量的灌水技术。调亏灌溉的节水机理是通过对农田土壤水分的主动控制，来改变农田土壤水分环境，使作物根冠处于对土壤的水分的竞争关系，调控作物根冠的协调发展，从而影响地上部分的生长来实现作物高产，减少作物需水量。还通过减少棵间蒸发，来减少水分的损耗。

孟兆江等（1998）研究表明，适时适度地水分亏缺显著抑制蒸腾速率，而光合速率下降不明显，复水后光合速率又具有超补偿效应，光合产物具有超补偿积累，且有利于向籽粒运转与分配；抑制营养生长，增大作物根冠比，提高了根系传导力，增强了植株抗旱性。玉米节水高产的调亏灌溉指标是：调亏时段为三叶一心—拔节（七叶一心），调亏度为 45%~65% 的田间持水率（θf），历时 21d;或拔节~抽穗调亏，调亏度为 60%~65%，历时 21d;平均比对照增产 25.24%，节水 15.41%，水分利用效率提高 45.05%。

对玉米生理指标的测定结果表明，调亏使叶水势下降，气孔开度减小，蒸腾量降低，从而达到节水的目的；适度的水分亏缺可以增加根系活力，有利根系的生长；还可以提高脯氨酸含量，增强作物渗透调节能力，最大程度地减少作物所受的伤害；适当的水分胁迫可以提高 SOD 活性、CAT 活性与 MDA 含量，减小膜伤害，提高玉米抵御干旱的能力，增加可溶性糖类物质含量，改善作物的品质。

4. 集雨补灌

半干旱半湿润地区降水不足，季节性和年际变化大，水分与作物的供需时间错位，难以摆脱缺水和降水不均对农业生产的为害及低产波动的局面。受季风气候的影响，半干旱半湿润地区降水的季节性十分明显，6~9月的降水量约占年总降水量的 68%，且多以中—大雨形式出现，这为人工富集利用雨水提供了有利条件。在多雨季节，把非耕作区的雨水集蓄起来，在作物需水关键时期节水补灌，使作物增产增收。集雨节灌农业是以全面继承传统旱农技术体系的经验为基础，通过雨水富集贮存，在作物需水最关键时期进行有限补灌，用时空调控的方法，改变水分的供需错位，解决作物生育期农田水分亏缺问题，变被动适应型防旱为主动式以水制旱。在年降水量为 300~800mm 的地域推广集雨节灌农业技术具有普遍意义，尤其在年降水量 400~700mm 的地域，其有效性最为显著。

集雨节灌农业，是以天然降水富集、贮存工程为基础，以有限供水、节水补灌为手段，以水的高效利用转化为核心，并以社会经济管理和技术服务保障体系为重要支持系统的技术体系。集流效率随降雨量、降雨强度、下垫面结构类型和坡度及其下垫面降雨前含水量等多种因素的不同而变化。为此，蓄水窖的修建位置和大小要根据集雨场地、集流效率和周围适宜灌溉的农田、林地和人畜缺水的多少而确定。灌溉型蓄水窖，一般离村庄较远，可选择较为完整的流域，利用道路、山坡、荒沟径流和公路涵管汇流集蓄。这种以集雨形式兴建的蓄水窖，在山、川、塬都适宜修建。

雨水集蓄灌溉农业是一种新型集水农业，它能在时间和空间两个方面实现雨水富集，实现对天然降水的调控利用。近20多年来，雨水利用技术有了很大发展。在以色列、美国、德国、澳大利亚及非洲许多国家对雨水的研究和应用已取得许多有价值的成果。集蓄雨水在作物需水关键期及水分临界期进行有限补充灌溉，可提高作物产量水平及土地生产力。在黄土高原干旱半干旱区，农业上使用的工程集水、覆膜坐水、滴灌等措施，均能在一定程度上增加土壤有效水分，减少田间土壤水分损失，增加作物产量，达到防旱抗旱的目的。在玉米需水关键期进行集雨补充灌溉，增产效果明显，水分利用效率显著增加，表现出需水关键期有限水分供给的高效性。

5. 雨养或少灌

因地制宜完全依靠天然降水。或在生长发育和产量形成的关键时期适量浇水。在旱农和雨养农业地区普遍采用。

三、化学调控

作物化学调控是以应用植物生长调节剂为手段，通过外源植物生长物质改变内源激素系统来影响植物行为（物质的，能量的、形态的）转变的技术。

研究表明，通过化学调控手段能够降低玉米的株高和穗位高，增强玉米的光合作用，延缓玉米的衰老，提高玉米的品质和产量。

植物生长调节剂对玉米的生长、分化、开花、成熟等都有调控的作用。郭强（1999）研究表明，M3 和 ABT6 号处理在水分胁迫较严重时可较对照的出苗率高一倍，说明它们能保证玉米足够的出苗率、提高发芽势、增加壮苗数、最终提高产量。陈文瑞等（2001）报道，在玉米 10~12 片叶展开时，喷洒乙烯利，将对玉米产生伤害，过了 7d 后，不同浓度的乙烯利将表现出对玉米生长有抑制作用，并随着浓度的增加而加强。当浓度达到 1 000mg/L 时，玉米的心叶扭曲、白化、生长受到严重抑制，乃至完全停止，但早期喷施乙烯利能使玉米的茎秆变粗。尉德铭等（2001）研究表明，新型植物生长调节剂 GGR 能促进根原基的分化和发育，从而为地上部分吸收运输更多的养分和水分，提高种子的发芽率和发芽势，扩大叶面积，提高光合效率。生长调节剂对玉米产量的影响，有增产的报道也有减产的报道。王国琴等

（1998）对壮丰灵和翠竹的研究表明，在正常年份相同的密度条件下，喷施这两种调节剂有减产的趋势，千粒重、穗粒数、穗粒重均有下降。在倒伏地里喷施这两种调节剂将有增产趋势。刘承仿（1994）用丰产素喷施玉米的结果表明，丰产素使玉米的单穗粒数明显增多。宋风斌等（1993）研究表明，在玉米生长发育的不同时期叶面喷施植物生长调节剂"喷施宝"、"叶面宝"、"植保素"，均有促进玉米植株健壮生长，增产增收的良好效果。在抽雄始期，植物生长调节剂促进幼穗分化，从而使穗粒数增加；灌浆期促进玉米的光合作用和新陈代谢，形成较多的干物质，加速养分转移，使籽粒饱满，增加百粒重，提高产量。张培英等（1996）研究表明，植物生长调节剂对玉米增产的原因是，玉米的穗粒数、穗粒重和百粒重都加大。刘和众等（1996）研究指出，生长调节剂处理玉米对产量及主要产量构成因素产生影响，尤其是甲壳素 0.05% 浓度剂型增产达到极显著。据张新贵等（1991）的报道，细胞分裂素浸种或在玉米拔节时喷施，都将提高产量，浸种的效果最佳，增产将达到 15.8%，比多效唑、叶面宝等其他的生长调节剂都要好。

施用植物生长调节剂已成为保障作物高产、稳产的一项重要措施。一般认为施用植物生长调节剂可以降低株高和穗位高，增加气生根条数及茎粗，增强抗倒伏性，使产量提高。也有研究认为，施用植物生长调节剂对玉米有减产效应。玉黄金是针对玉米倒伏研制的一种新型植物生长调节剂，近年来已在黄淮海夏玉米区得到广泛应用。郑单 958 和中单 808 在 8 叶展期喷施不同浓度的玉黄金具有降低株高和穗位高以及增加茎粗、减小叶面积的明显效应，进而对玉米产量产生明显的正负两方面影响，只有喷施适宜浓度的玉黄金才能达到增产效果。由于喷施玉黄金对玉米生长发育及产量的影响存在喷施时期和喷施浓度的互作效应，并由于不同品种、不同生产生态条件下玉米生育进展及产量形成对施用玉黄金的响应可能存在差异，因此，如何在传统玉米生产农艺流程基础上使合理施用玉黄金成为新的有效调节手段，需开展大量针对性试验研究工作。

第六节　覆盖栽培

农作物的覆盖栽培，是指在耕地表面附加覆盖物的栽培方法，是利用化学、物理和生物物质覆盖农田的地面或水面，通过改善农田生态环境条件，促进作物的生长发育，从而实现高产优质生产目的一种栽培技术措施。

覆盖栽培在中国是一项历史悠久的农业技术措施。最早的文字记载见于两千年前的西汉时期。从 1967 年开始，中国正式开展单分子膜抑制水分蒸发的研究（王积强，1990）。中国的地膜覆盖栽培于 20 世纪 70 年代后期从日本引进，同期在包括玉米在内的多种农作物上进行了广泛的覆盖栽培试验，从此揭开了玉米生产史上覆盖

栽培的新篇章。

一、地膜覆盖

地膜覆盖是采用厚度为 0.002~0.02mm 的聚乙烯塑料薄膜覆盖农田地表，利用其透光性好、导热性差和不透气等特性，改善农田生态环境，促进作物生长发育，提高产量和品质的一种栽培措施。地膜覆盖栽培兴起于 20 世纪 50 年代初期，中国于 20 世纪 70 年代末开展地膜覆盖的试验、示范和推广工作，在棉花、小麦、水稻、玉米、花生、烟草、甘薯、马铃薯和甜菜等农作物，以及蔬菜、瓜果等方面，取得了显著的早熟、优质、高产的效果，在东北、华北和西北等主要旱农区，已成为一项深受欢迎的增产栽培技术措施。

（一）地膜覆盖的作用

塑料地膜覆盖具有增温、节水、早熟和增产作用，是目前推广的一种具有很高经济效益的种植方法（王耀林，1988）。其保墒增温机理是在土壤覆盖带中形成了一个相对独立的水分循环系统，这个系统与大气间同样存在着水分交换和热量交换，只是对水分交换和热量交换进行了有效的控制。迄今在世界上已成为应用面积广、行之有效的节水保墒技术。该项技术的应用，是对自然资源环境进行适当改造和对自然资源进行弥补的行之有效的手段。但是，随着聚乙烯地膜长年的使用，土壤中的残膜给土壤及生活环境带来严重的污染，这已是全球性难题（Roth 等，1996；Haruyuki，1999；黄占斌等，2000；Paul 等，2004）。此外，膜下肥力消耗大，易使植株早衰，同时降水不易渗透到土壤中，易产生干旱，覆盖后不易除草，易产生病虫害（祝旅，1992）。

地膜覆盖有效提高了玉米生长前期的土壤温度，为玉米提供了良好的地温条件，7 月下旬前，10d 平均土壤温度提高了 1.83℃，全生育期 20cm 土壤积温提高了 129~156℃。地膜覆盖在玉米生长前期能够有效保持土壤水分，7 月下旬前膜地比裸地多贮水 36mm，7 月下旬后膜地玉米多耗水 23.9mm。覆膜能够使玉米生长前期的土壤水分的无效蒸发变为后期的有效蒸腾，膜地的水分利用效率比裸地提高了 50%，膜地玉米全生育期耗水与降水基本平衡，而裸地盈余 67cm，降水资源利用不充分。覆膜的保水增温作用，在低温干旱的玉米生长前期，覆膜提供了一个适宜的水温条件，促进了玉米的生长发育和养分的吸收（杜雄，2005）。

杨青华等（2004）采取室内与大田试验相结合的方法，研究了液体地膜覆盖保水效应。结果表明，液体地膜覆盖显著降低水分蒸发。

（二）地膜覆盖的负效应

地膜覆盖也可能导致作物的减产现象发生（李凤民等，2001；王永珍，2004）。主要原因是覆膜促进了作物的根系生长，苗期生长过旺，土壤水分和养分消耗过快、而后期水分和肥料供应严重不足，前期的营养生长和后期的生殖生长不平衡导致减产。因此，应注意及时灌溉和追肥，增施有机肥或全层施肥，有效防止作物早衰。地膜覆盖的增产效果，有使土壤肥力降低和产量减少的趋势，在坡耕地上覆盖地膜会加重水土的流失而且残膜对耕层的影响较大。相比之下，麦草秸秆覆盖更有利于干旱且坡耕地较多地区的可持续发展。

（三）中国地膜覆盖存在的问题

中国农用地膜的残留量相当严重，每年残存于土壤中的农膜占总量的 10% 左右（张德奇等，2005）。由于地膜的原料多为高分子化合物，自然条件下很难分解，地膜的残留影响土壤的团粒结构和土壤微生物的活动，不利于耕作，污染农田生态环境。故提倡光解膜、生物降解膜、双解膜、液体地膜等代替塑料薄膜。为了更有效解决农膜残留问题，同时应该积极发展残膜的机械化回收和再利用技术，彻底消除白色污染。

（四）地膜覆盖的方式

1. 根据地膜覆盖位置划分

（1）行间覆盖　即将地膜覆盖在作物的行间。这种覆盖方式又包括隔行行间覆盖和每行行间覆盖两种。隔行行间覆盖即在播种时，一膜盖两个播种行。出苗时，将塑料薄膜移覆在另一行间，使一膜影响两行玉米，形成隔行覆盖。一般适应于灌溉地区或人多地少地区。每行行间覆盖，即在每个播种行上，覆盖一幅薄膜，待出苗时，再将塑料薄膜移到行间，形成每个行间都有薄膜覆盖。隔行行间覆盖，每行行间覆盖，一般适用于旱作地区。

（2）根区覆盖　即将塑料薄膜覆盖在作物根系分布区。此种覆盖方式可分为单行根区覆盖和双行根区覆盖两种。单行根区覆盖是每一作物行覆盖一幅塑料薄膜，一般适用于高肥水地。双行根区覆盖是一幅塑料薄膜覆盖两个播种行和一个行间，在生产上应用较广。

2. 根据栽培方式划分

（1）畦作覆盖　中国南方地区多采用高畦，便于排水和提高地温，并能降低土壤湿度，减轻病虫为害。畦内用塑料薄膜进行两行覆盖，或将畦面全部覆盖，畦面中央部位稍高出畦面两侧，形成馒头状的波形畦面，便于排水。

（2）垄作覆盖　中国北方地区多采用垄作，便于灌溉与排水，也利于提高地温。生产上多为一垄上覆盖两行作物，也有垄作单行覆盖的。由于垄的高低不同，又可分为高垄双行覆盖和低垄双行覆盖等方式。低垄双行覆盖方式一般采用宽窄行，窄行 40~46cm，宽行 80~85cm。在窄行上筑垄，垄高 6~10cm，垄宽 66~80cm，垄上覆盖薄膜，一垄上种两行作物，一般适于雨量一般或雨量较少地区、水源不足的灌溉地区和旱地农田。高垄双行覆盖方式垄较高，约16cm，覆盖方式和低垄相同，宜于雨水较多的湿润地区、下湿地和水源充足的灌溉地区采用。

（3）平作覆盖　此种方式不用筑垄作畦，直接将薄膜覆盖在土壤表面。生产上

多采用平作双行覆盖，窄行 33~40cm，宽行 60~66cm，薄膜覆盖在窄行的两行作物行上，适于干旱半干旱地带的旱地或灌溉地区应用。

（4）沟作覆盖　一般在播种前开沟，播种于沟内，然后用塑料薄膜覆盖。由于地区和栽培目的不同，又可分为平覆沟种和沟覆沟种两种方式。平覆沟种方式在播种前开沟整形，一般沟深 7cm，沟宽 12cm 左右，播种于沟内，然后覆膜于沟上。此种方式适于北方半干旱地带的旱作田或水源不足的灌溉田。沟覆沟种方式在播种前起垄造沟，一般垄高 15cm 左右，垄宽 65cm 左右，两垄之间的沟底宽 80cm 左右。播种前，在沟内灌水压碱，后在沟内播种，覆放薄膜。此种方式适于有灌溉排水条件的盐碱地区应用。

3. 根据播种和覆膜程序划分

（1）先播种后覆膜　在播种之后覆盖薄膜，其优点是能够保持播种时的土壤水分，利于出苗；播种省工，尤其利于条播机播种。缺点是放苗和围土比较费工；放苗如不及时，容易烫伤苗。

（2）先覆膜后播种　先覆盖塑料薄膜，然后再打孔播种。其优点是，不需破膜放苗，不怕高温烫伤苗；在干旱地区，降雨之后可适时覆膜，待播期到时再打孔播种，能起到及时保墒作用。其缺点是，人工打孔播种费工，且播深常不一致，压土多少不好掌捏，因此出苗往往不够整齐；播后遇雨易板结成硬塞，不易破除；打孔播种，保墒效果不如先播种后覆膜方式好，因此采用先播种后覆膜的占大多数。

（五）地膜覆盖的技术措施

要实现地膜覆盖的增产作用，关键在于根据不同作物的特性和地膜覆盖的特点，制定一套综合技术措施，促使作物苗全苗壮，生长壮健，达到高产优质的目的。

1. 播前准备

（1）选地　玉米对土壤质地的要求不太严格，但对水肥要求较高。除了低洼下湿地、重盐碱地、过分贫瘠的土地、陡坡地、岩壳石砾地外，一般应选择地势平坦，没有多年生恶性杂草，土层较厚，肥力较高（至少也要选择中等以上肥力）的田块。无灌溉条件的地区，降水量需在 400mm 以上。可进行玉米覆盖栽培。

（2）选择地膜　农用塑料薄膜种类很多，各有独特的作用。因此，在使用时应该根据作物的种类、栽培目的和当时的具体条件，选定适宜的薄膜，才能达到预期的栽培目的。一般在生产上应用的是无色透明的聚乙烯薄膜。此类薄膜透光率高，土壤增温快，能促进作物生长发育，早熟丰产。但是由于地膜的质量、回收和杂草丛生等问题，一些具有针对性用途的地膜，例如，耐老化膜、杀草膜和光解膜等，已成为生产上急需的地膜种类。

（3）精细整地　地膜覆盖地块要及时进行秋冬翻耕，春季耙耱保墒，防止蒸发，保蓄水分。整地质量要达到田面平整、土壤细碎、上虚下实，无大土块、无根茬的要求，为覆膜质量和玉米生长创造一个良好的土壤环境。

（4）施足基肥　翻耕时施足以有机肥和 P 素化肥为主的基肥，必要时配合施用适量 N 素化肥。施肥种类、数量、时间和方法，应根据不同玉米品种、不同土壤肥力等条件因地制宜进行。

（5）选择品种　选择适应地膜覆盖的，比一般品种生长后期长势较强、不早衰、抗病虫力较强的优良玉米品种。在病虫害较重地区，选择包衣种子或进行药剂拌种、浸种，杀灭病菌。

2. 播种与覆膜

（1）播种　首先应根据不同地区气候特点和地膜覆盖的形式等选择适宜播期。一般地膜覆盖作物的播种期应与露地种植的同期播种或者略早为宜，一般提前5~7d。播种方式一般为条播和穴播两种，根据播种和覆膜的顺序进行选择。播种深度应掌握墒好宜浅，墒差宜深的原则，适宜的条件下，播深以 5cm 为宜；底墒不足时可加深到 6~7cm。播种密度根据不同品种和当地的种植习惯确定。

（2）覆膜　玉米地膜覆盖时间应提早，可以提高地温和防止水分蒸发。覆盖时，要将地膜拉展铺平，使之紧贴地面、垄面或畦面，不得松弛产生皱褶。为了解决杂草问题，采用除草膜覆盖最好，若无此类膜，在覆膜前要喷洒除草剂。

3. 田间管理

覆膜后要经常查看，不要出现皮口或漏洞，若发现，要及时封堵。出苗后，要及时放苗，防止烧苗。还要注意防止徒长及早衰，达到高产丰收目的。

4. 适时收获

当玉米植株转黄，果穗苞叶松散，籽粒内含物硬化，用指甲不易压破，籽粒表面有新鲜的光泽，籽粒含水量降到 20% 左右时即可收获。作物收获后，要及时捡净残膜，防止污染农田环境，影响下茬作物生长。

二、秸秆覆盖

秸秆覆盖是利用秸秆、干草、枯草、残茬、树叶等死亡的植物性物质覆盖土壤表面，对土壤和近地面生态环境进行调节，从而促进农作物生长发育，获得稳产高产目的一项栽培技术措施。大量的研究和实践表明，秸秆覆盖能起到抑制土壤水分蒸发，减少地表径流，蓄水保墒，保温降温，保护土壤表层，改善土壤物理性状，培肥地力，抑制杂草和病虫害，提高水分利用率的作用。目前，中国北方的覆盖栽培技术已在很多地区得到大面积推广应用，对促进农业的高产、稳产、高效、安全和生态具有重要意义。

（一）秸秆覆盖的作用（详见第七节）

（二）秸秆覆盖的方式

1. 玉米秸秆粉碎还田覆盖

将机械收获的玉米秆粉碎均匀，抛撒地面，粉碎程度 10~15cm，切断长度合格

率大于90%，抛撒不均匀率低于20%，地表秸秆覆盖率大于30%。同时撒施农家肥和化肥，用重型拖拉机翻耕，然后耙磨整地，机播下种。该项技术措施采用玉米联合收获机自带粉碎装置或秸秆粉碎机，在玉米收获后将作物秸秆按要求的量和长度均匀地撒于地表，若秸秆太多或地表不平时，粉碎还田可以用圆盘耙或旋耕机进行表土作业；春季气温太低时，可采用浅松作业。玉米秸秆粉碎还田时间要尽量早，在不影响粮食产量的情况下，趁玉米秸秆青绿、玉米成熟后及早摘穗，随即还田、迅速耕翻、覆盖压实。此时玉米秸秆中水分、糖分高，易于粉碎和加速腐殖分解，使其迅速变为有机质肥料，秸秆中的含水量在30%以上较为适宜。若秸秆干枯时再还田，粉碎效果差，腐殖分解慢。

2. 玉米整秆还田覆盖

（1）半耕整秆半覆盖 立秆人工收获玉米穗，以便割秆和顺行覆盖（盖70cm，留70cm，下一排根压住上排梢）。翌年早春在70cm未盖行内施碳铵与P肥，随即翻耕、整平，在未盖行内紧靠秸秆两边种两行玉米。

（2）全耕整秆半覆盖 收获玉米后，将玉米秆搂到地边，随即翻耕，顺行铺玉米秸（盖70cm，留70cm，下一排根压住上排梢），翌年早春在70cm未盖行内施碳铵与P肥，随即翻耕、整平，在未盖行内紧靠秸秆两边种两行玉米。

（3）免耕整秆半覆盖 可以采取两种形式，一种是收获玉米后不翻耕，不灭茬，将玉米秆顺垄割倒或者压倒，均匀铺在地表，形成全覆盖，翌年春播前按行距宽窄，将播种行内的秸秆扒到垄背上形成半覆盖。另外一种是人工收获玉米后对秸秆不做处理，秸秆直立在地里，以免秸秆被风吹走。播种时将秸秆按播种机行走方向撞倒，或用人工踩倒，形成全覆盖，尤其适合冬季风大的地区。

3. 玉米高留茬覆盖还田

留高茬覆盖技术是以增加土壤含水量、抵御春旱和防治风蚀为主要目标，在风蚀严重且玉米秸秆需要综合利用的地区广泛利用。在华北小麦－玉米一年两熟地区，主要技术流程是玉米成熟后，用联合收获机收割玉米籽穗和秸秆，割茬高度至少20cm以上。在收获玉米穗的同时，秸秆被粉碎并抛撒在地表。深松前，用圆盘耙重耙切茬，最后将切碎的秸秆连同小麦底肥一起翻耕入土，残茬留在地表，播种时用免耕播种机进行作业。还田量6 000~9 000kg/hm²，增产幅度在5%~31.6%，平均增产13.6%。在中国东北冷凉风沙区采取两种方式，一种是在秸秆资源少、春季气温偏低或土壤湿度较大的地区，主要采用机械化玉米收获后留高茬（高度30~40cm），将秸秆运出，冬季留茬覆盖，春季利用免耕施肥播种机一次完成灭茬、播种和施肥3项作业。而在土壤水分较低、土壤风蚀沙化程度较大的地区，则采取高留茬秸秆覆盖技术模式，即机械化玉米收获后留高茬（高度30~40cm），秸秆直接覆盖垄间（播前田间覆盖率85%以上），实现护土越冬，春季利用免耕施肥播种机一次完成灭茬、播种和施肥3项作业（播后田间覆盖率70%以上）。

（三）秸秆覆盖的技术措施

1. 表土处理

秸秆覆盖量过多或覆盖物不均匀分布都会影响播种出苗。因此，播前要根据秸秆覆盖量和表土状况确定是否要进行浅旋、浅耙等作业来进行灭茬、除草、埋肥及播前整地等。若必须进行，要在播种作业前完成，以防止过早作业引起大的失墒和风蚀。

2. 播种

玉米品种要选用当地中熟、抗旱、高产品种，选择粒大饱满的种子。一般采用药剂（浸）拌种或其他防治病虫害的包衣剂给种子消毒或包衣后播种。播种量根据品种类型确定，但由于免耕播种出苗率低，一般要加大播量，春玉米一般播种量为 $22.5\sim30kg/hm^2$；夏玉米一般播种量为 $22.5\sim30.7kg/hm^2$；半精量播种单双子率 $\geqslant 90\%$。播种深度一般控制在 $3\sim5cm$，沙土和干旱地区应适当增加 $1\sim2cm$。在春季地温较低或无霜期短的地区，播种时要把播种行的覆盖材料移开，以便提高地温，有利于玉米出苗。播种日期与当地大田播种时间相同。由于农田地表覆盖秸秆，必须使用特殊的免耕播种机进行播种作业，播种机要有良好的通过性和可靠性，避免被秸秆杂草堵塞，影响播种质量。

3. 施肥

一般情况下，利用免耕播种机可以一次性完成播种施肥作业。施用复合肥料 $180\sim200kg/hm^2$，施肥深 $5\sim8cm$，种肥侧向间距 $5cm$。追肥一般遵循"前重后轻"原则，但要根据土壤供肥性能、玉米需肥规律和肥料效应等实际情况进行。

4. 杂草与病虫害防治

由于秸秆覆盖后，土壤生态环境发生改变，一般会导致病虫草害的增加。可以在播前进行化学除草，也可以在玉米播后单双子叶杂草长到 $4\sim6$ 叶期时进行化学除草，除草剂的选择要合理适当。对杂草特别严重的地块要及时采取人工拔除方式。病虫害的防治方式多样，加强预测预报、种子处理、选用抗病品种、加强田间管理等都是有效的防治手段。

5. 田间管理

由于覆盖条件下会降低玉米出苗率，因此首先要做好保苗工作，及时查苗、补苗、间苗与定苗。要尽量减少进地次数，减少机械对土壤的搅动。但至少要进行 1 次中耕，因为中耕不仅能除草，而且也能保持垄型。在干旱地区，还要根据玉米阶段需水规律和气候状况，进行补充灌水，尽量使土壤保持田间持水量的 $70\%\sim75\%$。同时要根据不同的地块进行适时深松作业，一般间隔 $2\sim4$ 年深松一次，可以选择局部深松和全面深松两种方式。

三、化学覆盖

化学覆盖在土壤表面形成多分子的网状薄膜，分子膜封闭了土壤表面孔隙，抑

制土壤水分蒸发，对分散的土壤颗粒能起胶结作用，增加土壤的团粒结构。如果材料选择适当，该类制剂使用方便、无环境污染、成本较低，深受各国的重视（夏自强等，2001）。

20世纪50年代开始研究乳化沥青在农业上的应用（陈保莲等，2001）。20世纪60年代曾使用过脂肪醇（十六烷醇和十八烷醇）和二甲基八暎基氯化铵（DDAC）。研究表明，在农田休闲期间把脂肪醇喷施于田间，对土壤贮水量并无多大影响。DDAC是一种防水材料，在土壤上施用一定量的DDAC，会降低土壤水的表面张力和增大其湿润角，从而减少土壤水分的蒸发，但同时也降低了土壤的渗透性能。1965年，大连油脂化学厂和武汉化工研究所利用环氧乙烷和高碳醇为原料，合成类似日本OED的水温上升剂（王斌瑞等，1997）。20世纪70年代，天津轻工业化学研究所（1970）开始了"土面保墒增温剂"的研究；同年中国科学院地理研究所制成以农用为主的乳化沥青，并利用其能提高土壤温度这一特性，在水稻、棉花、甘薯、玉米、林木、果树、花卉、蔬菜等作物育苗和栽培示范与推广，收到良好的效果（中国科学院地理研究所，1976）。1982年以来天津轻工业化学研究所研制了"水分蒸发抑制剂"和"土面覆盖剂"。这些制剂于农业生产上风行一时。20世纪90年代，由于气候变暖、环境恶化，化学覆盖剂又重新变为研究的热点。中国农业科学院土壤肥料研究所先后与石油大学重质油研究所、北京燕山石化公司研究院等单位合作开展了对国外主要产品的剖析及国产化工作，并先后完成几种阴离子和阳离子农用乳化沥青试验样品的开发研制工作。与此同时，浙江省农业科学院与浙江大学、抚顺石油化工研究院等多家单位都在研制开发化学覆盖剂。这些化学覆盖物被称之为"液体地膜"或"液态地膜"。但因规模很小，产品品种单一，存在环境适应性不强以及质量不稳定等问题，并缺少对高效复合型及专用型产品的开发，目前均未真正在农业生产上应用（陈保莲，2001）。

此外，在玉米上的覆盖栽培还有二元覆盖，土层覆盖等。

第七节 玉米免耕覆盖精播栽培

一、免耕覆盖对玉米的影响

（一）免耕覆盖对玉米田生态的影响

1.免耕覆盖对玉米田土壤水分的影响

国内外大量研究表明，采用免耕增加土壤水分贮存量，对玉米的前期生长有好处。

Barker（1980），Edwards（1993）等认为，在一般的气候和水分条件下，免耕、覆盖、垄作等保护性耕作都比传统的耕作提高了地下水和地表水的利用效率。

朱自玺等（2000）研究指出，夏玉米全生育期麦秸覆盖地块 0~100cm 土层的平均土壤湿度比裸地提高 217%~716%，残茬覆盖地块提高 115%~413%。据中国农业科学院农业环境与可持续发展研究所的田间试验资料，0~100cm 土层的储水量，休闲期秸秆覆盖可增加 18~23mm；生育期覆盖平均可增加 12~18mm 的储水量，覆盖处理的耕层土壤含水率在各个时期都高于相应的不盖处理，生长前期差异较小，随生育进程推移到拔节期差异最大，以后差异又减小。

李潮海等（2008）、陈风等（2004）认为麦茬覆盖尤其是平茬处理能够有效地减少土壤水分蒸发、提高土壤含水率，有利于满足玉米生长对水分的需求。土层越深，含水率越高，越近地表，不同处理的含水率差异越大，处理间表现为平茬 > 立茬 > 除茬；不同时期不同处理间土壤含水率也不同，在幼苗期，各处理之间的土壤含水率差异较大，随着时间的推移，各处理间的差异逐渐减小，并且不同处理在不同时间和土层中表现出相似的规律性。

2. 免耕覆盖对玉米田土壤温度的影响

于舜章等（2004）认为，农田秸秆覆盖后，在土壤表面形成了一道物理隔离层，由于秸秆覆盖层对太阳直射和地面有效辐射的拦截和吸收作用，阻碍了土壤与大气间的水热交换。由于地表温度受自然条件的影响较大，而 10cm 以下地温受秸秆覆盖的影响较小。陈素英等（2004）认为，秸秆覆盖可以有效地平抑地温的变化，降低地温的日振幅，缓和昼夜温差，避免了地温的剧烈变化，能有效地缓解地温的激变对作物根部产生的伤害。由于秸秆覆盖改善了土壤的水热状况，有利于作物的生长和产量及水分利用效率的提高。小麦秸秆覆盖夏玉米田，前期降低了土壤无效蒸发，保墒效果好。付国占等（2005）、李潮海等（2008）认为，华北地区夏玉米生育期间秸秆覆盖可以明显改善玉米生长发育期间的土壤环境。秸秆覆盖处理由于秸秆的遮光性，在温度升高时具有降温作用，同时由于其对地面逆辐射的阻挡作用使其在温度降低时具有保温性。土壤温度低于 28℃时秸秆具有保温作用，高于 28℃时具有降温作用。

众多研究表明，秸秆覆盖确实影响土壤的温度，降低地温的日振幅对玉米的生长起着重要作用。

3. 免耕覆盖对玉米田土壤结构、根际生物活性和肥力的影响

肖旭等（2004）认为，小麦秸秆覆盖还田能有效增加有机质、全 N、速效 N、速效 P 和速效 K 的含量；王小彬等（2000）通过旱地玉米秸秆还田对土壤肥力影响的试验，得出秸秆直接还田和秸秆过腹还田对土壤养分的贡献大小不一：由于过腹还田的秸秆含 N 量较高，经过缓慢腐解和 N 的逐步释放使得作物收获后土壤有效 N 残留量增加；而秸秆直接还田处理的有效 K 残留量增加与还田秸秆总 K 含量多少有很大关系，秸秆过腹还田对于维持和提高土壤 N 素水平更有意义，秸秆直接还田对于补充和提高土壤 K 素水平更为重要，秸秆直接还田和过腹还田的土壤有机质含量

基本保持平衡。赵霞等（2009）通过不同麦茬处理方式（平茬、立茬、除茬）研究认为不同麦茬处理的夏玉米根际微生物数量、土壤蛋白酶和脲酶活性均呈先升后降的变化趋势，且在吐丝期达到最大值，但在不同生育时期，不同处理间有所差异，趋势为平茬＞立茬＞除茬，且苗期差异较大，后期逐渐减小。

4. 免耕覆盖对玉米田土壤结构、根际生物活性和肥力的影响

肖旭等（2004）认为，小麦秸秆覆盖还田能有效增加有机质、全 N、速效 N、速效 P 和速效 K 的含量；王小彬等（2000）通过旱地玉米秸秆还田对土壤肥力影响的试验，得出秸秆直接还田和秸秆过腹还田对土壤养分的贡献大小不一：由于过腹还田的秸秆含 N 量较高，经过缓慢腐解和 N 的逐步释放使得作物收获后土壤有效 N 残留量增加；而秸秆直接还田处理的有效 K 残留量增加与还田秸秆总 K 含量多少有很大关系，秸秆过腹还田对于维持和提高土壤 N 素水平更有意义，秸秆直接还田对于补充和提高土壤 K 素水平更为重要，秸秆直接还田和过腹还田的土壤有机质含量基本保持平衡。赵霞等（2009）通过不同麦茬处理方式（平茬、立茬、除茬）研究认为不同麦茬处理的夏玉米根际微生物数量、土壤蛋白酶和脲酶活性均呈先升后降的变化趋势，且在吐丝期达到最大值，但在不同生育时期，不同处理间有所差异，趋势为平茬＞立茬＞除茬，且苗期差异较大，后期逐渐减小。

有研究认为秸秆覆盖对土壤肥力的影响是覆盖多年以后才出现的。沈宏等（1999）认为长期的秸秆还田可以降低土壤容重，降低土壤吸湿水，增加耕层土壤有效水含量，使土壤物理性状（容重、田间持水量、土壤空隙）得以改善，容重降低 $0.05\sim0.1\mathrm{g\cdot cm}^3$，土壤空隙度增加 1.3%~3.6%，土壤微生物数量明显增加，提高了土壤酶活性和作物产量。高亚军等（2005）研究认为，免耕留茬覆盖对土壤养分的影响非常显著。但这往往是多年覆盖后出现的现象；短期（一两年或三四年）的免耕覆盖或单纯的秸秆覆盖与秸秆还田（粉碎的秸秆混入耕层土壤）不一样，对土壤养分产生的效果没有长期覆盖明显。

5. 免耕覆盖对玉米田间小气候的影响

朱自玺等（2000）通过麦秸覆盖和小麦残茬覆盖对夏玉米田小气候的影响，揭示了夏玉米节水增产的物理机制和提高水分有效消耗的生物学过程。夏玉米实行麦秸覆盖和残茬覆盖后，地面热量平衡发生明显变化，湍流热通量增大，而潜热通量减少，从而使地面温度降低，有效抑制了土壤水分蒸发，使土壤湿度增大，因而有利于促进植株蒸腾，使土壤水分从无效消耗向有效消耗转化。夏玉米实行麦秸覆盖或残茬覆盖后，由于地表热学性质的变化，导致地面热量平衡发生了变化。两种措施均有效地控制了土壤蒸发，使土壤含水量相应比裸地玉米田增大，从而减少了土壤水分的无效消耗。这种保墒作用在玉米拔节以前表现最为明显，并有效地促进了后期作物蒸腾，使水分消耗从物理过程向生物学过程转化，有利于提高产量和水分利用效率。

彭文英等（2007）研究表明，与传统耕作相比，免耕普遍可增加土壤水分2%~8%，但只有长期实施免耕和覆盖达到一定程度时，免耕的增水效果才明显，而免耕水分利用效率却因产量、降水等而不同。

6. 免耕覆盖对夏玉米田土壤呼吸的影响

土壤呼吸受多种环境因素的影响。王立刚等（2002）研究认为土壤呼吸受 5 cm 地温的影响最大，达到极显著水平；不同农作措施对土壤呼吸的影响各不相同，免耕比耕翻有较少的土壤呼吸量。但秸秆还田覆盖使土壤微生物的活动加强，土壤中有机物分解加快，从而使土壤呼吸强度急剧加大。

李潮海等（2008）运用 2 年 3 点试验研究了不同麦茬处理方式的全生育期土壤呼吸和日变化。研究认为，土壤碳通量在夏玉米不同生育时期表现不同，吐丝期土壤呼吸达最高值，平均是苗期的 5~10 倍。不同处理比较，总体趋势为平茬的最高，立茬的次之，除茬的最低。但不同处理在不同生育时期的差异不同。苗期，平茬处理土壤的 CO_2 通量分别是立茬和除茬的 2.79 倍和 3.21 倍；随着生育进程推进，虽然土壤碳通量值增大，但处理间差异减小，到吐丝期，平茬的土壤碳通量是立茬和除茬的 1.16 倍和 1.26 倍。在对日变化的影响上，总体上是由 6:00 开始土壤呼吸强度逐渐增强，在 12:00 左右达到最大值，之后逐渐下降。处理之间表现为平茬 > 立茬 > 除茬。一天当中，苗期 6:00 的差异最大，平茬是立茬和除茬的 2.1 倍和 3 倍，差异达显著水平；而在吐丝期的 9:00 和 18:00，差异很小。

（二）免耕覆盖对玉米的生理效应

1. 免耕覆盖对玉米农艺性状的影响

付国占等（2004）研究认为，覆盖田的平均出苗率好于不盖田。不同处理对节根轮数没有影响，对节根条数有明显影响。残茬覆盖处理玉米节根条数增加，以抽雄期为例，秸秆覆盖平均比不覆盖单株节根条数多 9.6 条。拔节期覆盖处理株高平均比不覆盖降低 2.6 cm，以后各期覆盖都高于不覆盖，成熟期覆盖处理平均比不覆盖高。各处理叶面积指数均表现为先升后降的单峰曲线，残茬覆盖处理叶面积指数除拔节前低于不覆盖相应处理外，拔节后明显高于不覆盖处理，全生育期平均比不覆盖高 6.56%。所以残茬覆盖玉米播种后出苗率高，次生根多，株高增加而基部节间缩短，叶面积系数提高，最终产量显著高于其他处理。

赵霞等（2008，2009）研究认为，玉米 3 展叶时，除茬和立茬处理的幼苗株高显著高于平茬，立茬处理的单株叶面积较大，而除茬处理的单株干重较大；玉米 6 展叶时，平茬处理的株高、单株叶面积及干重均显著大于除茬和立茬处理。可见，平茬覆盖处理虽不利于夏玉米幼苗早期生长，但有利于改善幼苗后期的生长条件，促进植株生长。

2. 免耕覆盖对玉米叶片光合的影响

光合作用作为植物产量形成的重要生理过程，免耕措施下玉米的光合速率、气

孔导度、水分利用效率均高于传统翻耕，气孔导度的日变化与光合速率显著相关（陈甲瑞等，2006；刘祖贵等，2006）。可能是因为免耕增加了地表粗糙度及雨水向土体的入渗，减少了土壤扰动，大幅度降低了土面无效蒸发，增加了土壤团聚体，使水分利用效率增加（Jonesetal. 1994；West，1992）。植物叶片光合作用日变化是植物生产过程中物质积累与生理代谢的基本单元，也是分析环境因素影响植物生长和代谢的重要手段（李潮海等，2003）。有关覆盖玉米上的研究（刘庚山等，2004）认为光合速率 Pn 日变化差异主要表现在上午，残茬覆盖显著高于不覆盖的；下午虽不甚明显，但也是覆盖和残茬处理略高于对照，覆盖和留残茬的处理很明显减少了夏玉米叶片的蒸腾速率 Tr 日变化，在 11:00 时后表现尤为明显。这样，减少了水分散失，但并不是以 Gs 下降，减少 Pn 为前提的。

赵霞等（2008，2009）研究认为，越靠植株上部的叶片，因不受遮挡，光照强度越大。不同处理间比较，立茬处理由于麦秆的遮光效应，第 1、第 2、第 3、第 4 片叶处的光照强度显著低于平茬和除茬处理，又因平茬处理的地面麦秸覆盖的反光作用，其光照强度高于除茬，但差异不显著。不论是在 3 展叶还是 6 展叶时，平茬的光合速率（Pn）都高于立茬和除茬处理。平茬与立茬、除茬间差异显著，而立茬与除茬间差异并不显著。

3. 免耕覆盖对夏玉米水分利用效率的影响

作物水分利用效率（WaterUseEfficiency，简称 WUE），指植物消耗单位水量所产生的同化物量（黄占斌等，1998；FischerandTurner，1978），不仅是反映农业生产中作物能量转化效率、评价作物生长适宜度的综合生理指标（上官周平等，1999），而且提高 WUE 已经成为当代农业，特别是节水农业生产所追求的目标之一（Hsiaoetal. 2000；Freebaimetal. 1991）。有关夏玉米水分利用效率 WUE 在不同条件下变化特征的试验研究多集中在宏观水平上（付国占等，2005；陈素英等，2002），他们认为覆盖各种处理水分利用效率都高于不覆盖处理，从而提高产量。

刘庚山等（2004）研究认为，留残茬和覆盖能明显提高夏玉米叶片水平的水分利用效率，尤其在下午表现更为明显。共同的研究都认为留残茬和覆盖提高叶片水平上的 WUE 的原因，很可能是通过改善夏玉米冠层的小气候结构，进而影响棵间小气候，导致夏玉米叶片边界层气象条件发生变化，使得用同样多的有效气孔水分散失，换取更多（与不覆盖比）的 CO_2 同化物积累成为可能。亦即可能提高了冠层棵间空气相对湿度，降低了叶温，提高了叶片含水量，增加了气孔导度，减少气孔因素对光合作用的限制。最终，更加有效地利用了农田的光、温和水资源，达到了高产、高效的目的。Unger（1976）在加拿大做的试验表明，残茬处理增产与提高水分利用效率作用主要发生于小麦开花前。在粒重和粒数 2 个产量构成中，粒重与残茬高度无关。因此，残茬高度增产主要是增加穗粒数所致。对夏玉米进行小麦秸秆和残茬覆盖可改变玉米耗水规律，减少前期棵间蒸发，增加后期植株蒸腾，促进干物质积累，使玉米产量和水分利用效率明显提高。残茬覆盖影响近地表层小气候（蒸发和蒸腾等）变化，必然会影响叶片周边环境，进而对叶片气体交换过程产生影响。

赵霞等（2008）认为，平茬处理的棵间蒸发量远远小于除茬处理，特别是幼苗期。在肥水、管理条件和投入相对较弱的地方，平茬的提高水分利用效率的效果更明显。

（三）免耕覆盖对夏玉米产量的效应

众多学者研究了免耕覆盖对产量的效应，但结果却不尽相同。

有些人认为覆盖使夏玉米增产，有些人认为覆盖使玉米减产。

绝大多数研究结果表明秸秆覆盖有增产效果。在夏玉米上作试验的如河南（丁昆仑，2000）、吉林（刘素媛，2001）等。有的研究进行 1 年，有的进行多年试验（刘素媛等，2001；谷杰等，1998；刘振钰等，2000；陈喜靖等，1995）、多点试验（陈素英等，2005），有的甚至是多年多点试验（萧复兴等，1996；谢文等，2001）。有的研究是旱年（刘素媛等，2001），有的是平年（王树楼等，1994），有的是夏闲期覆盖（刘振钰等，2000），有的是生育期间覆盖（张志田等，1995），有的是粉碎覆盖（赵镤京等，2003），有的是整秆覆盖（郑元红等，2002），赵霞等（2008，2010）研究的是麦茬处理方式，以上研究结果证明覆盖均能增产。

但是，也有不增产甚至减产的研究。高亚军等（2005）在半湿润易旱地区的陕西杨凌和渭北旱塬的彬县作试验，冬小麦田秸秆覆盖不增产，甚至显著减产。王丙国等（2001）在河北冬小麦试验中发现，覆盖 4500kg/hm^2 秸秆未增产；赵燮京等（2000）在四川中部丘陵区的小麦试验中发现，坡顶、坡腰农田秸秆覆盖时产量较高，谷地则相反，但差异不甚大；罗义银等（2000）在贵州的玉米试验中发现覆盖产量客观上高于未覆盖，但差异不显著；曹国番（1998）在甘肃两年的玉米试验发现，冷凉地区秸秆覆盖（6 000kg/hm^2）会减产；马忠明等（1998）在甘肃河西绿洲灌区的玉米试验中发现，早期秸秆覆盖影响玉米出苗和生长，导致玉米减产和水分生产效率降低。显然，秸秆覆盖时不增产或减产的现象是客观存在的。

二、玉米精密播种及其影响因子

（一）精密播种

精密播种（precisionplanting）就是株（粒）距、行距和播种深度都受到严格控制的单粒播种（张波屏，1983；裴攸，1993；曹雨，1998；薛飞，2000），其基本含义就是使用机械将确定数量（单粒）的作物种子按农艺栽培要求的位置（行距、株距、深度）播入土壤，并随即适当镇压的一种新的机械化种植技术，其特点是可做到单粒点播，出苗整齐，一致性好，无需间苗（尚鸿全，2009）。精密播种是玉米生产中现代化播种技术之一。目前，在发达国家，玉米精密播种技术已经形成相当完善的体系，是玉米生产中的常规技术，得到普遍应用。在国内，玉米精密播种技

术的试验研究已有 30 多年的历史，但由于受各种因素的影响和条件的限制，目前在生产上还没有普遍应用。

（二）影响玉米精密播种的因子

1. 种子质量对玉米的影响

影响种子质量的因素很多，如种子遗传因素、栽培条件、发育成熟期间的气候条件、种子成熟度、种子机械损伤、种子干燥及贮藏条件等。种子活力（seedvigor）是指种子的健壮度，包括迅速而整齐的发芽与出苗、幼苗的生长势及植株的抗逆能力和生产潜力。它通过种子和长成的幼苗的活力而表达，高活力的种子具有明显的生长优势和生产潜力，对发展农业生产具有十分重要的意义（颜启传，2001）。种子活力比发芽率更能表示种子质量的好坏，它与种子的使用价值及贮藏性能密切相关（孙昌凤，2005）。

余宁安等（2010）以 12 个玉米自交系为试验材料，按不完全双列杂交试验设计组配 35 个杂交组合，研究了玉米种子活力田间测定及其遗传分析。通过对种子出苗势、出苗率、出苗指数、活力指数等种子活力指标进行配合力及遗传参数分析表明：同一亲本种子活力 4 个性状间及同一性状 12 个亲本间的一般配合力（GCA）效应存在显著差异，12 个亲本自交系中 K1516 的 GCA 效应表现最优，A3519 表现最差；种子活力的特殊配合力（SCA）效应与 GCA 效应之间关系复杂，不能依靠双亲的 GCA 效应来推断其后代的 SCA 效应；种子活力各指标的广义遗传力都超过 50%，狭义遗传力均超过 30%，并且加性效应都大于非加性效应，表明这些指标可以作为种子活力早代选择的依据；千粒重与种子活力相关性很低。

刘萍等（2004）利用 28 个玉米品种研究种子室内发芽率与田间出苗率的相关性得出，两者之间呈直线正相关，相关系数为 0.936 7。

王会肖（1995）在实验室和田间条件下进行种子萌发试验，研究了土壤温度、水分胁迫和播种深度对玉米种子萌发出苗的影响。试验结果表明，当土壤含水量低于 10% 时，玉米种子将不能顺利萌发。温度变化可以加速种子萌发，田间条件下，50% 种子萌发所需的积温范围为 18.6~23.8℃，决定于昼夜的温差。播种深度影响出苗速率，50% 出苗所需的时间播深 8cm 比播深 5cm 推迟半天（相当于积温 3~5℃），80% 出苗所需的时间播深 10cm 比播深 5cm 推迟 1d（相当于积温 7~10℃）。

盖颜欣等（2010）研究了在种子烘干过程中玉米种子水分变化及烘干对发芽率的影响。在正常条件下，玉米种子含水量在 25%~30%，存在着极显著差异，含水量低于 25% 时种子发芽率趋于正常水平；高于 30% 在不同品种和不同含水量之间存在着显著差异，但总的趋势是随着含水量降低发芽率提高较为明显。对玉米种子进行烘干，种子水分高于 27% 发芽率降低明显。玉米种子烘干与品种、水分和温度有着密切的关系。张涛等（2009）通过研究玉米种子微波干燥各个因素，包括微波输出时间比、种子初始含水量、微波承载重量和微波干燥功率等研究玉米种子微波间歇干燥特性及其对发芽率的影响。微波干燥功率、微波输出时间比、种子含水量、种子承载重量等对种子的微波干燥都有显著影响，生产中要选择适当的微波干燥条件和方式才能达到种子干燥和保障种用价值的目的。

不同成熟度玉米种子的活力有差异。石海春等（2006）采用玉米种子标准发芽试验和电导率法的研究表明，随着种子成熟度的提高，种子活力指数显著提高，电导率则呈降低的趋势。王多成等（2008）利用自交系和杂交种研究了不同发芽率不同粒数播种对玉米出苗率的影响。他认为玉米自交系或杂交种随种子发芽率的提高和点播粒数的增加田间出苗率随之提高。发芽率95%以上的种子可以实现单粒点播，品种的不同对田间出苗率影响不大。

刘天学（2006）、任转滩（2008）等利用室内和田间试验，探讨了不同粒位玉米种子的活力和产量潜力。结果表明，不同粒位的种子在种子大小、粒重、种子活力、田间幼苗生长等存在明显的差异，基部和中部籽粒具有较高的种子活力，而顶部籽粒的活力较弱。但对玉米中后期生长及最终产量没有明显影响。

种子大小是其物理特性之一，不同大小的种子从理论上反映了种胚所存物质的多少（彭鸿嘉，2001）。种子大小也影响种子发芽、出苗、植株的结实能力（WeisI，1982；StamonM，1984）。有研究表明，种子大小与种苗活力显著相关，在早期，从大粒种子长出的种苗通常比小粒长出的种苗大（HarperJ，etal，1967；FinsteK，etal，1984），大种子长出的种苗具有持续保持大苗的优势（MuitamakiK，1962）。石海春等（2005）采用玉米种子标准发芽试验，比较研究了不同玉米品种及不同大小的玉米种子活力差异，结果表明：不同品种的玉米种子活力高低决定于计算种子活力指数的方式，即依靠某一种种子活力指数并不能完全判断不同玉米品种的种子活力高低；同一玉米品种，体积较大或千粒重较高的种子，其活力较高，不同玉米品种间体积大小和千粒重的高低与其种子活力大小之间并无明显的关系。

各种外界环境的改变也影响种子的活力。乔燕祥（2003）通过人工加速老化的方法，进行了种子老化过程中活力变化与生理特性的研究。结果表明，（58℃±1℃）热水处理玉米种子的发芽指标和活力指标均随老化时间的延长而降低。电导率、MDA随种子老化程度的加剧而升高，并和各发芽指标、活力指标呈显著的负相关。脱氢酶、淀粉酶与各发芽指标呈显著正相关。老化种子萌发1d的种子胚酯酶同工酶比发芽期酶带丰富、清晰。余海兵（2007）等用不同存贮时间及老化处理的玉米种子，采用脂肪氧化酶偶联氧化α—胡萝卜素产生显色反应，研究了脂肪氧化酶同工酶不同位点缺失对玉米种发芽率影响及其缺失体在玉米种子中的丰富度。结果表明，同缺lox-1，lox-2能提高玉米种子发芽率，延缓玉米种子衰老；玉米种子资源中具有较丰富的脂肪氧化酶缺失体资源，其中，糯质型、硬粒型、北方的玉米种子中同缺lox-1，lox-2的种质比例较高。

种子在吸胀过程中酶活性也会发生变化。伍贤进等（2004）以玉米种子为材料研究了吸胀萌发过程中胚的抗氧化酶活性变化。试验结果表明：25℃下种子胚根开始突破种皮的时间为16h，50%萌发的时间（T50）为38h，100%萌发的时间（T100）为66h；SOD在种子吸胀0h时就有一定活性，在整个吸胀萌发过程中呈先升高后降低的变化趋势；POD活性在种子吸胀0h时很低，吸胀萌发过程中逐步升高，升高的速度随吸胀萌发进程而加快；CAT活性在种子吸胀0h时为0，在种子吸胀萌发过程中随萌发率的增加而不断提高，但到萌发率接近90%时（吸胀58h）则开始降低。

种子精选分级可提供高质量的种子，为作物高产增收创造有利条件（甘露等，2000）。齐文超等（2000）在多种植物上已经证实了对相同遗传种性的繁殖材料进行分级种植或繁殖时可以提高其产量。王衍武等（2001）研究认为种子籽粒大小和粒径变幅不影响大豆的生育进程，混合种子产量明显低于分级种子。精选分级后的种子有效提高了播种的精确度，使种子出苗后达到苗齐、苗均、苗壮的标准，为发挥现有品种资源的生产潜力提供了保证。王旭光（1994）研究表明小麦不同品种分级后单株粒数、千粒重、产量等方面在不同级别间均发生了变化，级别高、质量好的种子以上指标均得到了提高。

不同玉米种衣剂对玉米种子发芽的影响不同。有的研究者表明，悬浮种衣剂处理玉米种子防治苗期病害，对玉米出苗没有影响。有的研究表明，玉米种子用种衣剂处理后有促进萌发、提高发芽率、促进生长和增产的作用。有的认为种衣剂对玉米种子是有药害作用的，而且发芽势水平高的种子药害敏感程度更大。从全国农业技术推广服务中心统计表明，在全国范围内推广的玉米种衣剂平均增产10%以上。已达成共识的是种衣剂的使用是机械化播种中不可缺少的，但要注意正确使用（高洁，2001；张军，2001；郑富祥，2003；姜军，2008）。汤海军（2004）、马二培（2006）、王宁（2009）、刘正华（2010）等研究了不同化控调节剂、壳聚糖配合物等对玉米发芽的影响。总的来看，不同品种对化控剂的反应程度不同，生产中可以利用外源化学调控物质与植物内源激素间的作用关系，并针对具体的作物品种，采取有效的调控措施。

赵霞等（2011）于2008年、2009年和2011年选取27、24、10个玉米品种种子，测定了它们的单粒重、发芽势、发芽率等指标，分析了普通种子、精播种子的质量差异。种子质量显著影响夏玉米免耕精密播种的质量。普通种子与国内精播种子的平均单粒重、标准差、变异系数间的差异均未达到显著水平，发芽率基本相同。与普通种子相比，精播种子的平均单粒重增加了15.32%，变异系数却降低了12.38%；精播种子的发芽势较普通种子高4.73%，而发芽率差异不显著。与先玉335种子相比，国内玉米种子平均单粒重、标准差和变异系数，分别增加了33.91%、57.35%和17.57%，发芽势、发芽率却降低了8.67%和2.38%。因此，要满足机械化精播的要求，需要从种子加工质量和种子活力两个方面提高玉米种子质量。马齿、半马齿、硬粒等3种类型玉米品种的发芽势和发芽率的趋势相同，2级最高，3级最小。同品种的籽粒越大，苗干重越大。不同类型出苗率、出苗速率、出苗整齐度和株高整齐度趋势相同（赵霞等，2012）。实现夏玉米免耕机械化精密播种的种子建议选用1级、2级的单粒播种的种子。

2. 水分和农艺技术对玉米的影响

侯玉虹等（2006，2007）进行盆栽试验，研究不同质地土壤底墒对玉米出苗及苗期生长的影响。结果表明：土壤底墒对玉米出苗率、株高和苗期总干物重影响显著。玉米出苗率、株高和苗期总干物重随着土壤底墒的增加而增加，达到最高值后，随着土壤底墒的增加而减小。壤土出苗率、株高和苗期总干物重最高的适宜底墒范围为19%~22%，黏土为26%~29%，沙土为13%~15%。同时又利用盆栽试验采用二次回归正交设计方法，进行了土壤底墒和苗期灌溉量对玉米出苗和苗期生长发育影响的试验研究，分别建立了苗期株高、总干重与土壤底墒、灌溉量关系回归模型。研究结果表明，土壤底墒显著影响玉米出苗率，玉米出苗率最高时的壤土和沙土底墒分别为20.6%和13.6%；土壤底墒和苗期灌溉量的交互作用对株高和单株干物质重量具有相互协同效应和替代效应；玉米苗期株高和总干重最大时的壤土底墒均为15.1%，最佳灌溉量分别为86.7mm和91.7mm；玉米苗期株高和总干重最大时的沙土底墒分别为12%和13%，最佳灌溉量均为76mm。

张昊等（2011）设玉米整株秸秆覆盖免耕和传统大田生产2个处理，比较研究了土壤水热状况、出苗期、出苗率、株高、叶面积、干物质积累、产量及产量性状。结果表明，不同层次的土壤水分含量，整个生育期覆盖免耕处理比传统大田处理高，差异显著；土壤温度，出苗期覆盖免耕处理比传统大田低，差异显著，4叶期后无明显差异；覆盖免耕处理出苗期延长，出苗率较传统大田处理高；地上部干物质积累量在大喇叭口期之前，覆盖免耕处理低于传统大田处理，至抽雄吐丝期覆盖免耕处理明显大于传统大田处理；株高和单株叶面积在生育前期覆盖免耕处理与传统大田处理值相近，生育后期覆盖免耕处理高于传统大田处理，至抽雄吐丝期，覆盖免耕处理的单株叶面积高于传统大田处理。

朱元骏（2004）、迟永刚（2005）等利用盆栽研究了保水剂对玉米叶片气孔导度、CO_2吸收和H_2O蒸腾的变化。高水分处理下，保水剂效果不显著；低水分下，分根区施保水剂显著降低了叶片气孔导度，叶片CO_2吸收量和H_2O蒸腾量也同时降低，但H_2O蒸腾量下降幅度更大；在两种水分条件下，分根区施保水剂均能提高玉米单叶水分利用效率，复合型保水剂及其与菌根配比使用能显著促进玉米生长。黄占斌等（2007）、赵敏等（2006）、赵玉坤等（2010）、李海燕等（2011）利用大田试验探讨了保水剂的用量、类型对夏玉米苗期的影响，合理地利用保水剂，可以明显改善土壤的供水状况，促进种子萌发，提高根系活力和玉米抗旱能力，维持植株

正常生理代谢，促进玉米的生长发育，并显著提高玉米产量。但施量过小时，保水效果不明显。随着保水剂用量的增加，玉米的株高、茎粗、叶数总体呈先上升后下降的趋势。

于希臣等（2002）针对辽宁阜新地区因春季风大土壤表层失水严重的现象进行了不同镇压方式的研究，镇压后提高了出苗率、耕层土壤含水量，增加了土壤容重，提高了各生育阶段的鲜、干重，并有利于产量的增加。

赵霞等（2012）研究表明，播种后镇压覆盖能够提高土壤含水量、平衡土壤温度，从而提高夏玉米出苗率，增强幼苗素质，提高苗期田间株高整齐度，根际细菌、放线菌、真菌数量及脲酶、蛋白酶活性也得到了提高，有利于培育齐苗壮苗，在土壤水分不太充足时效果更为明显。因此，应对夏玉米播种前有轻度旱情的地块，可以利用镇压及麦秸覆盖等农艺措施来提高土壤抗旱能力，保证夏玉米出苗质量，同时要保证黄淮海夏玉米区的出苗质量，播种时的土壤最低持水量应保持在60%左右。有条件的地方可以再结合增加保水剂的应用。

3. 土壤养分对玉米出苗及生长的影响

孙昌凤（2005）以2个玉米品种（登海11、农单5）、6种肥料（多微磷酸二氢钾、尿素、氯化钾、硫酸钾、腐殖酸复合肥、复合肥）和5种微量元素（Mn、Cu、Zn、Ni、Mo）作为试验材料，对肥料溶液浸种和作种肥施用对玉米种子萌发与幼苗生长的影响得出，玉米种子用0.05%~0.1%肥料溶液浸种12h，有利于提高玉米种子的发芽势和发芽率；有利于提高玉米幼苗鲜重、干重；有利于提高玉米苗长、根长；有利于提高幼苗根的吸收能力，为苗期生长整齐健壮打下良好的基础；用Mn、Cu、Zn、Ni、Mo微量元素配成的营养液处理玉米种子后，可提高玉米种子的萌芽能力，保证苗期幼苗的质量，对幼苗的生长有一定的促进作用，同时提高了玉米幼苗芽与根的呼吸速率。

黄艳胜等（2009）运用玉米专用种肥研究得出种肥对于玉米出苗率、株高、苗干重有显著影响，其变化都呈先上升后随着施肥量的增加而下降的趋势。

赵亚丽等（2010）采用桶栽和大田试验相结合的方法，研究P肥施用深度对夏玉米产量和养分吸收的影响。夏玉米施用P肥增产效果显著，P肥集中深施效果优于分层施，分层施效果优于浅施，且以P肥集中深施在15cm土层时效果最好。

赵霞（2012）研究种肥对夏玉米免耕精密播种的效果。合理施用NPK在幼苗素质、根干重、根体积、根条数都表现的最好，叶片SPAD值和Pn最高，千粒重和产量最高，增产效果大于NP、NK和PK施用组合。

4. 土壤质地对玉米的影响

李潮海等（2004）利用池栽研究了3种质地土壤对玉米根系的形态、分布、生长的影响，发现玉米根系弯曲度、平均根径的大小均为轻黏土＞中壤土＞轻壤土，轻壤土中玉米根系上部有更多的支根但下部支根较少；拔节期，玉米根系的垂直和水平分布在轻壤土中范围最广,轻黏土中最小。大喇叭口期之后3种质地土壤玉米根系的分布范围无明显差异。轻壤土、中壤土、轻黏土随着土壤中物理性黏粒的增加,根量在上层土壤中所占的比例加大。轻壤土中玉米根系生长表现为"早发早衰",拔节期前,根系生长速率大于中壤土和轻黏土,吐丝期根量达到最大值,之后开始衰老。轻黏土玉米的根系则呈现出"晚发晚衰",拔节期前根系生长缓慢,灌浆期根量才达到最大值,灌浆至成熟期根系衰老的速率远小于轻壤土和中壤土。中壤土中根系在玉米整个生育期平均生长速率和根量的最大值显著高于轻壤土和轻黏土。

赵霞(2012)研究表明,不同的土体构型对夏玉米免耕精密播种影响有差异,上壤下黏处理的夏玉米的株高、叶面积、单株干重、叶片光合速率、SPAD值在不同生育时期最好,土壤的细菌、放线菌、真菌数量、蛋白酶和脲酶活性在拔节期及以后最大,产量和千粒重也最高。夏玉米收获后该处理土壤中残余的各样养分含量最多。

三、玉米免耕覆盖精播栽培关键技术

(一)选地与前茬处理

1.选地及播前整地

土壤环境质量应符合GB15618规定,并适宜机械化耕作的田块。播前要进行耕、翻整地,夏玉米区前茬作物播种前进行耕、翻整地,2~3年深耕一次。

2.夏玉米区前茬收获后秸秆处理

冬小麦田块机收后保留麦茬低茬覆盖或者把秸秆切成3~5cm后均匀抛撒于地面覆盖。前茬为其他作物的也采用秸秆还田。

(二)备种与播种

1.选种原则

根据不同目的、当地的自然生态和生产条件,选用经过国家或省级审定或认定的品种。

2.精选种子及种子处理

种子质量应符合GB4404.1规定,并选用经精选分级的适宜单粒播种的种子,种子纯度≥98%、发芽率≥95%、发芽势≥90%、净度≥99%、水分≤12%。

宜选用包衣种子,未包衣的种子在播种前应选用符合GB4285规定的安全高效杀虫、杀菌剂进行拌种。

3.播种

(1)播种时间 春播区玉米根据地温和积温情况适时播种,夏播区玉米前茬作物收获后抢时免耕播种,最晚在6月20日前完成播种。

(2)土壤墒情要求 宜足墒播种,墒情不足(耕层田间持水量<70%)播后应浇水。

（3）机型选择　选用肥料、种子异位同播的机械化施肥播种机，其操作应符合GB10395.9的要求。

（4）种、肥异位同播　种肥量为玉米生育期所需的全部P、K肥和N肥总量的30%~40%，以N、P、K复合肥为宜，种子与肥料的距离以5~10cm为宜。

（5）播种方式　等行距播种，行距为60cm。播种深度一般为3~5cm。

（6）播种密度　按照所选品种在该生态区的适宜密度进行播种。

（三）田间管理

1.化学除草

（1）选择与使用　除草剂使用应符合GB4285规定。认真阅读选用除草剂的使用说明。实际操作时根据土壤质地、有机质含量和秸秆覆盖量等因素来调整除草剂的使用量。有机质含量高的壤土或黏土地块适当提高除草剂的使用量；反之，有机质含量较低的沙土地块适当降低。

（2）苗前除草　在玉米播种后出苗前，土壤田间持水量≥70%时，选用玉米苗前除草剂进行土壤封闭喷雾。施药应均匀，避免重喷、漏喷。若土壤墒情差时应加大对水量。土壤封闭后1周内减少田间作业，不宜人为破坏药土层。

（3）苗后除草　在玉米3~5片叶时，选择无风晴朗天气，避开炎热中午，用玉米苗后除草剂进行杂草茎叶触杀喷雾。施药要均匀，避免重喷、漏喷。使用灭生性除草剂时，应在喷头上加保护罩进行杂草定向喷施，绝对不能喷洒到玉米茎叶上。

2.查苗

夏玉米出苗后及时查苗，发现缺苗严重的地块要及时补种。

3.追肥

（1）追肥要求　肥料使用应符合NY/T496要求。夏玉米全生育期化肥用量每亩施N 13~18kg，P_2O_5 4~6kg，K_2O 8~10kg，或者结合当地测土配方施肥技术方案进行。

（2）追肥方法　在玉米9~12片叶展开期，使用中耕施肥机条施总N量的60%~70%。

4.灌溉

灌溉水质应符合GB5084要求。苗期（6展叶前）应适当控水，土壤田间持水量≥60%，不浇水。在拔节期、抽雄前后和灌浆中后期保证水分充足供应，若遇干旱应及时灌溉。

5.化控防倒

在存在倒伏风险地块，选用安全高效植物生长调节剂在玉米8~10展叶期进行化控防倒，使用剂量要严格按照产品使用说明书推荐数量，施药应均匀，避免重喷、漏喷。

6.病虫害防治

（1）农药使用　农药使用应符合GB4285规定。

（2）虫害防治 播种后出苗前，结合除草，施用安全高效杀虫剂防治麦秸残留的棉铃虫、黏虫和蓟马、灰飞虱等虫害；定苗后再喷药一次。

在小喇叭口—大喇叭口期用安全高效杀虫剂进行心叶施药防治玉米螟、桃蛀螟等虫害。

（3）病害防治 病害以预防为主。在发病初期，用安全高效杀菌剂进行防治。

（四）收获

1. 收获时间

在籽粒乳线消失时收获；如农时不能满足，则在保证冬小麦适期播种的前提下尽可能晚收。

2. 收获方式

（1）机收籽粒 收获前玉米籽粒水分＜25%，可以采用玉米联合收获机直接收获籽粒。

（2）机收果穗 收获前玉米籽粒水分≥25%，采用机械收获果穗，收获后进行晾晒、脱粒，在籽粒含水量达到13%以下时入库。

第八节 适期收获

一、普通玉米收获

（一）籽粒成熟过程和标准

农民判断玉米成熟一般从玉米的外部形态特征来确定。当玉米的茎叶开始枯黄、雌穗苞叶由绿变为黄白、籽粒变硬而有光泽时就认为已经成熟。其实这些外部特征表示的成熟与玉米真正意义的成熟是有一定差距的。不同品种、不同年份以及病虫害都会对这种成熟期的判定造成一定影响。

玉米真正的成熟（完熟）指的是其生理成熟。生理成熟是确定玉米收获期最为科学的依据。生理成熟有两个指标：一个是籽粒尖端出现黑层，并能轻易剥离穗轴。因为黑层的出现是一个连续的过程，颜色从灰色到棕色再变为黑色大约需要两周的时间，因此不易掌握。

生理成熟的另一个指标是乳线消失。玉米授粉后30d左右，籽粒顶部的胚乳组织开始硬化，与下部多汁胚乳部分形成一横向界面层即乳线。乳线随着干物质积累不断向籽粒的尖端移动，直到最后消失。乳线消失时玉米才真正成熟。这就是最佳的收获期。玉米从吐丝至完全成熟一般需要50d左右，依品种而异。吐丝后40d，乳线下移至籽粒的1/2处，此时即为半乳期又叫蜡熟期。

有些地方玉米有早收的习惯，常在果穗苞叶刚发黄时收获，如果以生理成熟的标准来看，此时玉米正处于蜡熟期，千粒重仅为完熟期的90%左右，一般减产

在 10% 左右。自蜡熟开始至完熟期，每晚收一天，千粒重增加 1~5g，亩产增加 5~10kg，适当推迟玉米收获期简便易行，不增加农业生产成本，而且可以大幅度提高产量，是玉米增产增效的一项行之有效的技术措施。

（二）适期晚收

1.适期晚收的意义

适时收获，可使玉米达到完全成熟，籽粒饱满充实，实现增产增收。过早收获，生育期不足，影响籽粒饱满，降低粒重。收获过迟，也会降低产量，一方面果穗、籽粒干松，容易掉穗、掉粒；另一方面，茎秆易折断，果穗触地，易发霉、发芽，影响籽粒的重量和质量。

在农业生产上，有时农民为了早腾地，玉米往往达不到完全成熟时就被迫收获，籽粒水分高，霉粒、破损粒多，粒重低，严重影响玉米产量。还有一些玉米品种有"假熟"现象，即玉米苞叶提早变白而籽粒未灌浆停止，提早收获后对产量影响更大。

（1）夏玉米晚收的增产作用　随着收获期的推迟，夏玉米千粒重提高，其中，生育期长的品种，千粒重日增加量较大。千粒重的增加与全生育期的积温呈极显著正相关，与日平均温度关联不大，长期缺光影响千粒重的增加。千粒重受温度和光照影响较大，且生育期短的品种千粒重和产量日增长量大。随着播种期的推迟，干物质积累量逐渐减少，经济系数也逐渐减小。这是由于随着播种期的推迟，玉米成熟时间逐渐缩短，即籽粒灌浆时间逐渐缩短，运输到籽粒内的干物质逐渐减少，百粒重逐渐减小，经济系数亦逐渐减小。播种越晚，玉米的生育进程越快，植株越小、叶面积系数越小、干物质积累量越少，玉米成熟时间越短、百粒重越小、经济系数越小。6 月 5 日以后播种，每晚播种 1d，产量降低 157.51kg/hm^2。在吐丝后 30~40d，收获期每推迟 1d，产量平均增加 120~293kg/hm^2；吐丝后 40~50d，收获期每推迟 1d，产量平均每天增加 288~340kg/hm^2。因此，合理的晚收是夏玉米种植区产量提高的最有效的途径之一。

（2）在适期晚收条件下夏玉米品种的选择　一般认为生育期越长的品种产量越高，但如果选择超越当地自然条件和生产水平的品种就不能正常成熟。因此要根据光、热、水等自然条件，选择生育期适中，在正常年份条件下安全成熟并获得高产稳产的品种。立足延迟玉米收获期，应选用生育期 100d 左右或以上的玉米品种。夏玉米成熟期可以延续到 9 月底或 10 月初，应扩大种植生育期 95~100d 的中熟玉米品种。种植早熟品种时，籽粒灌浆期处于较高温度下，灌浆时间缩短，若种植生育期较长的中熟玉米品种，则灌浆时间后推，灌浆期日均气温降低，气温日较差增大均有利于灌浆的进行。

随播期提前农大 108 和 DH-3719 的产量有所增加，但产量要明显低于郑单 958。吐丝 50d 后虽然农大 108 和 DH-3719 的乳线仅达到 60%~70%，但随着温度的降低已不再进行灌浆，这是因为生育期长的品种灌浆速率慢，灌浆时间长，而且灌浆期要求的光照和积温较多，随着收获期的推迟，夏玉米千粒重提高，其中，生育期长的品种，千粒重日增加量较大。千粒重的增加与全生育期的积温呈极显著正相关，与日平均温度关联不大，长期缺光影响千粒重的增加。

（3）收获期的确定　按照玉米成熟标准，确定收获时期。适期收获玉米是增加粒重，减少损失，提高产量和品质的重要生产环节。中国玉米收获适期因品种、播期和地区而异，多在蜡熟末期。

2. 适期晚收的产量效应

（1）适时晚收，确保增产增收　常规玉米经过整个生长发育过程，最后形成籽粒产量。玉米收获雌穗后，剩余的茎叶部分常被用作青贮饲料，这对茎秆的保绿性、糖及蛋白质含量等性状又有了更高要求。玉米收获后，秸秆进行了粉碎还田处理，还有一部分因为饲养牲畜被回收利用。而玉米的籽粒部分，作为玉米的种植目的，最终成为衡量产量高低的标准和依据。

（2）玉米适时晚收的效益　玉米吐丝后 30~40d 为籽粒灌浆高峰期，干物质积累最快，千粒重日增 10g 左右。吐丝 40d 以后灌浆速度逐渐下降，到 50d 时，千粒重日增加量为 2~4g。从蜡熟至完熟，每延长 1d，千粒重增加 3~4g，单产增加 6~8kg/ 亩；晚收 10d，单产增加 50kg/ 亩以上。因此，为保证玉米正常灌浆过程的进行，从吐丝到收获的最低天数为 45d。

推广玉米适时晚收是实施粮食增产节水战略的重要措施之一。不需要增加生产成本，就可有效提高周年粮食产量，节约水资源，对实现农业增效和农民增收以及农业的可持续发展都有着非常重要的意义。

3. "站秆扒皮"自然干燥

作为生育期偏晚及低温等灾害性天气下的一种补救措施，有条件的农户，可进行玉米站秆扒皮晒穗。即在玉米进入蜡熟初期时，将外边苞叶全部扒下，使玉米籽粒直接照射阳光，水分可降低 7%~10%。玉米站秆扒皮要注意以下几个问题：一是"火候"，必须掌握在蜡熟期，白露前后玉米定浆时再扒；二是玉米成熟期有早有晚，同一地块也不一样，要根据成熟情况，好一块扒一块，不能一刀切；三是因玉米品种和扒皮时间不同，水分大小也不同，为保证质量，便于保管和脱粒，扒皮和未扒皮的要分别堆放，单独脱粒。

（三）收后贮藏

1. 适时收割，降水储藏

玉米要适时晚收，使茎秆中残留的养分继续向籽粒中输送，充分发挥后熟作用，增加产量，提高质量，改善品质。一般在完熟期收获，其特征是玉米叶片变黄，苞叶干枯，籽粒完熟。过早收获，茎叶中尚存有部分营养物质未输入籽粒，影响籽粒饱满，而且籽粒含水量高易霉烂，不易贮藏；过迟收获，玉米虽然不会落粒，但茎

秆易折断倒伏而发霉或发芽，遇多雨时，果穗自行发芽或发霉。山区、半山区还会遭到鸟兽的为害。

在玉米尚未充分成熟又要播种小春作物时，可以连根拔起或齐地收割，竖立堆放一周左右，再掰下果穗，以使茎秆与穗轴中的营养物质转化为淀粉而使籽粒充分饱满。连根堆放一周后脱粒，籽粒千粒重增加15.64%；将果穗掰下堆放一周后脱粒，增重5.98%。因此，抢收的玉米可竖立堆放，让其继续成熟。一般收获的果穗也不应即时脱粒，而应置于通风处充分干燥再脱粒，有利于籽粒饱满。农村中有经验的农民常常将果穗收获后编成串，挂在通风处，待干燥后再进行脱粒，既符合玉米种子后熟的科学道理，又调节了农忙时劳动力的不足。

另外，因玉米种子的胚大，胚内含脂肪较多，脱粒时伤口较大，而且胚部的角质保护层差，容易吸湿受潮。所以玉米种子在贮藏前必须将籽粒进行充分暴晒，使种子含水量降至13%以下，并藏于荫凉干燥的地方，才能减少在贮藏中发生霉变和虫害。贮藏中如果水分含量过高，呼吸作用旺盛，会释放大量水分和热量，造成脂肪水解，使种子发霉腐烂，并导致仓库害虫大量为害。

2.选择适宜的储藏方法

田间扒皮晒穗即站秆扒皮晒穗，通常是在玉米生长进入腊熟期、末期（定浆期）苞叶呈现黄色，捏破籽粒种皮籽实呈现蜡状时进行。田间扒皮晒穗的时间性很强，要事先安排好劳力，适时进行扒皮。

果穗储藏：玉米的耐储性差，而高水分玉米的安全储藏更难。玉米收获到农户家里，不要急于入仓。把品种不同、质量不同、水分不同的粮食分开。利用收获后天气较暖的一段时间，把玉米穗摊开，堆放在朝阳的地上晾晒降水，并经常翻动，分层入仓。

3.加强玉米的储藏管理

玉米储藏的重点是防鼠、防霉，其次是防虫。防鼠农户储粮存在严重的鼠害损失，预防难度也较大。防霉玉米属晚秋作物，收获时原始水分较高，防止玉米霉变的关键因素为控制玉米的水分。

二、特用玉米收获

（一）甜玉米收获时期和标准

甜玉米必须在乳熟期（最佳采收期）收获并及时上市才有商品价值。春播甜玉米采收期处在高温季节，适宜采收期较短，一般在吐丝后18~20d。秋播甜玉米采收期处在秋冬凉爽季节，适宜采收期略长，一般在吐丝后20~25d。不同品种、不同季节的最佳采收期有所不同。

收获标准：甜玉米果穗苞叶青绿，包裹较紧，花柱枯萎转至深褐色，籽粒体积膨大至最大值，色泽鲜艳，挤压籽粒有乳浆流出。

采收时间宜在早上（9：00时前）或傍晚（16：00时后）进行。秋季冷凉季节采收时间可适当放宽，以防止果穗在高温下暴晒、水分蒸发，影响甜玉米品质保鲜。甜玉米采收后当天销售最佳，有冷藏条件时可存放3~5d。高温会加速甜玉米品质下降。果穗采摘后堆放易发热变质，适宜摊放在阴凉通风处。夏天应用冷藏车或加冰运输方式，以保持鲜穗品质。

（二）糯玉米收获时期和标准

籽粒磨面食用的，待籽粒完全成熟后收获；煮食鲜果穗的，要在乳熟末或蜡熟初采收。糯玉米的采收期很短，一般为授粉后的22~28d，过早则糯性不够且影响产量，过迟则风味变差，故必须控制在采收期内采收上市或加工成糯玉米产品。如果想延长上市时间或加工时间，生产上应采用分期播种，搭配种植早、中、晚熟品种的办法。以收获成熟的籽粒为目的，根据当地的气候条件和品种特性适时进行采收。

（三）笋玉米收获时期和标准

笋玉米比普通玉米早收一个生育阶段，春播只需60~80d，夏播只需50~60d。笋玉米一般为多穗型，有效穗3~6个，因此必须分期采收。

笋玉米俗称娃娃玉米，是专门生产玉米笋的玉米类型。玉米笋是玉米吐丝或刚刚吐丝，将苞叶和花柱除去，剩下形似笋尖还未膨粒的幼嫩雌穗。从顶穗开始，以后每隔1~2d采一次笋，7~10d即可把笋全部采完。一般要求在上午采收，并于当天加工。一次采摘最上部的两个果穗，隔几天再采收下面果穗。采收过早影响产量，过晚老化影响质量，所以必须及时采收。

（四）青贮玉米收获时期和标准

青贮玉米是指以新鲜茎叶（包括穗）生产青饲料或青贮饲料的玉米品种或类型。根据用途又分为专用、通用和兼用3种类型。青贮专用型指只适合作青贮的玉米品种；青贮兼用型指先收获玉米果穗，再收获青绿的茎叶用作加工青贮（俗称黄贮）；青贮通用型是既可作普通玉米品种在成熟期收获籽粒，也可用于收获包括果穗在内的全株用作青饲料或青贮饲料。

遵循产量和营养价值达到最佳原则，用于青贮玉米最适收割期为籽实的乳熟末期至蜡熟初期，乳线高度在1/3~2/3，秸秆含水量60%~75%。收割期提前，鲜重产量不高，而且不利于青贮发酵。过迟收割，黄叶比例增加，含水量降低，也不利于青贮发酵。青贮兼用型玉米在收获玉米果穗后应尽早收获青绿的茎叶用作青贮。

青贮玉米收割部位应在茎基部距地面3~5cm以上，因为茎基部比较坚硬，纤维含量高、不易消化、适口性差，青贮发酵后牲畜不爱吃，在切碎时还容易损坏刀具；另外，提高收割部位可以减少杂质杂菌等带入窖内而影响青贮发酵的质量。

收获时应选择晴好天气，避开雨季收获，以免因雨水过多而影响青贮饲料品质。青贮玉米一旦收割，应在尽量短的时间内青贮完成，不可拖延时间过长，避免因降雨或本身发酵而造成损失。

大面积种植青贮玉米最好采用青贮收割机。在收获时一定要保持青贮玉米秸秆有一定的含水量，正常情况下要求青贮玉米的含水量为 65%~75%，秸秆切碎长度 ≤ 3cm，如果青贮玉米秸秆在收获时含水量过高，应在切短之前进行适当的晾晒，晾晒 1~2d 后再切短，装填入窖。水分过低不利于把青贮料在窖内压紧压实，容易造成青贮料的霉变，因此选择适宜的收割时期非常重要。

三、机械化收获

（一）玉米机械化收获现状

解决玉米收获的机械化问题是农业生产的急需，生产玉米机械化水平低已成为制约实现农业机械化的瓶颈。实现农业机械化过程中，必须解决玉米收获的机械化。而玉米从种到收机械化水平都比较低，特别是收获，秸秆还田机械化程度更低。由于收获基本靠人工和旧式工具进行，劳动强度大，效率低，"三秋"时间拖得很长，有些地区影响适时种麦。特别是由于秸秆不能粉碎还田，不少地方焚烧秸秆现象屡禁不止，既污染环境又造成很大浪费。因此，做好玉米机械化收获推广工作，已迫在眉睫。玉米面积不断扩大，单产不断提高，是玉米收获机械化发展的客观需要。

1. 国外玉米收获机械化现状

由于国外多一年一作，收获时玉米籽粒的含水率很低，所以，多数国家采用玉米摘穗并直接脱粒的收获方式，摘穗装置多采用板式。国外玉米种植多采用家庭农场的方式进行，研制的玉米收获机械收获行数比较多，并通过采用很多先进的技术，实现玉米收获机械的智能化。

2. 国内玉米收获机械化现状

近年来，中国玉米生产机械化呈现出良好发展趋势。2009 年，中国玉米耕、种、收综合机械化水平为 20.24%，其中，机耕水平为 83.55%，机播水平为 72.48%，比 2008 年增长了 7.88 个百分点，机收水平为 16.91%，比 2008 年增长了 6.31 个百分点。玉米联合收获机为 8.17 万台，比 2008 年增加了 4.02 万台。六大玉米生态区中，北方春玉米产区的耕、种、收综合机械化水平最高，达到 73.97%；西北灌溉玉米区次之，为 55.67%；黄淮海夏播玉米区为第三，为 54.96%；其余分别为南方丘陵玉米区 24.55%，青藏高原玉米区 19.18%，西南山地丘陵区 4.90%。

全国玉米机械收获水平普遍较低，最高的黄淮海夏播玉米区也仅为 30.95%，其余均在 20% 以下。山东省在 2009 年的机收水平达到 53.00%，远远超过全国平均水平。玉米机械收获水平居全国第二的天津市 2009 年机收水平为 36.29%。

（二）玉米机械化收获方向

今后玉米播种将朝着精量、免耕播种联合作业方向发展，机具趋于大型化。田间管理机械将朝着通用机架方向发展，可实现中耕、植保和追肥等；田间灌溉将朝着喷灌化和大型化发展。玉米收获机械会继续坚持大中小机型相结合，朝着大功率、自走式、一机多用、等行距发展，在一年一作和一年两作地区将有各自适合的机型，玉米收获机将会逐步形成适于区域化种植方式的若干玉米收获机型。

1. 向大型化、大功率方向发展

如美国的 John Deere 公司、Case 公司，德国的 Mangle 公司、道依茨公司等生产的玉米联合收获机，绝大部分是在小麦联合收获机上换装玉米割台，并通过调节脱粒滚筒的转速和脱粒间隙进行玉米的联合收获。以 John Deere 公司为例，大型谷物联合收割机配备的 1293 型玉米割台，一次可收获玉米达 12 行，割台总宽度达 8m 左右。联合收割机所配发动机的功率达 250kW 左右，生产效率高，适合大农场、大地块作业。

2. 向专业玉米收获机方向发展

德国、法国、丹麦等欧洲国家，有专门生产小区育种玉米收获机、糯玉米收获机、种子玉米收获机等公司。例如用于田间育种的小区收获，是育种试验获得正确试验结果的重要环节，小区收获与大田收获不同，单个小区面积小，而且整个试验地内又包含很多的试验小区和试验品种，所以既要提高作业效率，又要防止品种收获带来的混杂。

3. 向智能化方向发展

玉米收获机越来越"聪明"。智能化的小区收获机可在育种田收获过程中将小区的种子进行称重、计量并测定种子含水率，同时计算出干重并迅速计算、打印出小区的产量数据，并将整个试验小区试验的平均数、变异系数和显著性都由计算机计算出来，同时汇总成表，这种智能化的小区收获机在整个收获完成后即可结束试验和数据处理的全过程。

4. 向舒适性、使用安全性、操作方便性方向发展

现代玉米收获机的设计，在考虑提高技术性能的同时更注重驾驶的操控性、舒适性和安全性。一些玉米收获机还配有自控装置，包括自动对行、割茬高度自动调节、自动控制车速、自动停车等功能。

（三）玉米机械收获方式

玉米收获机械化技术是在玉米成熟时，根据其种植方式、农艺要求，用机械来完成对玉米的茎秆切割、摘穗、剥皮、脱粒、秸秆处理及收割后旋耕土地等生产环节的作业机具。

在中国大部分地区，玉米收获时的籽粒含水率一般在 25%~35%，甚至更高，收获时不能直接脱粒，所以一般采取分段收获的方法。第一段收获是指摘穗后直接收集带苞皮或剥皮的玉米果穗和秸秆处理；第二段是指将玉米果穗在地里或场上晾晒风干后进行脱粒。玉米收获方式主要有两种，联合收获和半机械化收获。

1. 联合收获

用玉米联合收获机，一次完成摘穗、剥皮、集穗（或摘穗、剥皮、脱粒，但此

时籽粒含水率应为23%以下），同时进行茎秆处理（切段青贮或粉碎还田）等项作业，然后将不带苞叶的果穗运到场上，经晾晒后进行脱粒。其工艺流程为：摘穗—剥皮—秸秆处理等三个连续的环节。

2.半机械化收获

分为人工摘穗、机械摘穗、整株机械割铺。

（1）人工摘穗　用割晒机将玉米割倒、放铺，经几天晾晒后，籽粒含水率降到20%~22%，用机械或人工摘穗、剥皮，然后运至场上经晾晒后脱粒；秸秆处理（切段青贮或粉碎还田）。

（2）机械摘穗　用摘穗机在玉米生长状态下进行摘穗（称为站秆摘穗），然后将果穗运到场上，用剥皮机进行剥皮，经晾晒后脱粒；秸秆处理（切段青贮或粉碎还田）。其工艺流程为：摘穗—剥皮—秸秆处理（三个环节分段进行）。

（3）整株机械割铺　人工摘穗并运至场上经晾晒后脱粒。秸秆一是用机械粉碎还田；二是人工收获后用机械加工饲草青贮。

玉米收获机生产应用需达到技术性能指标是：收净率≥82%、果穗损失率<3%、籽粒破碎率<1%、果穗含杂率<5%、还田茎秆切碎合格率>95%、使用可靠性>90%。

3.收获机型

收获主要机型有自走式、背负式和牵引式3种。背负式玉米联合收获机主要机型是3行，一次进行完成摘穗、剥皮、秸秆粉碎联合作业。自走式玉米联合收获机主要机型是3行和4行，一次进地完成摘穗、剥皮、集箱、秸秆粉碎联合作业。

本章参考文献

1.EllisR.H.不同玉米栽培品种的光周期、叶片数及雄穗分化至抽雄间隔期的研究.杂粮作物，1993，（1）:18-21.

2.GB10395.9农林拖拉机和机械安全技术要求.

3.GB15618土壤环境质量标准.

4.GB4285农药安全使用标准.

5.GB4404.1粮食作物种子第1部分：禾谷类.

6.GB4404.1-2-1996，农作物种子质量标准[S].

7.GB5084农田灌溉水质标准.

8.NY/T496肥料合理使用准则通则.

9.白向历，孙世贤，杨国航，等.不同生育时期水分胁迫对玉米产量及生长发育的影响.玉米科学，2009，17（2）:60-63.

10.柏翠香.地膜玉米高留茬免耕连作种植技术及效益.旱作农业，2011，（11）:15,16.

11.包兴国，舒秋萍，李全福，等.小麦/玉米免耕处理对产量及土壤水分和风蚀的影响.中国水土保持科学，2012（4）:81.

12.边少锋，赵洪祥，孟祥盟，等.超高产玉米品种穗部性状整齐度与产量的关系研究.玉米科学.2008，16（4）:119-122.

13.边秀芝，任军，刘慧涛，等.玉米优化施肥模式的研究.玉米科学.2006，14（5）:134-137.

14.卜玉山，苗果园，邵海林，等.地膜和秸秆覆盖土壤肥力效应分析与比较.作物学报，2006，32（7）:1090-1093.

15.曹广才，范景玉，等.山西玉米新品种与优化栽培.2000，北京：气象出版社.

16.曹广才，王崇义，卢庆善.北方旱地主要粮食作物栽培.1996，北京：气象出版社.

17.曹广才，徐雨昌，等.中国玉米新品种图鉴.2000，北京：中国农业科技出版社.

18.曹广才、吴东兵.高寒旱地玉米熟期类型的温度指标和生育阶段.北京农业科学，1995，13（1）:40-43.

19.曹莉琼.种子质量管理的重要性.现代农业.2009（1）:48.

20.曹胜彪，张吉旺，董树亭，等.施氮量和种植密度对高产夏玉米产量和氮素利用效率的影响.植物营养与肥料学报，2012，18（6）:1 343-1 353.

21.曹云者，宇振荣，赵同科.夏玉米需水及耗水规律的研究.华北农学报，2003，18（2）:47-50.

22.常鸿.保水剂与抗旱剂在玉米、甘薯上的应用和效益.腐殖酸，1991（3）:33-42,45.

23.常敬礼，杨德光，谭巍巍，等.水分胁迫对玉米叶片光合作用的影响.东北农业大学学报，2008，39（11）:1-5.

24.陈流.北京地区不同类型玉米生产力与光、温条件.地理研究，1987，（2）:97.

25.陈祥，同延安，杨倩.氮磷钾平衡施肥对夏玉米产量及养分吸收和累积的影响.中国土壤与肥料.2008，6:19-22.

26.陈风，蔡焕杰，王健.秸秆覆盖条件下玉米需水量及作物系数的试验研究.灌溉排水学报.2004，11（1）:41-43.

27.陈国品，黄开健，谭华.播期对糯玉米品种玉美头601主要农艺性状影响试验.广西农业科学，2008，39（5）:578-582.

28.陈国平，尉德铭，刘志文，等.夏玉米的高产生育模式及其控制技术.中国农业科学，1986，19（1）:33-40.

29.陈国平，陆卫平，王忠孝.土壤和空间因子对玉米产量的影响.玉米科学.2000，8（2）:38-40.

30.陈海军，冯志琴，孙文浩.玉米种子加工工艺与设备配置研究.中国种业，2010（11）:22-24.

31.陈甲瑞，梁银丽，周茂娟，等.免耕和施肥对玉米光合速率的影响.水土保持研究.2006，13（6）:72-74.

32.陈静芬，欧阳素华，吴晓鹏，等.覆盖麦草对玉米产量及土壤肥力的效应.安徽农学通报，2006，2（5）:95，186.

33.陈素英，张海英.秸秆覆盖对夏玉米田棵间蒸发和土壤温度的影响.灌溉排水学报，2004，23（4）:32-36.

34.陈素英，张喜英，裴冬，等.秸秆覆盖对夏玉米田棵间蒸发和土壤温度的影响.灌溉排水学报，2004，23（4）:33-36.

35.陈素英，张喜英，裴冬，等.玉米秸秆覆盖对麦田土壤温度和土壤蒸发的影响.农业工程学报，2005；21（10）:171-173.

36.陈文瑞，张武军.乙烯利对玉米生长和产量的影响.四川农业大学学报，2001:19（2）:129-130，157.

37.陈学君，曹广才，吴东兵，等.海拔对甘肃河西走廊玉米生育期的影响.植物遗传资源学报，2005，6（2）:168-171.

38.陈学君，曹广才，贾银锁，等.玉米生育期的海拔效应研究.中国生态农业学报，2009，17（3）:527-532.

39.程林润，朱璞，王良美，等.南方青贮玉米秋播品比试验.河北农业科学，2008.（12）:41~43.

40.程维新，欧阳竹.关于单株玉米耗水量的探讨.自然资源学报，2008，23（5）:929-935.

41.成运伟.单粒播种市场推广案例.种子世界.2009（3）:6-8.

42.池宝亮.旱地农业实用技术.2002，北京：金盾出版社.

43.迟永刚，黄占斌，李茂松.保水剂与不同化学材料配合对玉米生理特性的影响.干旱地区农业研究.2005，23（6）：132-136.

44.褚琳琳.节水农业综合效益分析.水利经济，2011，29（2）：22-28.

45.崔玉亭.集约高产农业生态系统有机物分解及土壤呼吸动态研究.应用生态学报，1997，22（1）：59-64.

46.代旭峰，王国强，刘志斋，等.不同密度下不同行距对玉米光合及产量的影响.西南大学学报（自然科学版）.2013，35（3）：1-4.

47.戴明宏，陶洪斌，王利纳，等.不同氮肥管理对春玉米干物质生产、分配及转运的影响.华北农学报，2008，23（1）：154-157.

48.邓根云.气候生产潜力的季节分配与玉米最佳播种期.气象学报，1986，44（2）：193-198.

49.邓振镛，张毅，郝志毅.半干旱半湿润气候区实施集雨节灌农业技术的研究.中国农业气象，2003，24（4）：16-18，22.

50.丁昆仑，HannMJ.耕作措施对土壤特性及作物产量的影响.农业工程学报.2000，16（3）：28-32.

51.东先旺，刘培利，刘树堂，等.夏玉米耗水特性与灌水指标的研究.玉米科学，1997，5（2）：53-57.

52.董志强，马兴林，王庆祥，等.喷施玉黄金对玉米产量的影响.玉米科学，2008，16（2）：91-93.

53.段运平，刘守渠，王贵彩.高海拔冷凉区玉米新品种并单6号的选育.中国种业，2007（10）：56.

54.付国占，李潮海，王俊忠，等.残茬覆盖与耕作方式对土壤性状及夏玉米水分利用效率的影响.农业工程学报.2005，21（1）：52-56.

55.付业春梁黔云范厚明.高海拔特殊生态区杂交玉米新品种毕单14号的选育及应用.农业科技通讯，2009（9）：168-169.

56.盖颜欣，王艳芝，季志强，等.玉米种子水分变化及烘干对芽率的影响.中国种业，2010（5）：33-34.

57.高瑾瑜，赵虎生，刘景辉.玉米高留茬免耕栽培增产机理探讨.陕西农业科学，2005（5）；73，74.

58.高强，李德忠，汪娟娟，等.春玉米一次性施肥效果研究.玉米科学，2007，15（4）：125-128

59.高素玲，刘松涛，杨青华，等.氮肥减量后移对玉米冠层生理性状和产量的影响.中国农学通报，2013，29（24）：114-118.

60.高巍，范锦胜，王金宝.中早熟玉米新单交种北单2号选育.黑龙江农业科学，2008（2）：154-155.

61.高亚军，李生秀.旱地秸秆覆盖条件下作物减产的原因及作用机制分析.农业工程学报，2005，21（7）：15-20.

62. 高育峰，王勇，王立明．喷施微肥对陇东旱塬地春玉米产量和品质的影响．甘肃农业科技，2003（11）:38-39.

63. 高玉莲．浅谈春玉米适时早播增产原因及注意问题．种子科技，2010，（12）:45-46.

64. 高玉山，窦金刚，刘慧涛．吉林省半干旱区玉米超高产品种、密度与产量关系研究．玉米科学，2007，15（1）:120-122.

65. 贯春雨，杨克军，卢翠华．不同播期处理对寒地青贮玉米发育及经济学性状的影响．黑龙江八一农垦大学学报，2007，19（1）:33-35.

66. 郭强，赵久然，陈国平，等．植物生长调节剂对玉米出苗和生长发育的影响．北京农业科学，1999，17（3）:18-21.

67. 郭孝．Zn、B、Mn微肥提高玉米产量与品质的研究．生态农业研究，1998，6（1）:40-42

68. 韩宝文，秦文利，李春杰，等．平衡施肥对夏玉米的增产效果研究．河北农业科学，2005，9（3）:49-50.

69. 郝玉兰，潘金豹，张秋芝，等．不同生育时期水淹胁迫对玉米生长发育的影响．中国农学通报，2003，19（5）:8-60，63.

70. 何华，康绍忠．灌溉施肥深度对玉米同化物分配和水分利用效率的影响．植物生态学报，2002，26（4）454-458.

71. 何萍，金继运．氮钾互作对春玉米养分吸收动态及模式的影响．玉米科学．1999，7（3）:68-72

72. 侯玉虹，尹光华，刘作新，等．土壤底墒与苗期灌溉量对玉米出苗和苗期生长发育的影响．干旱地区农业研究，2006，24（4）:51-56.

73. 侯玉虹，尹光华，刘作新，等．土壤含水量对玉米出苗率及苗期生长的影响．安徽农学通报，2007，13（1）:70-73.

74. 胡春胜，陈素英，赵四申，等．玉米整秸覆盖地小麦免耕播种技术初步研究．农业工程学报．2005，21（3）:118-120.

75. 胡达家．气象条件对玉米生长发育的影响．东北农学院学报，1963，（1）:1-12.

76. 胡芬，梅旭荣，陈尚谟．秸秆覆盖对春玉米农田土壤水分的调控作用．中国农业气象，2001，22（1）:15-18.

77. 华利民，刘艳，安景文，等．施氮量对春玉米产量及其早衰因子的影响．广东农业科学，2014（7）:16-19.

78. 黄拔程，刘永贤，陈德威，等．广西玉米免耕栽培的研究现状与发展前景．现代农业科技，2008（22）:204，205.

79. 黄立梅，黄绍文，韩宝文．冬小麦—夏玉米适宜氮磷用量和平衡施肥效应．中国土壤与肥料，2010（5）:38-44.

80. 黄绍文，孙桂芳，金继运，等．氮、磷和钾营养对优质玉米子粒产量和营养品质的影响．植物营养与肥料学报，2004，10（3）:225-230.

81. 黄艳胜．种肥对玉米种子萌发与幼苗生长的影响．黑龙江农业科学，2009（5）:71-

73.

82.黄占斌，山仑.论我国旱地农业建设的技术路线与途径.干旱地区农业研究.2000，18（2）：1-6.

83.黄占斌，张玲春，董莉，等.不同类型保水剂性能及其对玉米生长效应的比较.水土保持学报.2007，21（1）：140~144.

84.霍仕平，许明陆，晏庆九.纬度和海拔对西南地区中熟玉米品种灌浆期和粒重及株高的效应.中国农业气象，1997，18（4）：24-28.

85.贾明进，张享禄.山西玉米品种志.北京：中国农业出版社，2003，324.

86.贾银锁，郭进考.河北夏玉米与冬小麦一体化种植.2009，北京：中国农业科学技术出版社.

87.贾银锁，谢俊良.河北玉米.2008，北京：中国农业科学技术出版社.

88.姜军，赵霞，黄璐，等.玉米种衣剂研究进展.河北农业科学，2008，12（9）：49-50.

89.金诚谦.玉米生产机械化技术.2011，北京：中国农业出版社.

90.赖丽芳，吕军峰，郭天文，等.平衡施肥对春玉米产量和养分利用率的影响.玉米科学，2009，17（2）:130-132.

91.李潮海，苏新宏，谢瑞芝，等.超高产栽培条件下夏玉米产量与气候生态条件关系研究.中国农业科学，2001，34（3）:311-316.

92.李潮海.超高产栽培条件下夏玉米产量与气候生态条件关系研究.中国农业科学，2001，34（3）:311-316.

93.李潮海，刘奎，周苏玫，等.不同施肥条件下夏玉米光合对生理生态因子的响应.作物学报，2002，28（2）:265-269.

94.李潮海，李胜利，王群，等.不同质地土壤对玉米根系生长动态的影响.中国农业科学，2004.，37（9）：1 334-1 340.

95.李潮海，赵霞，刘天学，等.麦茬处理方式对机播夏玉米的生态生理效应.农业工程学报，2008，24（1）：162-166.

96.李潮海，赵霞，刘天学，等.麦茬处理方式对夏玉米（ZeamaysL.）根际生物活性的影响.生态学报，2008，28（5）：2 169-2 175.

97.李春娟，宋彬彬，闫丽娜.玉米秋整地秋施底肥技术.农民致富之友，2012，（12）：125，184.

98.李春奇，郑慧敏，李芸.种植密度对夏玉米雌穗发育和产量的影响.中国农业科学2010，43（12）:2 435-2 442.

99.李凤民，鄂殉，王俊，等.地膜覆盖导致春小麦产量下降的机理.中国农业科学，2001，34（3）:330-333.

100.李海燕，张芮，王福霞.保水剂对注水播种玉米土壤水分运移及水分生产效率的影响.农业工程学报，2011，27（3）：37-42.

101.李建奇.覆膜对春玉米土壤温度、水分的影响机理研究.耕作与栽培，2006（5）：47-48.

102.李玲玲，黄高宝，张仁陟，等.不同保护性耕作措施对旱作农田土壤水分的影响.生态学报，2005，25（9）：2326-2332.

103.李全起，房全孝，陈雨海，等.底墒差异对夏玉米耗水特性及产量的影响.农业工程学报，2000，20（2）：93-96.

104.李全起，房全孝，陈雨海，等.底墒差异对夏玉米耗水特性及产量的影响.农业工程学报，2004，20（2）：93-96.

105.李全起，陈雨海，韩惠芳，等.底墒差异对夏玉米生理特性及产量的影响.中国农学通报，2004，20（6）：116-119.

106.李少昆，石洁，崔彦宏，等.黄淮海夏玉米田间种植手册.2011，北京：中国农业出版社.

107.李少昆，王振华，高增贵，等.北方春玉米田间种植手册.2011，北京；中国农业出版社.

108.李少昆，杨祁峰，王永宏，等.北方旱作玉米田间种植手册.2011，北京：中国农业出版社.

109.李先敏.攀西地区冬播鲜食玉米无公害高产栽培技术.四川农业科技，2007.（12）：29.

110.李兴，史海滨，程满金，等.集雨补灌对玉米生长及产量的影响.农业工程学报，2007，23（4）：34-38.

111.李学敏，翟玉柱，李雅静，等.土体构型与土壤肥力关系的研究.土壤通报，2005，36（6）：975-977.

112.李言照，刘光亮.光温因子与玉米产量的关系.西北农业学报，2001，10（2）：67-70.

113.李言照，东先旺.光温因子对玉米产量和产量构成因素值的考虑.中国生态农业学报，2002，10（2）：86-89.

114.李勇军，曹庆军，拉民，等.不同耕作处理对土壤酶活性的影响，玉米科学，2012（3）：111-114.

115.李友军，付国占，张灿军，等.保护性耕作理论与技术.2008，北京：中国农业出版社.

116.李月华，侯大山，刘强，等.收获期对夏玉米千粒重及产量的影响.河北农业科学，2008，12（7）：1-3，6.

117.李志勇，王璞，MarionBoening-Zilken 等.优化施肥和传统施肥对夏玉米生长发育及产量的影响.玉米科学，2003，11（3）：90~93，97.

118.李宗新，董树亭，胡昌浩，等.有机肥互作对玉米产量及耕层土壤特性的影响.玉米科学，2004，12（3）：100-102.

119.李宗新，王庆成，刘霞，等.控释肥对夏玉米的应用效应研究.玉米科学，2007，15（6）：89-92，96.

120.梁涛，刘景利.水分胁迫对玉米生长发育和产量的影响.安徽农业科学，2009，37（35）：17 436-17 437，17 472.

121. 梁熠，齐华，王敬亚，等．宽窄行栽培对玉米生长发育及产量的影响．玉米科学，2009（4）：97-100.

122. 梁秀兰，张振宏．不同播期对玉米生长发育和产量构成因素的影响．华南农业大学学报，1991，12（2）:56-61.

123. 刘承仿．丰产素在玉米上的应用效果．江苏农业科学，1994（4）：31-32.

124. 刘德宝．山西玉米．2002, 太原：山西科学技术出版社．

125. 刘恩科，赵秉强，胡昌浩等．长期施氮、磷、钾化肥对玉米产量及土壤肥力的影响．植物营养与肥料学报，2007，13（5）:789-794.

126. 刘庚山，郭安红，任三学，等．不同覆盖对夏玉米叶片光合和水分利用效率日变化的影响．水土保持学报，2004，18（2）：152-156.

127. 刘和众，刘东辉，刘丰佳，等．甲壳素植物生长调节剂在玉米上的应用．天然产物研究与开发，1996，8（4）：90-92

128. 刘京宝，杨克军，石书兵，等．中国北方玉米栽培 .2012，北京：中国农业科学技术出版社．

129. 刘立晶，高焕文，李洪文．玉米—小麦一年两熟保护性耕作体系试验研究．农业工程学报，2004，20（3）：70-73.

130. 刘明，陶洪斌，王璞，等．播期对春玉米生长发育、产量及水分利用的影响．玉米科学，2009，17（2）：108-111.

131. 刘明，陶洪斌，王璞，等．播期对春玉米生长发育与产量形成的影响．中国生态农业学报，2009，17（1）:18-23.

132. 刘明久，王铁固，陈士林，等．玉米种子老化过程中生理特性与种子活力的变化．核农学报，2008，22（4）：510-513.

133. 刘素媛，舒乔生，邹桂霞，等．辽西半干旱区整秸半覆盖技术及增产效应研究．中国水土保持，2000，（8）:33-35.

134. 刘巽浩，高旺盛，朱文珊，等．秸秆还田的机理与技术模式 .2002，北京：中国农业出版社．

135. 刘玉兰．不同玉米自交系播期对出苗率及雌雄穗开花期影响的研究．吉林农业科技学院学报，2006，15（3）:1-3.

136. 刘玉欣，王万双，刘会灵．国际种子检验规程与国家种子检验规程在高温烘干法中测定玉米种子水分的差异．种子，2000（1）：67-68.

137. 刘祖贵，陈金平，段爱旺，等．不同土壤水分处理对夏玉米叶片光合等生理特性的影响．干旱地区农业研究，2006，（1）：90-95.

138. 隆旺夫．有色地膜的妙用．湖南农业，2002，（24）:8.

139. 陆卫平，陈国平．不同生态条件下玉米产量库源关系的研究．作物学报，1991，23（6）:727-733.

140. 罗新兰，安娟，刘新安，等．东北三省玉米生育热量指标与品种熟型分布研究．沈阳农业大学学报，2008，31（4）:318-323.

141.罗洋，岳玉兰，郑金玉.玉米品种郑单958合理种植密度的研究.吉林农业科学，2008，33（6）:11-12.

142.马国胜，薛吉全，路海东，等.播种时期与密度对关中灌区夏玉米群体生理指标的影响.应用生态学报，2007，18（6）:1247-1253.

143.马惠杰，吴景鸿，潘巨文，等.玉米秆棵还田养地增粮效应及还田技术的探讨.吉林农业科学.1990（2）:73-76，80.

144.孟兆江，刘安能，庞鸿宾，等.夏玉米调亏灌溉的生理机制与指标研究.农业工程学报，1998（4）:89-92.

145.宁堂原，焦念元，李增嘉，等.施氮水平对不同种植制度下玉米氮利用及产量和品质的影响.应用生态学报，2006，17（12）:2 332-2 336.

146.彭文英.免耕措施对土壤水分及利用效率的影响.土壤通报，2007，38（3）:379-383.

147.普凡生，李素玲，萧复兴，等.旱塬地玉米耗水特点及提高水分利用率途径.华北农学报，2000，15（1）:76-80.

148.齐文超，张念辉，董根忠，等.玉米种子分级精选效果初探.河南科技大学学报（农学版），2004，24（1）:57-59.

149.乔付彬，王录科，冯海平，等.高留茬免耕栽培技术对夏玉米的影响.中国农村小康科技，2010（6）:65，66.

150.乔燕祥，高平平，马俊华，等.两个玉米自交系在种子老化过程中的生理特性和种子活力变化的研究.作物学报，2003，29（1）:123-127.

151.任转滩，刘义宝，马毅，等.不同粒位玉米种子产量潜力的研究.玉米科学，2009，17（6）:143-145.

152.宋凤斌，孙忠立，汪立群.不同生长调节剂对玉米生长发育及产量的影响.玉米科学，1993，1（1）:32-34.

153.山农.秋播鲜食玉米的无公害栽培.农业技术与装备，2008.（7）:52.

154.申丽霞，王璞，兰林旺，等.施氮对夏玉米碳氮代谢及穗粒形成的影响.植物营养与肥料学报，2007，13（6）:1 074-1 079.

155.申丽霞，魏亚萍，王璞，等.施氮对夏玉米顶部籽粒早期发育及产量的影响.作物学报，2006，32（11）:1 746-1 751.

156.沈裕琥，黄相国，王海庆.秸秆覆盖的农田效应.干旱地区农业研究，1998.16（1）:45-50.

157.石长江，王宝河.液体地膜在玉米上的试验效果研究.吉林农业，2011（5）:100.

158.苏彩霞，栾春荣，丁慧等.登海11号玉米的密度和播期试验.安徽农学通报，2007，13（8）:119-120.

159.苏江顺，李景云，赵立群，等.氮肥长效剂（肥隆）对玉米生育指标以及产量的影响.吉林农业科学，2011，36（5）:33-35.

160.苏玉杰，周景春，张存岭，等.濉溪县夏玉米生产与气象因子关系分析.玉米科学，2007，15（S1）:165-168.

161. 孙景生，肖俊夫，段爱旺，等．夏玉米耗水规律及水分胁迫对其生长发育和产量的影响．玉米科学，1999，7（2）:45-48.

162. 孙群，王建华，孙启宝．种子活力的生理和遗传机理研究进展．中国农业科学，2007，40（1）:48-53.

163. 谭昌伟，王纪华，黄文江，等．不同氮素水平下夏玉米冠层光辐射特征的研究．南京农业大学学报，2005，28（2）:12-16.

164. 谭秀山，毕建杰，刘建栋等．玉米种植方式的发展趋势．山东农业科学，2010（5）:57-58，61.

165. 唐永金，许元平，岳含云，等．北川山区海拔和坡向对杂交玉米的影响．应用与环境生物学报，2000，6（5）:428-431.

166. 佟屏亚．中国玉米种植区划．1992，北京：中国农业科技出版社．

167. 汪先勇，汪从选．玉米不同行向的不同定向结穗栽培对产量影响的研究．贵州气象，2009，33（6）:7-9.

168. 王春平，张万松，陈翠云，等．中国种子生产程序的革新及种子质量标准新体系的构建．中国农业科学，2005，38（1）:163-170.

169. 王成业，王友华，赵素琴，等．高淀粉玉米郑单21播期试验研究．中国农学通报，2004，20（6）:150-152.

170. 王国琴，尹枝瑞，王振宝，等．植物生长调节剂在春玉米上应用效果研究．玉米科学，1998，6（2）:56-59，76.

171. 王国忠，王福祥，田守杰．现代玉米高产栽培实用技术．2013，北京：中国农业科学技术出版社．

172. 王积强．中国北方地区若干蒸发实验研究．1990，北京：科学出版社．

173. 王进军，柯福来，白鸥，等．不同施氮方式对玉米干物质积累及产量的影响．沈阳农业大学学报，2008，39（4）:392-395.

174. 王恒俊，孙继斌．小麦、玉米微肥试验示范研究．水土保持研究，1999，6（1）:87-90.

175. 王空军，胡昌浩，董树亭，等．我国不同年代玉米品种开花后叶片保护酶活性及膜脂过氧化作用的演进．作物学报，1999，25（6）:700-706.

176. 王立刚，邱建军，李维炯．黄淮海平原地区夏玉米农田土壤呼吸的动态研究．土壤肥料，2002（6）:13-17.

177. 王密侠，康绍忠，蔡焕杰，等．玉米调亏灌溉节水调控机理研究．西北农林科技大学学报（自然科学版），2004，32（12）:87-90.

178. 王琪，马树庆，郭建平，等．温度对玉米生长和产量的影响．生态学杂志，2009，28（2）:255-260.

179. 王群，方小宇，张和喜，等．不同水分处理方式对玉米生长发育及产量的影响．贵州农业科学，2011，39（1）:83-86.

180. 王茹，张凤荣，王军艳，等．潮土区不同质地土壤的养分动态变化研究．土壤通报，

2001，32（6）：255-257．

181.王帅，杨劲峰，韩晓日，等．不同施肥处理对旱作春玉米光合特性的影响．中国土壤与肥料，2008（6）：23-27．

182.王向阳，白金顺，志水胜好等．施肥对不同种植模式下春玉米光合特性的影响．作物杂志，2012（5）：39-43．

183.王小彬，蔡典雄，张镜清，等．旱地玉米秸秆还田对土壤肥力的影响．中国农业科学，2000，33（4）：54-61．

184.王晓波，齐华，王美云，等．玉米局部精作穴播技术及其产量效应．玉米科学，2010，18（3）：125-128．

185.王宜伦，常建智，张守林，等．缓/控释氮肥对晚收夏玉米产量及氮肥效率的影响．西北农业学报，2011，20（4）：58-61，86．

186.王宜伦，李潮海，谭金芳，等．氮肥后移对超高产夏玉米产量及氮素吸收和利用的影响．作物学报，2011，37（2）：339-347．

187.王宜伦，张许，李文菊，等．氮肥后移对晚收夏玉米产量及氮素吸收利用的影响．玉米科学，2011，19（1）：117-120．

188.王永平，刘杨，卢海军，等．水分胁迫对夏玉米籽粒灌浆的影响及其与内源激素的关系．西北农业学报，2014，23（4）：28-32．

189.王忠孝，高学曾，许金芳．关于籽粒败育的研究．中国农业科学，1986（6）：36-40．

190 尉德铭，李树贵，韩秀玲．新型绿色植物生长调节剂 GGR 不同剂型对玉米生长发育的影响效果比较．北京农业科学，2001（3）：21-23

191.卫丽，马超，黄晓书，等．控释肥对夏玉米碳、氮代谢的影响．植物营养与肥料学报，2010，16（3）：773-776．

192.魏亚萍，王璞．氮肥对夏玉米子粒不同部位重量的影响．玉米科学，2006，14（5）：123-126．

193.吴东兵，曹广才．我国北方高寒旱地玉米的三段生长特征及其变化．中国农业气象，1995，16（4）：7-10．

194.吴东兵，曹广才，等．晋中高海拔旱地玉米熟期类型划分指标．华北农学报，1999.14（1）：42-46．

195.吴海燕，崔彦宏，孙昌凤．不同类型玉米杂交种播种深度与出苗相关性的研究．玉米科学，2011，19（2）：109-113．

196.吴三林，陈兴明，李书华，等．玉米高产稳产播期研究．乐山师范学院学报，2004，19（5）：86-87．

197.伍贤进，宋松泉，田向荣，等．玉米种子吸胀萌发过程中抗氧化酶活性的变化．吉林农业大学学报，2004，26（1）：6-9．

198.武艳芍，郝建平．不同播期对玉米（强盛49）出苗速度及生育期的影响．中国农学通报，2009（4）：119-121．

199.肖俊夫，刘战东，陈玉民．中国玉米需水量与需水规律研究．玉米科学，2008，16

（4）:21-25.

200.肖俊夫，刘战东，南纪琴，等.不同水分处理对春玉米生态指标、耗水量及产量的影响.玉米科学，2010，18（6）:94-97，101.

201.谢天保，曾春初，徐述明，等.生态因素对玉米子粒发育影响及调控的研究.玉米科学，2002，9（1）:69-73.

202.谢文.玉米作物秸秆覆盖试验示范研究.耕作与栽培，2001（2）:9-10.

203.徐竹英，程建和，郝跃红，等.稳定性长效氮肥对春玉米产量与效益的影响.中国农学通报，2013，29（24）:109-113.

204.许萱.旱地农业覆盖栽培技术.1989，北京：农业出版社

205.续创业，郝建平.不同播期对不同品种玉米产量的影响.山西农业科学，2008，36（4）:37-38.

206.薛飞，曹雨，武巍.玉米精密播种的实践.玉米科学，2000，8（2）:61-62，91.

207.薛庆禹，王靖，曹秀萍，等.不同播期对华北平原夏玉米生长发育的影响.中国农业大学学报，2012，17（5）:30-38.

208.闫锋，崔秀辉，王成，等.玉米绿豆间作效应分析.安徽农业科学，2013，41（27）:10 931-10 932.

209.闫洪奎，杨镇，吴东兵，等.玉米生育期和品质性状的纬度效应研究.科技导报，2009，27（12）:38-41.

210.闫洪奎，杨镇，徐方，等.玉米生育期和生育阶段的纬度效应研究.中国农学通报，2010，26（12）:324-329.

211.杨春收，赵霞，李潮海，等.麦茬处理方式对机播夏玉米播种质量及其前期生长的影响.河南农业科学，.2009（1）:25-28.

212.杨国航，崔彦宏，刘树欣.供氮时期对玉米干物质积累、分配和转移的影响.玉米科学，2004，12（专刊）:104-106.

213.杨华应.玉米地膜覆盖栽培技术.1988，昆明：云南科技出版社.

214.杨俊刚，高强，曹兵，等.一次性施肥对春玉米产量和环境效应的影响.中国农学通报，2009，25（19）:123-128.

215.杨祁峰.农作物地膜覆盖栽培技术.2005，兰州：甘肃科学技术出版社.

216.杨青华，韩锦峰，等.化学覆盖技术应用与研究进展.河南农业大学学报，2003，37（2）13-140.

217.杨青华，韩锦峰，贺德先，等.液体地膜覆盖保水效应研究.水土保持学报，2004，18（4）:29-31.

218.杨学明，张晓平，方华军，等.北美保护性耕作及对中国的意义.应用生态学报，2004，15（2）:335-340.

219.杨治平，周怀平，李红梅，等.旱地玉米秸秆还田秋施肥的增产培肥效应.干旱地区农业研究，1999，17（4）:11-15.

220.杨志跃.山西玉米种植区划研究.山西农业大学学报，2005，（3）:223-227.

221.姚杰.浅谈玉米精密播种技术的推广与发展前景.玉米科学,2004,12(2):89-91.

222.易镇邪,王璞,申丽霞,等.不同类型氮肥对夏玉米氮素累积、转运与氮肥利用的影响.作物学报,2006,32(5):772-778.

223.于德忠,张俊杰.夏播玉米品种——郑单958.天津农林科技,2012,6(3):21.

224.于舜章,陈雨海,周勋波,等.冬小麦期覆盖秸秆对夏玉米土壤水分动态变化及产量的影响.水土保持学报,2004,18(6):175-178.

225.于希臣,孙占祥,郑家明,等.不同镇压方式对玉米生长发育及产量的影响.杂粮作物,2002,22(5):271-273.

226.余利,刘正,王波.行距和行向对不同密度玉米群体田间小气候和产量的影响.中国生态农业学报,2013,21(8):938-942.

227.余宁安,王铁固,陈士林.玉米种子活力田间测定及其遗传分析.玉米科学,2010,18(4):18-22.

228.鱼欢,杨改河,王之杰.不同施氮量及基追比例对玉米冠层生理性状和产量的影响.植物营养与肥料学报,2010,16(2):266-273.

229.张德奇,廖允成,贾志宽.旱区地膜覆盖技术的研究进展及发展前景.干旱地区农业研究,2005,23(1):20-213.

230.张桂阁,曹修才,侯长荣.玉米秃顶缺粒原因及预防措施.中国农业科学,1996,4(4):47-49.

231.张昊,于海秋,依兵,等.整秸秆覆盖免耕对土壤水热状况和玉米生长发育的影响.沈阳农业大学学报,2011,42(1):90-93.

232.张焕裕.作物农艺性状整齐度的研究进展.湖南农业科学,2005(4):33-36.

233.张家铜,彭正萍,李婷,等.不同供氮水平对玉米体内干物质和氮动态积累与分配的影响.河北农业大学学报,2009,32(2):1-5.

234.张金财,周正红,何其所,等.中熟玉米新品种SN696选育及栽培技术研究.大麦与谷类科学,2012(2):55.

235.张俊鹏,孙景生,刘祖贵,等.不同水分条件和覆盖处理对夏玉米籽粒灌浆特性和产量的影响.中国生态农业学报,2010,18:501-506.

236.张兰兰,李运起,李秋凤,等.微肥配施对青贮玉米产量的影响.河北农业大学学报,2009,32(2):6-10.

237.张丽丽,王璞,陶洪斌,等.氮肥对夏玉米冠层结构及光合速率的影响.玉米科学,2009,17(2):133-135.

238.张培英,张志双,焦光纯,等.植物生长调节剂对玉米生理指标及产量的影响.玉米科学,1996,4(2):70-73.

239.张明哲.玉米大垄双行栽培技术及其推广应用.安徽农业科学,2010(12):2663-2664,2696.

240.张石宝,李树云,等.云南南亚热带地区冬玉米种植的生态生理学研究.云南植物研究,2001,23(1):109-114.

241. 张涛，张春庆. 玉米种子微波间歇干燥特性及其对发芽率的影响. 中国农业科学，2009，42（1）：340-348.

242. 张雯，丛巍巍，赵洪亮，等. 免耕条件下玉米残茬处理对农田表层土壤结构性能的影响. 干旱地区农业研究，2010，28（3）：79-82.

243. 张雯，侯立白，张斌，等. 辽西易旱区不同耕作方式对土壤物理性能的影响. 干旱区资源与环境，2006，20（3）：149-153.

244. 张雯，侯立白，张斌，等. 辽西地区垄作和平作保护性耕作方式比较研究. 中国农学通报，2005，21（7）：175-178，151.

245. 张雯，衣莹，侯立白. 辽西地区垄作保护性耕作方式对玉米产量效应的影响研究. 玉米科学，2007，15（5）：96-99，103.

246. 张雯，赵洪亮，丛巍巍，等. 东北冷凉风沙区不同保护性耕作措施对玉米耕层土壤肥力水平的影响. 沈阳农业大学学报，2009，40（6）：658-662.

247. 张新，王振华，刘文成，等. 高产高淀粉玉米新品种郑单21适宜播期的研究. 中国农学通报，2004，20（6）：99-101.

248. 张新贵，李东升，高春亭. 植物细胞分裂素在玉米上的应用研究. 河南农业科学，1991（7）：6-8

249. 张学林，王群，赵亚丽，等. 施氮水平和收获时期对夏玉米产量和籽粒品质的影响. 应用生态学报，2010，21（10）：2565-2572.

250. 张泽民，任和平. 不同生态环境对玉米产量和穗粒性状的影响. 华北农学报，1991，6（1）：28-34.

251. 张振平，齐华，张悦，等. 水分胁迫对玉米光合速率和水分利用效率的影响. 华北农学报，2009，24（增刊）：155-158.

252. 张智猛，戴良香，胡昌浩，等. 灌浆期不同水分处理对玉米籽粒蛋白质及其组分和相关酶活性的影响. 植物生态学报，2007，31（4）：720-728.

253. 赵久然. 玉米不同品种基因型穗粒数及其构成因素相关分析的研究. 北京农业科学，1997，15（6）：1-2.

254. 赵举，刘忠，黄斌，等. 玉米留茬免耕保护性耕作技术规程. 内蒙古农业科技，2011（4）：91.

255. 赵荣芳，陈新平，张福锁. 华北地区冬小麦—夏玉米轮作体系的氮素循环与平衡. 土壤学报，2009，46（4）：684-697

256. 赵霞，王秀萍，刘天学等. 麦茬处理方式对土壤蒸发及夏玉米水分利用效率的影响. 耕作与栽培，2008（4）：31-32.

257. 赵霞，张绍芬，刘天学，等. 麦茬处理方式对夏玉米光合特性的影响. 生态学报，2008，28（10）：4912-4918.

258. 赵霞，王秀萍，刘天学，等. 麦茬处理方式对土壤蒸发及夏玉米水分利用效率的影响. 耕作与栽培，2008（4）：31-32.

259. 赵霞，王秀萍，李潮海，等. 麦茬处理方式对夏玉米荧光参数日变化及产量的影

响.玉米科学，2009，17（2）：64-67，72.

260.赵霞，陈保林，司雪琴，等.缺苗断垄对机播夏玉米产量及产量构成因素的影响.中国农学通报，2010，26（18）:161-164.

261.赵霞，司雪琴，蔺锋，等.河南省夏玉米不同品种脱水速率研究.江西农业学报，2010，22（3）:32-33.

262.赵霞，刘京宝，唐保军，等.不同成分种衣剂对玉米苗期素质及产量的影响.江西农业学报，2011，23（11）:59-60.

263.赵霞，王小星，黄瑞冬，等.玉米精密播种种子质量差异研究.玉米科学，2012，20（4）：95-100.

264.赵霞，黄瑞冬，李潮海，等.播后镇压覆盖有利于土壤保水保温和玉米幼苗生长.玉米科学，2013，21（5）：87-93，99.

265.赵霞，黄瑞冬，李潮海，等.农艺措施和保水剂对土壤蒸发和夏玉米水分利用效率的影响.干旱地区农业研究，2013，31（1）:101-106.

266.赵霞，唐保军，黄瑞冬，等.潮土区不同土体构型对夏玉米生长与产量的影响.土壤通报，2013，44（3）:538-542.

267.赵镄京，吴萧.川中丘陵区小麦不同覆盖栽培条件下土壤水分及增产效果研究.干旱地区农业研究，2003，21（1）:66-69.

268.赵士诚，裴雪霞，何萍，等.氮肥减量后移对土壤氮素供应和夏玉米氮素吸收利用的影响.植物营养与肥料学报，2010，16（2）:492-497.

269.郑光华.种子生理研究.2004，北京：科学出版社.

270.周怀平，杨治平，关春林，等.旱地玉米秸秆还田秋施肥生态效应研究.中国生态农业学报，2005，13（1）:125-127.

271.周进宝，杨国航，孙世贤，等.黄淮海夏播玉米区玉米生产现状和发展趋势.作物杂志，2008（2）:4-7.

272.周顺利，张福锁，王兴仁.土壤硝态氮时空变异与土壤氮素表观盈亏Ⅱ.夏玉米。生态学报，2002，22（1）：48-53.

273.周廷芬，姚学竹，刘志治，等.景电灌区小麦/玉米带田种植规格及栽培技术要点.甘肃农业科技，2000（10）：16-17.

274.朱玉芹，岳玉兰.玉米秸秆还田培肥地力研究综述.玉米科学，2004，12（3）：106-108.

275.朱元骏，黄占斌，辛小桂，等.分根区施保水剂对玉米气孔导度和单叶 WUE 的影响.西北植物学报，2004，24（4）：627-631.

276.朱自玺，方文松，赵国强，等.麦秸和残茬覆盖对夏玉米农田小气候的影响.干旱地区农业研究，2000，18（2）:19-24.

277. Anderson W B, Kemper W D. Corn growth as affected by aggregate stability, soil temperature, and soil moisture. Agron J. 1964, 56：453-456.

278. Bakler J L. Agricultural areas as nonpoint sources of pollution[A] Overcash M and Davidson J (eds1). Environmental impact of nonpoint source pollution. Ann1 Arbor ,Mich：Ann1 Arbor Science

Publications ,1980,2 : 75 –81.

279. Baysal T, Icier F, Ersus S. Effects of microwave and infrared drying on the quality of carrot and garlic. 167. European Food Research and Technology.2003., 218(1) : 68–73.

280. Dale E, Farnham. Row spacing, plant density, and hybrid effects on corn grain yield and moisture.Agronomy Journal .2001,93 : 1 049–1 053.

281. Edwards W, Shipitalo M, Owens L , Dich W. Factors affecting preferential flow of water and atrazine through earthworm burrows under continuous no till corn,Environ1Qual.,1993,22 : 225–241.

282. Fischer R A, Turner N C. Plant productivity in the earid and semi–arid zones,Ann,Rev,Plant Physiol ,1978,29 : 277–317.

283. Freebairn D M, Littleboy M, Smith G D, et al. Optimising soil surface management in response to climatic risk. Muchow R C, Bellamy J A. Climatic risk in crop production : Model sand management in the semiarid tropics and subtropics.1991.283–305.

284. Gaume A, Machler F, Leon C, et al. Low–Ptol– erance by maize (Zea mays L.) genotypes : significance of root growth, and organic acids and acid phosphatase root exudation . Plant and Soil.2001, 228(2) ,253–264.

285. Haruyuki Kanehiro. plastic Litter pollution in the Marine Environment .Journal of the Mass Spectrometry Society of Japan, 1999,47(6) : 319–321.

286. Hsiao T C, Xu L K, Feerira M L, et al. Predicting water use efficiency of crops.Acta Horticulture,2000,53(7) : 199–206.

287. Jones O R, Hanser V L. No tillage effects on infilt ration ,runoff and water conservation on dry land .American Society of Agriculture Engineers ,1994,37(2) : 473–479.

288. Lopezm V, Arrue J L, Sanchez–giron V. A. Comparison between seasonal changes in soil water storage and penetration resistance under conventional and conservation tillage systems in Aragon . Soil& Tillage Research. 1996, 37 : 251–271.

289. McDonald M B. Seed deterioration : physiology, repair and assess–ment . Seed Sci &Technol, 1999, 27 : 177–237.

290. Mosisa W, Marianne B, Gunda S, et al. Nitro–genuptake and utilization in contrasting nitrogen effi–cient tropical maize hybrids . Crop Science.2007, 47 : 519–528.

291. Muitamaki K. The effect of seed size and depth of seedling on the emergence of grass land plants . J. Sci. Agric. Sco– Finiand.1962, 34 : 18–25 .

292. Nowatzki T M, Tollefson J J, Bailey T B. Effects of row spacing and plant density on corn rootworm(Coleopteran : Chrysomelidae)emergence and damage potential to corn.Journal of Economic Entomology.2002, 95(3) : 570–577.

293. P L de Fraitas, Zobel R W, Snyder V A . Corn root growth in soilcolumns with artificially constructed aggregates. Crop Science.1999,39 : 725–730.

294. Purdue University West Lafayette,Indiana.Purdue University West Lafayette, Indiana,1996,23–30.

295. Roth C B, Greenkorn R A. Review, assessment, and transfer of pollution prevention technology in plastic and RFC industries. 51st Industrial Waste Conference May 6, 7,8, 1996.

296. Roldan A, Carvaca F, Hernandezmt, et al . No–tillage, crop residue additions, and legume cover cropping effects on soil quality characteristics undermaize in Patzcuaro watershed (Mexico) . Soil& Tillage Research.2003,72 : 65–73.

297. Schwab G J, Whitney D A, Kilgore G L, et al. Tillage and phosphorus management effects on crop production in soils with phosphorus stratification Agronomy Journal.2006,98 : 430–435.

298. Unger P W. Surface residue ,water application and soil texture effects on water accumulation.Soil Sci1Soc1Am. J ,1976 ,40 : 298–300.

299. West L T. Cropping system and consolidation effect s on rill erosion in the Georgia Piedmont .Soil Sci Soc Am J,1992,56 (4) : 1 238–2 43.

300. Yoshinori I, Shigeru U, Shigekatsu M. Internal heating effect and enhancement of drying of ceramics by microwave heating with dynamic control. Transport in Porous Media.2007,66(1) : 29–42.

301. Zhang Y Q, Eloise K,Yu Q, et al. Effect of soil water deficit on evapotranspiration, crop yield, and water use efficiency in the North China Plain . Agricultural Water Management.2004,64(2) : 107–122.

第三章　病虫草害防治、防除与环境胁迫应对策略

第一节　玉米主要病害与防治

一、玉米主要病害种类

（一）玉米大斑病

1. 病原

病原无性态为玉米大斑凸脐蠕孢菌 *Exserohilum turcicum*（Pass.）Leonard *et* Suggs，属无性孢子类凸脐蠕孢属，有性态为大斑刚毛球腔菌 *Setosphaeria turcica*（Luttr.）Leonard *et* Suggs，属子囊菌门球腔菌属。玉米大斑病菌的分生孢子梗从气孔伸出，单生或 2~6 根束生，褐色不分枝，2~6 个隔膜，基部细胞膨大，色深，向顶端渐细，色较浅，顶端呈屈膝状，并有孢子脱落留下的痕迹。分生孢子梭形或长梭形，榄褐色，直或略向一方弯曲，中部最粗，向两端渐细，顶端细胞钝圆或长椭圆形，基细胞尖锥形，脐点明显，突出于基细胞外部，分生孢子具 2~8 个隔膜，大小（45~126）μm×（15~24）μm。自然条件下一般不产生有性世代，但人工培养时可产生子囊壳，成熟的子囊壳黑色，椭圆形至球形，大小（359~721）μm×（345~497）μm，外层由黑褐色拟薄壁组织组成，子囊壳壳口表皮细胞产生较多短而刚直、褐色的毛状物，内层膜由较小透明细胞组成。子囊从子囊腔基部长出，夹在拟侧丝中间，圆筒形或棍棒形，具短柄，一般含 2~4 个子囊孢子，大小（176~249）μm×（24~31）μm。子囊孢子纺锤形，直或略弯曲，无色透明，老熟呈褐色，多为 3 个隔膜，隔膜处缢缩，大小（42~78）μm×（13~17）μm。

2. 为害症状

玉米整个生育期均可感病，但在自然条件下，苗期很少发病，通常到玉米生长中后期，特别是抽穗以后，病害逐渐严重。此病主要为害玉米叶片，严重时也能为害叶鞘和苞叶。最明显的特征是在叶片上形成大型的梭形病斑，一般下部叶片先发病，病斑的大小、形状、颜色和反应型因品种抗性的不同而有差异。病斑一般长 5~10cm，宽 1cm 左右，在感病品种上有的长达 15~20cm，宽 2~3cm。病斑初期为水渍状青灰色小斑点，随后沿叶脉向两端扩展，形成边缘暗褐色、中央淡褐色或青灰色的大斑，后期病斑常纵裂，严重时病斑常汇合连片，叶片变黄枯死，潮湿时病斑上产生大量灰黑色霉状物。在具单基因或寡基因控制的垂直抗性品种上症状表现为褪绿病斑，发病初期为小斑点，以后沿叶脉延长并扩大呈长梭形，后期病斑中央

出现褐色坏死部，周围有较宽的褪绿晕圈，在坏死部位很少产生霉状物。

3. 传播途径

病原菌主要以菌丝或分生孢子在田间病残体上越冬，成为翌年初侵染来源。此外，含有未腐烂病残体的粪肥及种子也能带少量病菌。越冬病组织里的菌丝在适宜的温湿度条件下产生分生孢子，借风雨、气流传播到玉米叶片上，在适宜条件下，孢子萌发从表皮细胞直接侵入，少数从气孔侵入，叶片正反面均可侵入，侵入后约5~7d可形成典型的病斑，10~14d在病斑上可产生分生孢子，借气流传播进行再侵染。玉米大斑病的流行除了与玉米品种感病程度有关外，还与当时的气象条件关系密切，温度20~25℃、相对湿度90%以上利于病害发展，气温高于25℃或低于15℃，相对湿度小于60%，病害的发展就受到抑制。在春玉米区，从拔节到出穗期间，气温适宜，又遇连续阴雨天，病害发展迅速，易大流行。

4. 对玉米生长和产量的影响

玉米大斑病一般是下部叶片先发病，逐渐向上扩展，多雨年份病害发展很快，一个月左右即可造成整株枯死，影响植株光合作用及籽粒灌浆，导致籽粒皱秕，千粒重下降，同时也降低玉米秸秆的利用价值。

（二）玉米小斑病

1. 病原

病原无性态为玉蜀黍平脐蠕孢菌 *Bipolaris maydis*（Nisik. et Miyake）Shoemaker，属无性孢子类平脐蠕孢属，有性态为异旋孢腔菌 *Cochliobolus heterostrophus*（Drechsler）Drechsler，属子囊菌门旋孢腔菌属。无性态的分生孢子梗散生在病叶上病斑两面，从叶片气孔或表皮细胞间隙伸出，2~3根束生或单生，榄褐色至褐色，直立或呈曲膝状弯曲，基部细胞稍膨大，顶端略细色较浅，下部色深较粗，上端有明显孢痕。分生孢子在分生孢子梗顶端或侧方长出，长椭圆形，褐色，两端钝圆，多向一端弯曲，中间粗两端细，具3~13个隔膜，一般6~8个，大小（80~156）μm×（5~10）μm，脐点凹陷于基细胞之内，分生孢子多从两端细胞萌发长出芽管，有时中间细胞也可萌发。子囊壳可通过人工诱导产生，偶尔也可在枯死的病组织中发现，子囊壳黑色，近球形，大小（357~642）μm×（276~443）μm，子囊顶端钝圆，基部具短柄，大小（124.6~183.3）μm×（22.9~28.5）μm，每个子囊内大多有4个子囊孢子，子囊孢子长线形，彼此在子囊里缠绕成螺旋状，通常有5~9个隔膜，大小（146.6~327.3）μm×（6.3~8.8）μm，萌发时每个细胞均可长出芽管。玉米小斑病菌有明显的生理分化现象，根据病原菌对不同型玉米细胞质的专化性，已报道的小斑病菌生理小种有3个：T小种、O小种和C小种，3个小种在中国均有，国外也报道了S型细胞质菌株。

2. 为害症状

从苗期到成株期均可发生，但苗期发病较轻，通常到玉米生长中后期，特别是抽雄以后发病逐渐加重。此病主要为害玉米叶片，严重时也可为害叶鞘、苞叶、对雌穗和茎秆的致病力也较强，可造成果穗腐烂和茎秆断折。叶片发病常从下部开始，逐渐向上蔓延，发病初期，在叶片上出现半透明水渍状褐色小斑点，后扩大为椭圆形或纺锤形病斑，病斑褐色到暗褐色，有些品种上病斑为黄色或灰色，边缘赤褐色，轮廓清楚，病斑大小一般在（5~16）mm×（2~4）mm，感病品种上病斑常相互联合致使整个叶片萎蔫，严重株提早枯死，天气潮湿或多雨季节，病斑上出现大量暗黑色霉状物为分生孢子梗和分生孢子。在抗病品种上病斑为坏死小斑点，黄褐色，周围具有黄褐色晕圈，病斑一般不扩展。

3. 传播途径

病原菌主要以休眠菌丝体和分生孢子在病残体上越冬，成为翌年发病初侵染源。分生孢子借风雨、气流传播，侵染玉米，在病株上产生分生孢子进行再侵染。发病适宜温度 26~29℃，产生孢子最适温度 23~25℃，孢子在 24℃下，1h 即能萌发，遇充足水分或高温条件，病情迅速扩展。玉米孕穗、抽穗期降水多、湿度高，容易造成小斑病的流行，低洼地、过于密植荫蔽地、连作田发病较重。

4. 对玉米生长和产量的影响

玉米叶片被害后，使叶绿组织受损，影响光合机能，导致减产。1970 年美国由于推广 T 型细胞质雄性不育系配制的杂交种，造成玉米小斑病大流行，损失玉米 165 亿 kg、产值约 10 亿美元，从而引起国际广泛重视。此病在中国早有发现，但直到 20 世纪 60 年代以后，由于推广容易感病的杂交种才上升为玉米生产上的一个主要病害，在黄河和长江流域的温暖潮湿地区发生普遍而严重。一般造成减产 10%~20%，发病严重的损失可达到 30% 以上。

（三）玉米弯孢霉叶斑病

1. 病原

病原无性态为新月弯孢霉 *Curvularia lunata*（Walker）Boedijn，属无性孢子类弯孢霉属，有性态为新月旋孢腔菌 *Cochliobo luslunatus* Nelson et Haasis，属子囊菌门旋孢腔菌属。引起弯孢霉叶斑病的病原还有不等弯孢霉 *C. inaeguacis*、苍白弯孢霉 *C. pallescens*、画眉草弯孢霉 *C. eragrostidis*、棒状弯孢霉 *C. clavata* 和中隔弯孢霉 *C. intermedia* 等。分生孢子梗褐色至深褐色，单生或簇生，较直或弯曲，大小（52~116）μm×（4~5）μm。分生孢子花瓣状聚生在梗端，分生孢子暗褐色，弯曲或呈新月形，大小（20~30）μm×（8~16）μm，具 3 个隔膜，大多 4 胞，中间两个细胞膨大，其中，第 3 个细胞最明显，两端细胞稍小，颜色较浅。

2. 为害症状

玉米弯孢霉叶斑病主要为害叶片，有时也为害叶鞘、苞叶。叶部病斑初为水渍状褪绿小斑点，逐渐扩展为圆形至椭圆形褪绿透明斑，中间灰白色至黄褐色，边缘暗褐色，外围有浅黄色晕圈，大小（0.5~4）mm×（0.5~2）mm，大的可达

7mm×3mm。在潮湿条件下，病斑正反两面均可产生灰黑色霉状物，即病原菌的分生孢子梗和分生孢子，以背面居多。在不同品种上该病症状差异较大，可分为抗病型、中间形和感病型3种病斑类型。抗病型病斑小，圆形、椭圆形或不规则形小病斑，中间灰白色至浅褐色，边缘无褐色环带或环带很细，外围具狭细半透明晕圈；中间形病斑小，1~2mm，圆形、椭圆形或不规则形，中央灰白色或淡褐色，边缘具窄或较宽的褐色环带，外围褪绿晕圈明显；感病型病斑较大，圆形、椭圆形、长条形或不规则形，中央苍白色或黄褐色，有较宽的褐色环带，外围具较宽的半透明黄色晕圈，有时多个斑点可沿叶脉纵向汇合而形成大个病斑，导致整叶枯死，在潮湿条件下，病斑正反面可产生分生孢子梗和分生孢子。此外，在有些自交系和杂交种上只产生一些白色或褐色小点。

3. 传播途径

病菌以菌丝潜伏于地表的病残体组织中越冬，或以分生孢子在玉米秸秆垛中越冬。据研究土表下5~10cm的病残体病原菌越冬率很低或不能越冬，因此，地表的病残体和玉米秸秆垛是弯孢霉叶斑病菌的主要越冬场所。另外，病菌可为害水稻、高粱和一些禾本科杂草，因此，水稻、高粱的病残体及田间的杂草寄主也是病害的初侵染来源。越冬后适宜条件下，病残体上的菌丝体产生分生孢子，借风雨传播到田间玉米叶片上，在有水膜存在下分生孢子萌发直接侵入，经7~10d可表现症状并产生分生孢子进行再侵染。病菌分生孢子最适萌发温度为30~32℃，最适的湿度为超饱和湿度，相对湿度低于90%则很少萌发或不萌发。此病属于成株期高温高湿型病害，发生轻重与降雨多少、时空分布、温度高低、播种早晚、施肥水平关系密切。一般于玉米抽雄后遇到高温、高湿、降雨较多的条件有利于发病，低洼积水田和连作地块发病较重。

4. 对玉米生长和产量的影响

玉米弯孢菌叶斑病主要为害叶片，也为害叶鞘和苞叶。通常为抽雄后植株上部叶片发病，田间气候条件合适时病害迅速扩展蔓延，整株布满病斑，影响植株光合作用，严重时叶片提早干枯，一般减产20%~30%，严重地块减产50%以上，甚至绝收。

（四）玉米褐斑病

1. 病原

病原为玉蜀黍节壶菌 *Physoder mamaydis* Miyabe.，属壶菌门节壶菌属，是玉米上的一种专性寄生菌，寄生在薄壁细胞内。休眠孢子囊壁厚，近圆形至卵圆形或球形，大小（22~45）μm×（18~30）μm，黄褐色，略扁平，有囊盖，萌发时囊盖打开，内有乳头状突起的无盖排孢，从盖的孔口处释放出游动孢子。游动孢子有单尾鞭毛，大小（5~7）μm×（3~4）μm。

2. 为害症状

玉米褐斑病主要发生在叶片、叶鞘和茎秆上，先在顶部叶片的尖端发生，以叶和叶鞘交接处病斑最多，常密集成行，最初为黄褐色或红褐色小斑点，病斑为圆形或椭圆形到线形，隆起附近的叶组织呈红色，小病斑常汇集在一起，严重时叶片上出现几段甚至全部布满病斑，在叶鞘上和叶脉上出现较大的褐色斑点，发病后期病斑表皮破裂，叶细胞组织呈坏死状，病组织细胞瓦解，并显出脓疱状突起，散出褐色粉末为病原菌的休眠孢子囊。在茎秆上病斑多发生于茎节的附近，叶鞘受害的茎节，常在发病中心折断。

3. 传播途径

病菌以休眠孢子囊在土壤或病残体中越冬，第二年靠气流传播到玉米植株上，遇到合适条件萌发产生大量的游动孢子，游动孢子在寄主表皮水滴中移动，并形成侵染丝，常于喇叭口期侵害玉米的幼嫩组织。侵入时产生假根进入寄主细胞吸取养料，寄主外部的菌体发育成薄壁的孢子囊。孢子囊成熟时释放出游动孢子，这种游动孢子的个体较休眠孢子囊所产生的小，可以直接侵入寄主，也可以作为配子。两个游动配子配合形成合子侵入寄主，在侵染后的16~20d在寄主组织内形成膨大的、具细胞壁的营养体，膨大的细胞之间有丝状体相连。以后膨大细胞的壁加厚，转变为休眠孢子囊，膨大细胞壁间的丝状体随之消失。休眠孢子囊在干燥的土壤和寄主组织中可以存活3年，休眠孢子囊萌发需要叶片上有水滴和相当高的温度，一般适温较高为20~30℃。在7~8月份若温度高、湿度大，阴雨日较多时，有利于发病。在土壤瘠薄的地块，叶色发黄、病害发生严重，一般在玉米8~10片叶时易发生病害，玉米12片叶以后一般不会再发生此病害。

4. 对玉米生长和产量的影响

玉米褐斑病在全国各玉米产区均有发生，其中，在河北、山东、河南、安徽、江苏等省为害较重。该病一般年份对玉米产量影响较小，但是，近年来玉米褐斑病在田间发病时间提前，部分田块叶片枯死，严重影响了玉米的正常生长发育，从而导致玉米大幅度减产。据统计，该病害造成的产量损失一般为10%~15%，严重的可达30%~40%。

（五）玉米丝黑穗病

1. 病原

病原为孢堆黑粉菌 *Sporisorium reilianum*（Kühn）Langdon et Full.，属担子菌门团散黑粉菌属。病组织中散出的黑粉为冬孢子，冬孢子黄褐色、暗褐色或赤褐色，球形或近球形，直径9~14μm，表面有细刺。冬孢子间混有不育细胞，近无色，球形或近球形，直径7~16μm。冬孢子在成熟前常集合成孢子球并由菌丝组成的薄膜所包围，成熟后分散。成熟的冬孢子在适宜条件下萌发产生有分隔的担子，侧生担孢子。担孢子无色，单胞椭圆形，担孢子又可芽生次生担孢子，担孢子萌发后侵入

寄主。玉米丝黑穗病菌是否存在生理分化，目前，报道不尽一致。

2. 为害症状

玉米丝黑穗病是苗期侵染的系统性侵染病害，一般在穗期表现典型症状，主要为害雌穗和雄穗。受害严重的植株，在苗期可表现各种症状，幼苗分蘖增多呈丛生形，植株明显矮化，节间缩短，叶片颜色暗绿挺直，农民称此病状是："个头矮、叶子密、下边粗、上边细、叶子暗、颜色绿、身子还是带弯的"，有的品种叶片上出现与叶脉平行的黄白色条斑，有的幼苗心叶紧紧卷在一起弯曲呈鞭状。成株期雌穗病穗分两种类型。

①黑穗型：受害果穗较短，基部粗顶端尖，近似球形，不吐花柱，除苞叶外整个果穗变成黑粉包，其内混有丝状寄主维管束组织。

②畸形变态型：受害果穗失去原有形状，雌穗颖片因受病菌刺激而过度生长成管状长刺，呈绿色或紫绿色刺猬头状，长刺的基部略粗，顶端稍细，常弯曲，中央空松，长短不一，由穗基部向上丛生，整个果穗呈畸形。病株雄穗症状大体分3种类型。

①多数情况是病穗仍保持原来的穗形，仅个别小穗受害变成黑粉包。花器变形不能形成雄蕊，颖片因受病菌刺激变为畸形，呈多叶状。雄花基部膨大，内有黑粉。

②整个雄穗受害变成一个大黑粉包，以主梗为基础外面包被白膜，白膜破裂后散出黑粉。

③雄穗的小花受病菌的刺激伸长，使整个雄穗呈刺猬头状，植株上部呈大弧度弯曲。田间病株多为雌雄穗同时受害。

3. 传播途径

玉米丝黑穗病菌主要以冬孢子散落在土壤中越冬，有些则混入粪肥或黏附在种子表面越冬，成为翌年初侵染源。冬孢子在土壤中能存活2~3年，也有报道认为能存活7~8年，结块的冬孢子较分散的冬孢子存活时间长。种子带菌是远距离传播的主要途径，带菌的种子是病害的初侵染来源之一，但带菌土壤的传病作用更大。用病残体和病土沤粪而未经腐熟，或用病株喂猪，冬孢子通过牲畜消化道并不完全死亡，施用带菌的粪肥可以引起田间发病，这也是一个重要的来源。土壤带菌是玉米丝黑穗病最重要的初侵染源，其次是粪肥，再次是种子，此病无再侵染。冬孢子在玉米雌穗吐丝期开始成熟，且大量落到土壤中，部分则落到种子上。玉米播种后，冬孢子萌发产生担孢子，担孢子萌发形成侵染丝，一般在种子发芽或幼苗刚出土时侵染胚芽或胚根，并很快扩展到茎部且沿生长点生长，有的在2~3叶时也发生侵染，4~5片叶以后侵染较少，7叶期以后不能再侵入，为病菌侵入的终止期。花芽开始分化时，菌丝则进入花器原始体，侵入雌穗和雄穗，最后破坏雄花和雌花。有时由于玉米生长锥生长较快，菌丝扩展较慢，未能进入植株茎部生长点，这就造成有些病株只在雌穗发病而雄穗无病的现象。幼芽出土前是病菌侵染的关键阶段，由此，幼芽出土期间的土壤温湿度、播种深度、出苗快慢、土壤中病菌含量等，与玉米丝黑穗病的发生程度关系密切。土壤冷凉、干燥有利于病菌侵染。促进幼芽快速出苗、减少病菌侵染机率，可降低发病率。播种时覆土过厚、保墒不好的地块，发病率显著高于覆土浅和保墒好的地块。玉米不同品种以及杂交种和自交系间的抗病性差异明显。

4. 对玉米生长和产量的影响

玉米丝黑穗病是玉米发芽期侵入的系统侵染性病害，一经感病，首先破坏雌穗，发病率等于损失率，给玉米生产造成很大损失，严重威胁着玉米的生产。在中国以北方春玉米区、西南丘陵山地玉米区和西北玉米区发病较重，一般年份发病率在2%~8%，个别地块达60%~70%，严重影响玉米产量。

（六）玉米瘤黑粉病

1. 病原

病原为玉米瘤黑粉菌 *Ustilagomaydis*（DC.）Corda，属担子菌门黑粉菌属。冬孢子球形或椭圆形，暗褐色，厚壁，表面有细刺状突起。冬孢子萌发时产生有4个细胞的担子（先菌丝），担子顶端或分隔处侧生4个无色梭形的担孢子。担孢子还能以芽殖的方式形成次生担孢子，担孢子和次生担孢子均可萌发。冬孢子萌发的温度是5~38℃，适温为26~30℃，在水中和相对湿度98%~100%条件下均可萌发。担孢子和次生担孢子的萌发适温为20~26℃，侵入适温为26~35℃。冬孢子无休眠期，自然条件下，分散的冬孢子不能长期存活，但集结成块的冬孢子，无论在土表或土内存活期都较长。在干燥条件下经过4年仍有24%的萌发率。担孢子和次生担孢子对不良环境忍耐力很强，干燥条件下5周才死亡，对病害的传播和再侵染起着重要作用。玉米瘤黑粉菌有生理分化现象，存在多个生理小种。

2. 为害症状

此病为局部侵染性病害，在玉米全生育期，植株地上部分的任何幼嫩组织如气生根、茎、叶、叶鞘、腋芽、雄穗、雌穗等均可受害。一般苗期发病较少，抽雄前后迅速增加，症状特点是玉米被侵染的部位细胞增生，体积增大，由于淀粉在被侵染的组织中沉积，使感病部位呈现淡黄色，稍后变为淡红色的疱状肿斑，肿斑继续增大，发育而成明显的肿瘤。病瘤的形状和大小变化较大，肿瘤近球形、椭球形、角形、棒形或不规则形，有的单生，有的串生或叠生，小的直径不足1cm，大的长达20cm以上。病瘤初呈银白色，有光泽，内部白色，肉质多汁，成熟后变灰黑色、坚硬，外面被有由寄主表皮细胞转化而来的白色薄膜，后变为灰白色薄膜，有时略带淡紫红色。玉米瘤黑粉病的肿瘤是病原菌的冬孢子堆，内含大量黑色粉末状的冬孢子，随着病瘤的增大和瘤内冬孢子的形成，质地由软变硬，颜色由浅变深，薄膜破裂，散出大量黑色粉末状的冬孢子。拔节前后，叶片或叶鞘上可出现病瘤，叶片上肿瘤多分布在叶片基部的中脉两侧，以及相连的叶鞘上，病瘤小而多，大小如豆

粒或米粒，常串生，病部肿厚突起，成泡状，其反面略有凹入，内部很少形成黑粉。茎秆上的肿瘤多发生于各节的基部，多数是腋芽被侵染后，组织增生，形成肿瘤而突出叶鞘，病瘤较大，不规则球状或棒状，常导致植株空秆。气生根上的病瘤大小不等，一般如拳头大小。雄穗上大部分或个别小花感病形成长囊状或角状的小型肿瘤，几个至十几个，常聚集成堆，在雄穗轴上，肿瘤常生于一侧，长蛇状。雌穗被侵染后多在果穗上半部或个别籽粒上形成病瘤，形体较大，突破苞叶而外露，此时仍能结出部分籽粒，严重的全穗形成大的畸形病瘤。玉米病苗茎叶扭曲畸形，生长发育受阻，萎缩不长，茎基部可产生小病瘤，严重时病株提早枯死。

3. 传播途径

玉米瘤黑粉病的病原菌主要以冬孢子在土壤中或在病株残体上越冬，成为翌年的侵染菌源。混杂在未腐熟堆肥中的冬孢子也可以越冬传病，黏附于种子表面的冬孢子也是初侵染源之一，但不起主要作用。越冬后的冬孢子，在适宜的温湿度条件下萌发产生担孢子和次生担孢子，不同性别的担孢子结合，产生双核侵染菌丝，以双核菌丝直接穿透寄主表皮或从伤口侵入叶片、茎秆、节部、腋芽和雌雄穗等幼嫩分生组织，或者从伤口侵入。冬孢子也可直接萌发产生侵染丝侵入玉米组织，特别是在水分和湿度不够时，这种侵染方式可能很普遍。侵入的菌丝只能在侵染点附近扩展，在生长繁殖过程中分泌类似生长素的物质刺激寄主的局部组织增生、膨大、形成病瘤。越冬菌源在整个生育期中都可以起作用，生长早期形成的肿瘤内部产生大量黑粉状冬孢子，随风雨传播，进行再侵染，从而成为后期发病的菌源。瘤黑粉病菌的冬孢子、担孢子主要通过气流和雨水分散传播，也可以被昆虫携带而传播，病原菌在玉米体内虽能扩展，但通常扩展距离不远，在苗期能引起相邻几节的节间和叶片发病。该病在玉米的生育期内可进行多次侵染，玉米抽穗前后一个月为该病盛发期。玉米抽雄前后遭遇干旱，抗病性受到明显削弱，此时若遇到小雨或结露，病原菌得以侵染，就会严重发病。玉米生长前期干旱，后期多雨高湿，或干湿交替，有利于发病。遭受暴风雨或冰雹袭击后，植株伤口增多，也有利于病原菌侵入，发病趋重。玉米螟等害虫既能传带病原菌孢子，又造成虫伤口，因而虫害严重的田块，瘤黑粉病也严重。病田连作，收获后不及时清除病残体，施用未腐熟农家肥，都使田间菌源增多，发病趋重。种植密度过大，偏施氮肥的田块，通风透光不良，玉米组织柔嫩，也有利于病原菌侵染发病。

4. 对玉米生长和产量的影响

玉米瘤黑粉病在中国各玉米产区均有发生，一般北方比南方、山区比平原发生普遍而严重。该病对玉米的为害主要是在玉米生长的各个时期形成菌瘿，破坏玉米的正常生长所需的营养，由于病菌侵染植株的茎秆、果穗、雄穗、叶片等幼嫩部位，所形成的黑粉瘤消耗大量的植株养分或导致植株空秆不结实，可造成30%~80%的产量损失。病害发生为害程度因发病时期、病瘤大小、数量及发病部位而异，通常发生早、病瘤大，尤其是在植株中部及果穗发病时对产量影响较大。一般病田病株率 5%~10%，发病严重时可达 70%~80%，有些感病的自交系甚至高达 100%。

(七) 玉米病毒病

全世界报道的玉米病毒有 40 余种，在中国发生普遍、为害较重的主要是玉米粗缩病和玉米矮花叶病。玉米粗缩病又称"坐坡"，山东俗称"万年青"，该病在河北、河南、北京、天津、辽宁、山东、甘肃、新疆等省（市、区）都有发生。玉米矮花叶病又称花叶条纹病、黄绿条纹病、花叶病毒病、黄矮病等，是中国玉米上发生范围广、为害性大的重要病害，目前，在甘肃、山西、河北、北京等地发生严重。

1. 病原

玉米粗缩病病原为水稻黑条矮缩病毒 Rice black streaked dwarf virus（RBSDV），属植物呼肠孤病毒属。病毒粒体球形，直径 60~70nm，钝化温度为 80℃。在半提纯情况下，20℃可以存活 37d。该病毒寄主范围广泛，可侵染 50 多种禾本科植物。自然条件下主要由灰飞虱传播，过去曾认为，本病由玉米粗缩病毒（MRDV）侵染所致，近年通过分子生物学研究证明，该病毒与水稻黑条矮缩病毒基因组具有很高的同源性。有学者认为，两者属同一病毒，因此，现在认为，玉米粗缩病毒病原为水稻黑条萎缩病毒。

玉米矮花叶病病原为甘蔗花叶病毒 Sugarcane mosaic virus（SCMV），属马铃薯 Y 病毒属。病毒粒体线状，长度约为 750nm，基因组为正单链 RNA，编码一个大的多聚蛋白，经自己编码的蛋白酶切割后形成功能蛋白。病毒致死温度 55~60℃，稀释终点 100~1000 倍，体外存活期（20℃）1~2d，可用汁液摩擦接种。自然条件下，由蚜虫传染，潜期 5~7d，温度高时 3d 即可显症，主要传毒蚜虫有：玉米蚜、缢管蚜、麦二叉蚜、麦长管蚜、棉蚜、桃蚜、苜蓿蚜、粟蚜、豌豆蚜等，以麦二叉蚜和缢管蚜占优势。蚜虫一次取食获毒后，可持续传毒 4~5d。寄主范围广，除玉米外，还可侵染高粱、谷子、糜子、稷、雀麦、苏丹草及其他禾本科杂草，如狗尾草、马唐、稗草、画眉草等。

2. 为害症状

玉米粗缩病在玉米整个生育期都可感染发病，以苗期受害最重。玉米幼苗在 5~6 叶期即可表现症状，初在心叶中脉两侧的叶片上出现透明的断断续续的褪绿小斑点，以后逐渐扩展至全叶呈细线条状，背面侧脉上出现长短不等的蜡白色突起物，粗糙明显，又称脉突。病株叶色深绿，宽短质硬，呈对生状，茎秆基部粗短，节间缩短，重病株严重矮化，仅为正常植株的 1/3~1/2，多不能抽穗。有时叶鞘、果穗苞叶上具蜡白色条斑，病株分蘖多，根系不发达易拔出。轻者虽抽雄，但半包被在喇叭口里，雄穗败育或发育不良，花丝不发达，结实少，重病株多提早枯死或无收。该病除为害玉米、甜玉米外，还可为害大麦、小麦、燕麦、高粱、谷子等引起类似症状。

玉米矮花叶病在玉米整个生育期均可发病，以苗期受害最重，抽雄前为感病阶段，抽穗后发病的受害较轻。病苗最初在心叶基部叶脉间出现许多椭圆形褪绿小点或斑驳，沿叶脉排列成断续的长短不一的条点，随着病情进一步发展，症状逐渐扩展至全叶，在粗脉之间形成几条长短不一、颜色深浅不同、较宽的褪绿条纹。叶脉间叶肉失绿变黄，叶脉仍保持绿色，形成黄绿相间的条纹症状，尤以心叶最明显，故称花叶条纹病。随着玉米的生长，病情逐渐加重，叶片变黄，组织变硬，质脆易折断，从叶尖、叶缘开始逐渐出现紫红色条纹，最后干枯。一般第一片病叶失绿带沿叶缘由叶基向上发展成倒"八"字形，上部出现的病叶待叶片全部展开时，即整个成为花叶。病株黄弱瘦小，生长缓慢，株高常不到健株的一半，多数不能抽穗而提早枯死，少数病株虽能抽穗，但穗小，籽粒少而秕瘦。有些病株不形成明显的条纹，而呈花叶斑驳，并伴有不同程度的矮化。

3. 传播途径

玉米粗缩病毒主要在小麦和杂草上越冬，也可在传毒昆虫体内越冬。该病毒主要靠灰飞虱传播，灰飞虱成虫和若虫在田埂地边杂草丛中越冬，翌年春迁入玉米田，此外冬小麦也是该病毒越冬场所之一。春季带毒的灰飞虱把病毒传播到返青的小麦上，当玉米出苗后，小麦和杂草上的带毒灰飞虱迁飞至玉米上取食传毒，引起玉米发病。当玉米生长后期，病毒再由灰飞虱携带向高粱、谷子等晚秋禾本科作物及马唐等禾本科杂草传播，秋后再传向小麦或直接在杂草上越冬，完成病害循环。玉米5叶期前易感病，10叶期抗性增强，该病发生与带毒灰飞虱数量及栽培条件相关，玉米出苗至5叶期如与传毒昆虫迁飞高峰期相遇易发病，套种田、早播田及杂草多的玉米田发病重。大、小麦和禾本科杂草看麦娘、狗尾草等是粗缩病毒越冬的主要寄主。

玉米矮花叶病毒主要在雀麦、牛鞭草等寄主上越冬，是该病主要的初侵染来源，带毒种子发芽出苗后也可成为发病中心。玉米矮花叶病毒源主要借助于蚜虫吸食叶片汁液而传播，汁液摩擦和种子也有传毒作用。生产上有大面积种植的感病玉米品种和对蚜虫活动有利的气候条件时，蚜虫从越冬带毒的寄主植物上获毒，迁飞到玉米上取食传毒，发病后的植株成为田间毒源中心，随着蚜虫的取食活动将病毒传向全田，并在春玉米、夏玉米和杂草上传播为害，玉米收获后蚜虫又将病毒传至杂草上越冬。病害的流行及程度，取决于品种抗性、毒源及介体发生量，以及气候和栽培条件等。品种抗病力差、毒源和传毒蚜虫量大、苗期"冷干少露"、幼苗生长较差等都会加重发病程度。冬暖春旱，有利于蚜虫越冬和繁殖，发病重；蚜虫发生为害高峰期正与春玉米易感病的苗期相吻合，发病重；田间管理粗放，草荒重，易发病；偏施氮肥，少施微肥，可加重病情。

4. 对玉米生长和产量的影响

玉米粗缩病感染后多数不能抽穗，对玉米生长发育和产量影响很大，严重时可造成大幅度减产甚至绝收，该病在 20 世纪 60~70 年代曾在中国部分地区严重发生，近年在河北、山东、陕西、山西、辽宁、天津等省市暴发成灾，1997 年全国发生 233 万 hm² 以上，严重威胁玉米生产的发展。

玉米矮花叶病在玉米整个生育期都可感病，感病后的植株表现不同程度的矮化，早期感病植株矮化严重，后期感病植株矮化较轻，一般较正常植株矮化 10%~30%，感病较重植株矮化 50%。重病株早期心叶扭曲成畸形，叶片不能展开，植株明显矮小，抽雄后雄穗不发达，分支减少甚至退化，果穗变小，秃顶严重不结实。玉米矮花叶病在河南、陕西、甘肃、河北、山东、山西、辽宁、北京、内蒙古均有发生，一般损失 3%~10%。

（八）玉米茎腐病

玉米茎腐病，也叫茎基腐病，是指发生在玉米根系、茎或茎基部腐烂，并导致全株迅速枯死症状的一类病害。它是由多种真菌和细菌单独或复合侵染引起的，在中国以真菌性茎腐病为主，本部分以真菌性茎腐病进行介绍。

1.病原

玉米茎腐病主要由腐霉菌和镰刀菌侵染引起，不同地区腐霉菌和镰刀菌种类不完全相同，有单独侵染也有复合侵染的。镰刀菌主要有禾谷镰刀菌 *Fusarium graminearum* Schawbe，属无性孢子类镰刀菌属，有性态为玉蜀黍赤霉菌 *Gibberella zeae*（Schw.）Petch，属子囊菌门赤霉菌属；串珠镰刀菌 *F.moniliforme* Sheldon，属无性孢子类镰刀菌属，有性态为藤仓赤霉菌 *Gibberella fujikuroi*（Saw.）Wollenw.，属子囊菌门赤霉菌属。腐霉菌主要有瓜果腐霉菌 *Pythium aphanidermatum*（Eds.）Fitzp.，肿囊腐霉菌 *Pythium inflatum* Matth. 和禾生腐霉菌 *Pythium graminicola* Subram，均属卵菌门腐霉属。关于中国玉米茎腐病病原菌研究的报道，不同地区不同学者报道结果也不完全相同，主要有 3 种，一是以肿囊腐霉菌、瓜果腐霉菌等腐霉菌为主要致病菌；二是以禾谷镰刀菌、串珠镰刀菌为主要致病菌；三是以瓜果腐霉菌和禾谷镰刀菌为主的复合侵染。各地病原菌报道不一，可能与分离方法、分离时期、发病时期、地域差别或气候条件不同等多种因素相关。禾谷镰刀菌在高粱或麦粒上易产生大型分生孢子，分生孢子镰刀形，无色透明，多数 3~5 个隔膜，不产生小型分生孢子和厚垣孢子，在麦粒上可产生黑色球形的子囊壳，子囊棒形，子囊孢子纺锤形，双列斜向排列，1~3 个隔膜。串珠镰刀菌小型分生孢子容易产生，量大，卵圆形或纺锤形，暗色或无色，单胞或有 1 个分隔，成串珠状或聚成假头状，着生于孢子梗顶端，用麦粒培养基经光照处理，可促进产生镰刀形大型分生孢子，两端尖，3~5 个隔膜。瓜果腐霉菌菌丝发达，无分隔，白色棉絮状，游动孢子囊丝状，不规则膨大，小裂瓣状，孢子囊萌发产生泄管，其顶端生一泡囊，泡囊破裂释放出游动孢子，藏卵器平滑，卵孢子球形、平滑，不充满藏卵器内腔。肿囊腐霉菌菌丝纤细，游动孢子囊呈裂瓣状膨大，形成不规则或球形突起，卵孢子球形，光滑，

满器或近满器，内含一个贮物球和一个发亮小体。禾生腐霉菌菌丝宽，不规则分枝，游动孢子囊由菌丝状膨大或不规则的复合体组成，顶生或间生，卵孢子球形，光滑，满器，无色或淡褐色。其中镰刀菌生长最适温度为25~30℃，腐霉菌生长的最适温度为23~25℃，在土壤中腐霉菌生长要求湿度条件较镰刀菌高。

2. 为害症状

玉米茎腐病在自然条件下以成株期受害为主，在玉米灌浆期开始发病，乳熟末期至蜡熟期为显症高峰期。受害植株主要表现青枯和黄枯两类症状。青枯型也称急性型，发病后叶片自下而上迅速枯死，呈灰绿色，水烫状或霜打状，特点是发病快，历期短，从始见青枯病叶到全株枯萎，一般5~7d，发病快的仅需1~3d，长的可持续15d以上。玉米茎腐病在乳熟后期，常突然成片萎蔫死亡，枯死植株呈青绿色，田间80%以上属于这种类型，这类症状常与病原菌致病力强、品种比较感病、环境条件适宜有关。黄枯型也称慢性型，发病后叶片自下而上，或自上而下逐渐变黄枯死，显症历期较长，一般见于抗病品种或环境条件不利于发病的情况。玉米茎腐病多数病株明显发生根腐，最初病菌在毛根上产生水渍状淡褐色病变，逐渐扩大至次生根，直到整个根系呈褐色腐烂，根囊皮松脱，髓部变为空腔，须根和根毛减少，整个根部易拔出。病部逐渐向茎基部扩展蔓延，茎基部1~2节处开始出现水渍状梭形或长椭圆形病斑，随后很快变软下陷，内部空松，一掐即瘪，手感明显，剖茎检视组织腐烂，维管束呈丝状游离，可见白色或玫瑰红色的菌丝，以后在产生玫瑰红色菌丝的残秆表面可见蓝黑色的子囊壳。茎秆腐烂自茎基第一节开始向上扩展，可达第二节、第三节甚至全株，病株极易倒折。发病后期果穗苞叶青干，呈松散状，穗柄柔韧，果穗下垂，不易掰离，穗轴柔软，籽粒干瘪，脱粒困难。据报道，引起茎腐的镰刀菌和腐霉菌有潜伏侵染的特性，病害的发生程度主要取决于生育前期的侵染，因为前期侵染对玉米根系生长影响早，为害持续时间长，而后期侵染则主要起加速病程的作用。

3. 传播途径

禾谷镰刀菌以菌丝和分生孢子，腐霉菌以卵孢子在病残体及土壤中越冬。镰刀菌的种子带菌率很高，因此田间残留的病茬、遗留于田间的病残体及种子是该病发生的主要侵染来源。越冬后的病菌借风雨、灌溉水、机械、昆虫传播。镰刀菌主要从胚根，腐霉菌主要从次生根和须根侵染，从伤口或表皮直接侵入，病菌侵入后逐渐蔓延扩展，引起地上部症状。到后期禾谷镰刀菌和串珠镰刀菌借风雨传播侵染穗部或玉米螟幼虫带菌通过蛀孔传染，造成穗腐，从而导致病穗种子带菌。玉米生长60cm高时组织柔嫩易发病，害虫为害造成的伤口利于病菌侵入。此外，害虫携带病菌同时起到传播和接种的作用，如玉米螟、棉铃虫等虫口数量大，则发病重。高温高湿利于发病，地势低洼或排水不良，密度过大，通风不良，施用氮肥过多，伤口多发病重。

4. 对玉米生长和产量的影响

玉米茎腐病感病植株不能正常成熟，主要表现为籽粒不饱满、千粒重降低。病株可导致茎秆破损和倒伏，提早枯死，严重的在苗期可造成死苗。此外，该病不仅使当年玉米减产，且对翌年产量有影响。从病株收获的种子发芽势、发芽率和幼苗生活力下降，病株后代千粒重和穗粒重降低。玉米茎腐病在中国玉米栽培地区均有发生，一般年份发病率在10%~20%，严重时可达50%~60%，产量损失因发病时期而不同，一般在20%左右，重者甚至绝收。

（九）玉米锈病

1. 病原

玉米普通锈病的病原为高粱柄锈菌 *Puccinia sorghi* Schw.，属担子菌门柄锈菌属。夏孢子堆黄褐色，夏孢子浅褐色，椭圆形至亚球状，具细刺，大小（24~32）μm×（20~28）μm，壁厚1.5~2μm，有4个芽孔，腰生或近腰生。冬孢子裸露时黑褐色，椭圆形至棍棒形，大小（28~53）μm×（13~25）μm，顶端圆或近圆，分隔处稍缢缩，柄浅褐色，与孢子等长或略长。性子器生在叶两面。锈孢子器生在叶背，杯形，锈孢子椭圆形至亚球形，大小（18~26）μm×（13~19）μm，具细瘤，寄生在酢浆草上。玉米南方锈病的病原为多堆柄锈菌 *Puccinia. polysora* Unedrw.，属担子菌门柄锈菌属。夏孢子堆生于叶两面，细密散生，常布满全叶，椭圆形或纺锤形，长0.1~0.3mm，初期被表皮覆盖，后期表皮缝裂而露出，粉状，橙色至肉桂褐色。夏孢子近球形或倒卵形，（28~38）μm×（23~30）μm，壁厚1~1.5μm，淡黄褐色，有细刺，芽孔4~6个，腰生。冬孢子堆以叶下面为多，常生在叶鞘或中脉附近，细小，椭圆形，长0.1~0.5mm，长期埋生于表皮下，近黑色。冬孢子形状不规则，常有棱角，多为近椭圆形或近倒卵形，（30~50）μm×（18~30）μm，顶端钝圆或平截，稀渐尖，基部圆或渐狭，隔膜处略缢缩，壁厚1~1.5μm，顶部有时略增厚，栗褐色或黄褐色，光滑，芽孔不清楚，柄淡褐色，短，不及30μm，不脱落，有时歪生。

2. 为害症状

玉米锈病主要侵染叶片和叶鞘，严重时也可侵染果穗、苞叶乃至雄花，其中以叶片受害最重。被害叶片最初出现针尖般大小的褪绿斑点，以后斑点渐呈疱疹状隆起形成夏孢子堆，后小疱破裂，散出铁锈色粉状物，即病菌夏孢子。夏孢子堆细密地散生于叶片两面，通常以叶表居多，近圆形或长圆形，直径0.1~0.3mm，初期覆盖着一层灰白色的寄主表皮，表皮破裂后呈粉色、橙色到肉桂褐色。玉米生长后期，在叶片的背面尤其是在靠近叶鞘或中脉及其附近，形成细小的冬孢子堆，冬孢子堆稍隆起，圆形或椭圆形，直径0.1~0.5mm，棕褐色或近于黑色，开裂后露出黑褐色冬孢子。玉米南方锈病症状与普通锈病相似，在叶片上初生褪绿小斑点，很快发展成为黄褐色突起的疱斑，即病原菌夏孢子堆。南方锈病夏孢子堆小圆形，金黄色，冬孢子堆黑褐色到黑色，散生在夏孢子堆周围，而且被植物表皮所覆盖的时间较长，

所以多成密闭而非敞开状。夏孢子金黄色，卵圆形，冬孢子黄褐色，常呈棱角状，顶端部分加厚不明显。

3.传播途径

普通型玉米锈病菌以冬孢子在病株上越冬，冬季温暖地区夏孢子也可越冬，田间病害传播靠夏孢子一代代重复侵染，从春玉米传播到夏玉米，再传到秋玉米。南方型玉米锈病未发现性孢子和锈孢子阶段，以冬孢子、夏孢子和菌丝体在玉米植株上越冬，夏孢子重复侵染为害。中国目前发生的普通型、南方型玉米锈病在南方以夏孢子辗转传播、蔓延，不存在越冬问题。北方则较复杂，菌源来自病残体或来自南方的夏孢子及转主寄主——酢浆草，成为该病初侵染源。田间叶片染病后，病部产生的夏孢子借气流传播，进行再侵染，蔓延扩展。

4.对玉米生长和产量的影响

玉米锈病多发生在玉米生育后期，一般为害性不大，但在有的自交系和杂交种上也可严重染病，使叶片提早枯死，籽粒不饱满而严重减产。一般在发病中度的田块，可以减产10%~20%，感病较重的可以达到50%以上，部分田块可能绝收。

（十）玉米灰斑病

1.病原

病原菌无性态为玉蜀黍尾孢菌 *Cercospora zeae-maydis* Tehon & Daniels，属无性孢子类尾孢属，有性态为 *Mycosphaerella sp.*，属子囊菌门球腔菌属，在自然条件下很少见，在病害循环中作用不大。菌丝体多埋生，无子座或仅少数褐色细胞，分生孢子梗 3~10 根丛生，浅褐色，上下色泽均匀，宽度一致，有 1~4 个隔膜，多为 1~2 个，正直或稍弯，偶有 1~3 个膝状节，无分枝，着生孢子处孢痕明显，大小（60~180）$\mu m \times$（4~6）μm。分生孢子倒棍棒形，无色，正直或稍弯曲，有 1~8 个隔膜，多为 5~6 个，基部倒圆锥形，脐点明显，顶端较细稍钝，大小（40~120）$\mu m \times$（3~4.5）μm。在 PDA 培养基上病菌很少产生孢子，但在新鲜的或干枯的玉米煎汁培养基或 V-8 培养基上容易产孢，持续光照可抑制孢子萌发、菌丝生长和产孢，光暗交替有利于分生孢子的形成。尾孢菌除侵染玉米外，还能侵染稗、约翰逊草和其他高粱属植物。

2.为害症状

玉米灰斑病主要为害玉米成熟期的叶片，有时也可侵染叶鞘和苞叶，发病初期为水渍状淡褐色斑点，以后逐渐扩展为浅褐色条纹或不规则的灰色至褐色长条斑，与叶脉平行延伸，呈长矩形，对光透视更为明显。病斑中间灰色，边缘有褐色线，病菌最先浸染下部叶片引起发病，有时病斑连片，气候条件适宜时可扩展到整株叶片，使叶片枯死。病斑后期湿度大时，在叶片两面产生灰白色或灰黑色霉层，即病菌的分生孢子梗和分生孢子，分生孢子以叶背产生较多。

3.传播途径

病菌主要以菌丝体和分生孢子在玉米秸秆等病残体上越冬，成为第二年的初浸染来源。病菌在地表的病残体上可存活 7 个月，但埋在土壤中的病残体的病菌则很快失去生命力不能越冬。翌年春季子座组织产生分生孢子，借风雨传播到寄主上，在适宜条件下萌发产生芽管，分枝的芽管在气孔表面形成多个附着胞，进一步产生侵染钉从气孔侵入，侵染后约 9d 可见褪绿斑点，12d 后出现褐色的长条斑，16~21d 病斑上形成孢子，其中浸染幼株叶片时产孢比在成株上早。条件适宜时，当年病斑上产生的分生孢子借风雨传播可进行多次再侵染，不断扩展蔓延。该病较适宜在温暖湿润和雾日较多的地区发生，而连年大面积种植感病品种，是该病大发生的重要条件之一。在华北地区及辽宁省，该病于 7 月上中旬开始发病，8 月中旬到 9 月上旬为发病高峰期，一般多雨的 7~8 月易发病，个别地块可引致大量叶片干枯，品种间抗病性有差异。

4.对玉米生长和产量的影响

玉米灰斑病一般从下部叶片开始发病，逐渐向上扩展，条件适宜时，可扩展到整株叶片，最终导致植株叶片干枯，严重降低光合作用。重病株所结果穗下垂，籽粒松脱，干瘪，千粒重下降，严重影响玉米产量和品质。玉米灰斑病 1991 年在辽宁省各地突然大发生，许多玉米杂交种和自交系感染此病，目前，已经成为中国玉米产区继玉米大、小斑病之后新的重要叶部病害，发病田块一般减产 20% 左右，严重的减产 30%~50%。

二、防治措施

玉米整个生长过程中，病害发生的种类很多，根据病害发生为害及传播特点，主要划分为土传或种传类病害（丝黑穗病、瘤黑粉病、茎腐病、根腐病等）、气传类病害（大斑病、小斑病、弯孢霉叶斑病、褐斑病、锈病、灰斑病等）和介体传播的病毒病。由于各种病害的病原不同，发生为害规律差异很大，防治技术也各不相同。同时，不同玉米种植区生态条件变化很大，病害发生的种类、发生规律及其为害程度也会有很大差异。各地应结合当地具体情况，在预测预报的基础上，以当地主要病害为防治对象，科学合理地制订综合防治技术方案。

（一）土传类病害

玉米土传类病害包括为害根茎部和穗部两类。为害根茎部的主要有玉米纹枯病、玉米根腐病和茎腐病，为害穗部的主要有玉米丝黑穗病和瘤黑粉病。这类病害均以土壤传播为主，防治的重点是清除初侵染源和进行种子处理，并辅以其他农业措施。

1.清除初侵染源

在玉米生长期对田间的丝黑穗和瘤黑粉病株及时清除，避免病瘤成熟后黑粉菌散落田间。适时收获玉米，提高秸秆粉碎质量，及时整地，翻耕与旋耕结合，将碎

秸秆全部翻埋在土下，利于加速病残体的腐烂，同时清除田间和地头的大段病残体，集中处理。

2. 种子处理

土传类病害病原菌通常可混在种子中，化学药剂处理种子是减轻病害发生的重要措施。播种前采用25g/L咯菌腈悬浮种衣剂、35g/L咯菌·精甲霜悬浮种衣剂或3.5%满适金水悬浮种衣剂按推荐药种比进行种子包衣，对玉米根腐病、茎腐病防治效果较好。采用14%克福唑醇悬浮种衣剂、20%丁硫福戊悬浮种衣剂、2%立克秀干拌剂等含三唑类药物成分的种衣剂拌种包衣对玉米黑粉包防治效果较好。

3. 合理轮作

对土传类病害发生较重的地块实行轮作是最有效的防病措施。与非寄主植物实行2~3年轮作，有条件的地方实行水旱轮作，防病效果更好。

4. 加强栽培管理

施足基肥，氮、磷、钾肥合理配合施用，避免偏施氮肥和追肥过晚，增施钾肥和锌肥，对玉米土传根病效果较好；中耕培土，促进气生根提早形成，促进玉米健壮生长，增强植株的抗病能力，以减轻病害发生。

(二) 气传类病害

玉米气传类病害是主要为害叶部的一类病害。包括玉米大斑病、小斑病、弯孢霉叶斑病、褐斑病、锈病、灰斑病、圆斑病等。气传病害多数病原物都能在病残体上越冬（夏），条件适宜时，病原菌萌发产生孢子侵入寄主，引起初侵染，在病部产生的病原通过气流传播，在田间不断进行再侵染，引起病害发生流行。根据这类病害的发生特点，防治上应重点搞好田间卫生，减少初侵染来源，加强栽培管理，改进栽培措施和及时药剂防治的综合措施。

1. 搞好田间卫生，减少初侵染来源

为害玉米叶部的气传类病害在玉米整个生育期均可发生为害。结合田间管理，应及时摘除田间的病叶、老叶，以降低再侵染频率。玉米收获后，及时清除遗留在田间的病残体和杂草，带出田外烧毁；同时应注意不用病残体作肥料返田，通过不同途径加快病残体的充分腐烂，促进病菌死亡，压低初侵染源基数。

2. 加强栽培管理

良好的栽培管理，合理的栽培措施，不仅有利于玉米的生长发育，增强抗病性，而且可以改善田间小气候环境条件，对控制气传类病害具有明显的作用。

（1）适期播种　根据当地病害发生的情况、气候条件和品种的生育期等综合考虑，选择适宜的时期播种，做到既有利于玉米快速出苗，健壮生长，又能有效减少前期的初侵染，同时应注意提高播种质量，覆土深浅适宜，过深不利于出苗，往往会加重苗期病害的发生。

（2）科学施肥 施足基肥，增施有机肥，氮、磷、钾肥配合施用，不偏施、重施氮肥，控制玉米旺长。及时追肥，尤其避免拔节和抽穗期脱肥早衰，保障植株健壮生长，减轻病害发生为害。

（3）合理密植 种植密度过大，田间通透性差，小气候环境湿度大，有利于病菌生长繁殖和病情加重，玉米田实行间作或套作，可增加田间的通风透光，降低田间湿度，对控制叶部病害的发生为害具有较好的效果。

（4）中耕除草 及时中耕除草，搞好田间清沟排渍，也是防病控病的重要田间管理环节。

3. 及时药剂防治

药剂是防治气传类病害的有效措施。中国不同的玉米产区，为害叶部的气传类病害发生的种类不同，为害的情况也不一致，但是搞好病情监测，掌握施药时期和施药次数，针对不同的病害，选用不同的药剂，及时施药保护，对控制玉米气传类病害具有很好的效果。因此，玉米种植产区，应根据当地历年病害发生为害情况，定期搞好田间病情监测，一旦出现病情或玉米抽雄前，及时喷药进行防治，根据病情发展情况，决定施药次数，两次施药间隔 7~10d。选择药剂种类时，应根据不同的病害，选用不同的农药品种，通常 50% 多菌灵、70% 甲基托布津、40% 福星、70% 代森锰锌、75% 百菌清、45% 大生、25% 戊唑醇、25% 丙环唑等杀菌剂对大多数叶部病均有较好的防效。在玉米锈病发生较重的地区，可选用粉锈宁、特谱唑或三唑酮在发病初期施药。

4. 抗病品种的选择利用

选用玉米抗病品种是控制玉米叶斑病的最经济有效措施。但是生产上各地推广玉米品种的种类以及品种对不同叶部病害的抗性也存在明显差异，因此，应根据各地气传类病害的主要发生种类及当地品种的抗性水平进行抗病品种的选择利用。

（三）病毒类病害

玉米粗缩病和矮花叶病都是通过昆虫介体传播，且玉米品种间抗病性存在明显差异。因此，防治的重点应采取选用抗病品种为主，加强治虫防病，切断毒源，辅以农业措施的综合防治策略。

1. 选用抗病良种

利用品种抗性是最为经济有效的防病措施。中国玉米品种繁多，不同玉米产区种植的品种不完全相同，病毒病的发生为害也不一致，有些地区有的品种玉米粗缩病严重发生，有的则是矮花叶病发生较为普遍。因此，在病毒病发生的地区，应根据当地种植的玉米品种和病毒病发生为害情况，选用适合当地种植的抗病优良品种以有效控制病毒病的发生。鲁单 50、鲁单 981、农大 108、山农 3 号、郑单 958 对粗缩病抗性较好，较抗玉米矮花叶病毒病的品种有农大 108、鲁单 46、东岳 11、东

岳 13、丹玉 6 号等。

2. 治虫防病

玉米粗缩病和玉米矮花叶病分别通过灰飞虱和蚜虫传播。玉米收获后，病毒可在昆虫介体和某些杂草上越冬，翌年当玉米播种出苗后，带毒介体迁飞到玉米上吸食传毒，引起发病。在发生病毒病玉米种植区，应及时对毒源寄主和玉米田间的传毒介体进行药剂防治，以切断毒源，同时，应铲除田间和周围的杂草，减少虫源基数。田间药剂治虫应掌握在传毒介体迁飞率高峰期施药，以降低传毒介体吸毒传毒频率、减轻病害发生。蚜虫防治可用 10% 吡虫啉每亩 10g 喷雾防治。在玉米三四叶期，对田间及地块周围喷药防治灰飞虱，药剂可用 40% 氧化乐果乳油或 5% 锐劲特悬浮剂 30mL 或 10% 吡虫啉 15g，对水 30~40kg 喷雾；也可用 4.5% 高效氯氰菊酯 30mL 或 48% 毒死蜱 60~80mL，对水 30~40kg 喷雾，也可在灰飞虱传毒为害期，尤其是玉米 7 叶期前喷洒 2.5% 扑虱蚜乳油 1000 倍液。喷药力求均匀周到，隔 7d 再防治 1 次，以确保防治效果。另外，在苗后早期喷施植病灵、83- 增抗剂、菌毒清等药剂，每隔 6~7d 喷 1 次，连喷 2~3 次，对促进幼苗生长，减轻发病也有一定作用。

3. 农业防治

针对不同地区发生的病毒病种类，调整播期，适期播种，尽量避开灰飞虱和蚜虫的传毒迁飞高峰，河北和山东可提前至 4 月，夏玉米在麦收前一周，使苗期提前，减少蚜虫传毒的有效时间；结合田间间苗定苗，及时拔除病株，以减少病株和毒源，严重发病地块及早改种其他作物；合理施肥、灌水，加强田间管理，使幼苗生长健壮，提高玉米抗病力，降低病害发生几率；在播种前深耕灭茬，彻底清除田间及地头、地边杂草，精耕细作，及时除草，减少侵染来源；同时避免品种的大面积单一种植，避免与蔬菜、棉花等间作。

三、生理性病害及其防治

玉米生理性病害是指在生长发育过程，由于缺少某种营养元素或受不良环境条件影响以及栽培管理不当，导致生理障碍而引起的异常生长现象。玉米生理病害是由多种因素造成的，归纳起来可分为两类：第一类是内部因素，即遗传因素的影响，如品种抗逆性不强，种子生活力弱，发育不健全。第二类是外界环境条件，如土壤、肥料、水分、空气与光照等条件不良，阻碍玉米的正常发育，形成生理病害。本部分主要对遗传性病害和缺素症进行介绍。

(一) 生理性红叶

1. 症状

在授粉后出现，同一个品种整体出现红叶，穗上部叶片先从叶脉开始变为紫红色，接着从叶尖向叶基部变为红褐色或紫红色，严重时变色部分干枯坏死且在茎秆上未见害虫为害的蛀孔。此症状主要由于在玉米灌浆期，穗上部叶片大量合成糖分，有些品种因代谢失调不能迅速转化则变成花青素，导致绿叶变红。

2. 防治方法和补救措施

遗传性病害，淘汰发病品种。

（二）遗传条纹病

1. 症状

在植株的下部或一侧或整株的叶片上，沿着叶脉呈现亮黄色至白色、边缘光滑的条纹，宽窄不一，叶片上无病斑，在田间零星发生。

2. 防治方法和补救措施

遗传性病害，很少造成产量损失，一般无须单独防治，可在间苗定苗时拔除。

（三）遗传斑点病

1. 症状

遗传斑点病症状常与侵染性叶斑病相混淆，其典型症状为在同一品种的所有叶片上相同位置，出现密集、大小不一的圆形或近圆形黄色褪绿斑点，斑点无侵染性病斑特征，无中心侵染点，无特异性边缘。病斑后期常出现不规则黄褐色轮纹，或整个病斑变为枯黄。

2. 防治方法和补救措施

遗传性病害，严重时穗小或无穗，造成减产，在大面积种植时应淘汰该类品种。

（四）玉米缺氮症

1. 症状

玉米缺氮时，幼苗瘦弱，植株矮小，叶片发黄，首先从植株下部的老叶片开始叶尖发黄，逐渐沿中脉扩展呈"V"形，叶片中部较边缘部分先褪绿变黄，叶脉略带红色。当整个叶片都褪绿变黄后，叶鞘将变成红色，不久整个叶片变成黄褐色而枯死。

2. 防治方法和补救措施

追施氮肥，平均亩施纯氮 15kg；苗期缺氮可喷施 1% 尿素水溶液。

（五）玉米缺磷症

1. 症状

玉米对磷很敏感，幼苗期缺磷时叶尖和叶缘呈紫红色，叶片无光泽，茎秆细弱，植株明显低于正常植株；在开花期缺磷，雌蕊花柱会延迟抽出，影响授粉；生长后期缺磷，会造成果穗畸形和秃顶。

2. 防治方法和补救措施

缺磷症状后可每亩用磷酸二氢钾 200g 对水 30kg 进行叶面喷施，或喷施 1% 的过磷酸钙溶液。

（六）玉米缺钾症

1.症状

缺钾常出现在玉米生长的中期，下部老叶叶尖黄化，叶缘焦枯，并逐渐向整个叶片的脉间区扩展，沿叶脉产生棕色条纹，并逐渐坏死，缺钾植株的根系弱、生长缓慢，节间变短，矮小瘦弱，易倒伏，后期籽粒不饱满，出现缺行断粒现象。

2.防治方法和补救措施

增施农家肥或有机肥是防止玉米缺钾的最好措施，玉米营养期间缺钾时，可叶面喷施1%~2%的磷酸二氢钾溶液，也可追施硫酸钾或氯化钾，每亩15kg。

（七）玉米缺锌症

1.症状

玉米缺锌时在叶片上出现浅白色的条纹，由叶片基部向顶部扩张，然后沿叶中脉两侧出现白化宽带，整株失绿成白化苗，节间明显缩短，植株严重矮化。

2.防治方法和补救措施

一般锌肥以基施为好，若生长期发现缺锌，可于苗期每亩用1~2kg硫酸锌拌细土10~15kg，条施或穴施；或用0.1%硫酸锌溶液在苗期至拔节期间隔7d连续喷施2次，亩用肥液60kg。

（八）玉米缺钙症

1.症状

玉米缺钙的最明显症状是叶片的叶尖相互粘连，叶不能正常伸展；心叶顶端不易展开，有时卷曲呈鞭状，老叶尖部常焦枯呈棕色；叶缘黄化，有时呈白色锯齿状不规则破裂，植株明显矮化。

2.防治方法和补救措施

玉米发生生理性缺钙症状可喷施0.5%的氯化钙或硝酸钙水溶液1~2次。强酸性低盐土壤，每亩可施石灰50~70kg，但忌与铵态氮肥或腐熟的有机肥混合施入。

（九）玉米缺铁症

1.症状

上部叶片叶脉间先出现浅绿色至黄白色或全叶变色，叶绿素形成受抑，严重影响光合作用，最幼嫩的叶子可能完全白色，植株严重矮化，易因早衰造成减产。

2.防治方法和补救措施

以施有机肥为宜。玉米生长期出现缺铁症状时喷0.3%~0.5%的硫酸亚铁溶液。

（十）其他

1.玉米缺镁症

（1）症状　玉米缺镁时多在基部的老叶上叶尖前端脉间失绿，并逐渐向叶基部扩展，叶脉间出现淡黄色条纹，后变为白色，叶脉仍绿，呈黄绿相间的条纹，严重时叶尖干枯，失绿部分出现褐色斑点或条斑，植株矮化。

（2）防治方法和补救措施　改善土壤环境，增施有机肥，酸性土壤宜选用碳酸镁或氧化镁，中性与碱性土壤宜选用硫酸镁。玉米生长期缺镁，用0.5%硫酸镁溶液叶面喷施1~2次。

2. 玉米缺硼症

（1）症状　首先在玉米的上部嫩叶处出现不规则的白点，各斑点可融合呈白色条纹，严重时节间伸长受抑，雄穗不能抽出，籽粒授粉不良，穗短、粒少。

（2）防治方法和补救措施　施用硼肥，春玉米基施硼砂0.5kg/亩，与有机肥混施效果更好；夏玉米前期缺乏，开沟追施或叶面喷施浓度为0.1%~0.2%的硼酸溶液，喷施2次；灌水抗旱，防止土壤干燥。

3. 玉米缺硫症

（1）症状　玉米缺硫时的典型症状是幼叶失绿。苗期缺硫时，新叶先黄化，随后茎和叶变红，有时叶尖、叶基部保持浅绿色，植株矮小瘦弱、茎细而僵直。

玉米缺硫的症状与缺氮症状相似，但缺氮首先是在老叶上表现症状，而缺硫却是首先在嫩叶上表现症状。

（2）防治方法和补救措施　缺硫时，可改用硫酸钾型复合肥或追施硫酸钾肥，每亩15kg；玉米生长期出现缺硫症状，叶面可喷施0.5%的硫酸盐水溶液。

第二节　玉米主要虫害与防治

一、玉米主要虫害种类

（一）玉米螟

玉米螟属鳞翅目草螟科，俗称钻心虫，玉米上重要蛀食性害虫。中国玉米螟有两种，即亚洲玉米螟 [*Ostrinia furnacalis*（Guenée）] 和欧洲玉米螟 [*O.nubilalis*（Hbn.）]。亚洲玉米螟是优势种，分布最广，从东北到华南各玉米产区都有分布。尤以北方春玉米和黄淮平原春、夏玉米区发生最重，西南山地丘陵玉米区和南方丘陵玉米区其次。欧洲玉米螟在国内分布局限，常与亚洲玉米螟混合发生。一般发生年春玉米可减产10%、夏玉米20%~30%，大发生年可超过30%。近几年还对棉花的为害日渐加重。玉米螟以幼虫为害，心叶时期取食叶肉、咬食未展开的心叶，造成"花叶"状，抽穗后蛀茎食害，蛀孔处通风折断对产量影响更大，还可直接蛀食雌穗嫩粒，并招致霉变降低品质。

玉米螟成虫为中型蛾，体色淡黄或黄褐。前翅有2条暗褐色锯齿状横线和不同形状的褐斑，后翅淡黄，中部也有2条横线和前翅相连。雌蛾较雄蛾色淡，后翅翅纹不明显。卵略呈椭圆形，扁平。初产时乳白色，渐变黄。卵粒呈鱼鳞状排列成块。幼虫圆筒形，体色黄白至谈红褐。体背有3条褐色纵线，腹部1~8节，背面各有2

列横排毛片，前4后2，前大后小。蛹纺锤形，褐色，末端有钩刺5~8根。

玉米螟一年发生数代，从北向南为1~7代。可划分为6个世代区，即①一代区：北纬45°以北，东北、内蒙古和山西北部高海拔地区；②二代区：北纬40°~45°，北方春玉米区、吉林、辽宁及河北北部、内蒙古大部地区；③三代区：黄淮平原春、夏玉米区及山西、陕西、华东和华中部分省区；④四代区：浙江、福建、湖北北部、广东和广西西北部；⑤五至⑥六代区：广西大部、广东曲江及台北；六至七代区：广西南部和海南。无论哪个世代区，都是以末代老熟幼虫在寄主秸秆、根茎或穗轴中越冬，尤以茎秆中越冬的虫量最大。春玉米在一代区仅心叶期受害，在二代区穗期还受第二代为害。第一代在心叶期初孵幼虫取食造成"花叶"，其后在玉米打苞时就钻入雄穗中取食，雄穗扬花时部分4~5龄幼虫就钻蛀穗柄或雌穗着生节及附近茎秆内蛀食并造成折断。第二代螟卵和幼虫盛期多在抽丝盛期前后，到4、5龄时又可蛀入雌穗穗柄、穗轴及着生节附近茎秆内为害，影响千粒重和籽粒品质。夏玉米在三代区，心叶期受第二代为害，穗期受第三代为害，夏玉米上第三代螟虫的数量比春玉米穗期的第二代多，为害程度大。小麦行间套种玉米，因播期晚于春玉米早于夏玉米，心叶期可避开第一代为害，但到苞露雄时正好与第二代盛期相通，抽穗期又遭第三代初盛期孵化的幼虫为害，双重影响雌穗。玉米螟幼虫有趋糖、趋醋、趋温习性，共5龄，龄前多在叶丛、雄穗苞、雌穗顶端花柱及叶腋等处为害，4龄后就钻蛀为害。在棉花上初孵幼虫集中嫩头、叶背取食，2~3龄蛀入嫩头、叶柄、花蕾为害，3~4龄蛀入茎秆造成折断，5龄能转移为害蛀食棉铃。玉米螟成虫趋光，飞行力强，卵多产在叶背中脉附近，产卵对株高有选择性，50cm以下的植株多不去产卵。玉米螟各虫态发生的适宜温度为15~30℃，相对湿度在60%以上。降雨较多也有利于发生。

(二) 蚜虫

蚜虫属同翅目蚜科，为害玉米的主要有玉米蚜 [*Rhopalosiphum maidis* (Fitch)]、禾谷缢管蚜（*R.padi* L.）和麦长管蚜 [*Sitobion avenae*（F.）] 等，以玉米蚜发生最为严重。

玉米蚜在中国从北到南一年发生10~20代，在河南省以无翅胎生雌蚜在小麦苗及禾本科杂草的心叶里越冬。4月底5月初向春玉米、高粱迁移。玉米抽雄前，一直群集于心叶里繁殖为害，抽雄后扩散至雄穗、雌穗上繁殖为害，扬花期是玉米蚜繁殖为害的最有利时期，故防治适期应在玉米抽雄前。适温高湿，即旬平均气温23℃左右，相对湿度85%以上，玉米正值抽雄扬花期时，最适于玉米蚜的增殖为害，而暴风雨对玉米蚜有较大控制作用。杂草较重发生的田块，玉米蚜也偏重发生。

玉米蚜可分为无翅孤雌和有翅孤雌蚜俩型。无翅孤雌蚜体长卵形，长1.8~2.2mm，活虫深绿色，披薄白粉，附肢黑色，复眼红褐色。腹部第7节毛片黑色，第8节具背中横带，体表有网纹。触角、喙、足、腹管、尾片黑色。触角6节，长短于体长 1/3。喙粗短，不达中足基节，端节为基宽 1.7 倍。腹管长圆筒形，端部收缩，腹管具覆瓦状纹。尾片圆锥状，具毛 4~5 根。有翅孤雌蚜长卵形，体长 1.6~1.8mm，头、胸黑色发亮，腹部黄红色至深绿色，腹管前各节有暗色侧斑。触角 6 节比身体短，长度为体长的 1/3，触角、喙、足、腹节间、腹管及尾片黑色。腹部 2~4 节各具 1 对大型缘斑，第 6~7 节上有背中横带，8 节中带贯通全节。其他特征与无翅型相似。卵椭圆形。

玉米蚜在长江流域年生 20 多代，冬季以成、若蚜在大麦心叶或以孤雌成、若蚜在禾本科植物上越冬。翌年 3~4 月开始活动为害，4~5 月麦子黄熟期产生大量有翅迁移蚜，迁往春玉米、高粱、水稻田繁殖为害。该蚜虫终生营孤雌生殖，虫口数量增加很快，华北 5~8 月为害严重。高温干旱年份发生多。在江苏，玉米蚜苗期开始为害，6 月中下旬玉米出苗后有翅胎生雌蚜在玉米叶片背面为害、繁殖，虫口密度升高以后，逐渐向玉米上部蔓延，同时产生有翅胎生雌蚜向附近株上扩散，到玉米大喇叭口末期蚜量迅速增加，扬花期蚜量猛增，在玉米上部叶片和雄花上群集为害，条件适宜为害持续到 9 月中下旬玉米成熟前。植株衰老后，气温下降，蚜量减少，后产生有翅蚜飞至越冬寄主上准备越冬。一般 8~9 月份玉米生长中后期，均温低于 28℃，适其繁殖，此间如遇干旱、旬降雨量低于 20mm，易造成猖獗为害。

（三）蝗虫

蝗虫属节肢动物门，昆虫纲直翅目昆虫。常见的有东亚飞蝗 [*Locusta migratoria manilensis*（Meyen）]、花胫绿纹蝗 [*Ailopus thalasisinus tamulus*（Fabr.）] 和黄胫小车蝗 [*Oedaleus infernalis*（Sauss）] 等。

蝗虫头部触角、触须、腹部的尾须以及腿上的感受器都可感受触觉。味觉器在口器内，触角上有嗅觉器官。第一腹节的两侧、或前足胫节的基部有鼓膜，主管听觉。复眼主管视觉，可以辨别物体大小，单眼主管感光。后足腿节粗壮，适于跳跃。雄虫以左右翅相摩擦或以后足腿节的音锉摩擦前翅的隆起脉而发音，有的种类飞行时也能发音，某些种类长度超过 11cm，有的地区的人们以蝗虫为食品。蝗虫的天敌有鸟类、禽类、蛙类和蛇等，同时人类也大量捕捉。

蝗虫全身通常为绿色、灰色、褐色或黑褐色，头大，触角短；前胸背板坚硬，像马鞍似的向左右延伸到两侧，中、后胸愈合不能活动。脚发达，尤其后腿的肌肉强劲有力，外骨骼坚硬，使它成为跳跃专家，胫骨还有尖锐的锯刺，是有效的防卫武器。产卵器没有明显的突出，是它和蟋斯最大的分别。头部除有触角外，还有一对复眼，是主要的视觉器官。同时还有 3 个单眼，仅能感光。头部下方有一个口器，是蝗虫的取食器官。蝗虫的口器是由上唇（1 片）、上颚（1 对）、舌（1 片）、下颚（1 对）、下唇（1 片）组成的。它的上颚很坚硬，适于咀嚼，因此这种口器叫做咀嚼式口器。在蝗虫腹部第一节的两侧，有一对半月形的薄膜，是蝗虫的听觉器官。在左右两侧排列得很整齐的一行小孔，就是气门。从中胸到腹部第 8 节，每一个体节

都有一对气门，共有 10 对。每个气门都向内连通着气管。在蝗虫体内有粗细不等的纵横相连的气管，气管一再分支，最后由微细的分支与各细胞发生联系，进行呼吸作用。因此，气门是气体出入蝗虫身体的门户。

蝗虫一生经历了受精卵、若虫、成虫 3 个发育时期。幼虫只能跳跃，成虫可以飞行，也可以跳跃。植食性，大多以植物为食物。喜欢吃肥厚的叶子，如甘薯、空心菜、白菜等。每年夏、秋为繁殖季节，交尾后的雌蝗虫把产卵管插入 10cm 深的土中，再产下约 50 粒的卵。产卵时，雌虫会分泌白色的物质形成圆筒形栓状物，然后再把卵粒产下。

蝗虫的发育过程比较复杂，它的一生是从受精卵开始的，刚由卵孵出的幼虫没有翅，能够跳跃，叫做"跳蝻"。跳蝻的形态和生活习性与成虫相似，只是身体较小，生殖器官没有发育成熟，这种形态的昆虫又叫"若虫"。若虫逐渐长大，当受到外骨骼的限制不能再长大时，就脱掉原来的外骨骼，这叫蜕皮。若虫一生要蜕皮 5 次。由卵孵化到第一次蜕皮，是 1 龄，以后每蜕皮 1 次，增加 1 龄。3 龄以后，翅芽显著。5 龄以后，变成能飞的成虫。可见，蝗虫的个体发育过程要经过卵、若虫、成虫 3 个时期，像这样的发育过程，叫做不完全变态。昆虫由受精卵发育到成虫，并且能够产生后代的整个个体发育史，称为一个世代。蝗虫在中国有的地区一年能够发生夏蝗和秋蝗两代，因此有两个世代。在 24℃ 左右，蝗虫的卵约 21d 即可孵化。孵化的若虫自土中匍匐而出，此时其外形和成虫很像，只是没有翅，体色较淡。幼虫在最初的 1~2 龄长得更像成虫，但头部和身体不成比例。到了 3 龄长出翅芽，这时四龄翅芽已很明显了。5 龄时若虫已将老熟再取食数日就会爬到植物上，身体悬垂而下，静待一段时间，成虫即羽化而出。

蝗虫数量极多，生命力顽强，能栖息在各种场所。在山区、森林、低洼地区、半干旱区、草原分布最多。是大多数作物的重要害虫。在严重干旱时可能会大量爆发，对自然界和人类形成灾害。

（四）粘虫

粘虫 [*Mythimna separate*（Walker）] 属鳞翅目夜蛾科。

粘虫成虫体长 15~17mm，翅展 36~40mm。头部与胸部灰褐色，腹部暗褐色。前翅灰黄褐色、黄色或橙色，变化很多；内横线往往只现几个黑点，环纹与肾纹褐黄色，界限不显著，肾纹后端有一个白点，其两侧各有一个黑点；外横线为一列黑点；亚缘线自顶角内斜；缘线为一列黑点。后翅暗褐色，向基部色渐淡。卵长约 0.5mm，半球形，初产白色渐变黄色，有光泽。卵粒单层排列成行成块。老熟幼虫体长 38mm。头红褐色，头盖有网纹，额扁，两侧有褐色粗纵纹，略呈八字形，外侧有褐色网纹。体色由淡绿至浓黑，变化甚大（常因食料和环境不同而有变化）；在大发生时背面常呈黑色，腹面淡污色，背中线白色，亚背线与气门上线之间稍带蓝色，气门线与气门下线之间粉红色至灰白色。腹足外侧有黑褐色宽纵带，足的先端有半环式黑褐色趾钩。蛹长约19mm；红褐色；腹部5~7节背面前缘各有一列齿状点刻；臀棘上有刺4根，中央2根粗大，两侧的细短刺略弯。

粘虫多在降水过程较多，土壤及空气湿度大等气象条件下大发生，玉米受害株率达到80%左右。它是一种迁飞性害虫，因此，具有偶发性和爆发性的特点。黏虫以幼虫暴食玉米叶片，为害症状主要以幼虫咬食叶片。严重发生时，短期内吃光叶片，造成减产其至绝收。1~2龄幼虫取食叶片造成孔洞，3龄以上幼虫为害叶片后呈现不规则的缺刻，暴食时，可吃光叶片。当一块田玉米被吃光，幼虫常成群列纵队迁到另一块田为害，故又名"行军虫"。一般地势低、玉米植株高矮不齐、杂草丛生的田块受害严重。

（五）棉铃虫

棉铃虫 [*Helicoverpa armigera*（Hübner）] 属鳞翅目夜蛾科。

棉铃虫成虫为灰褐色中型蛾，体长15~20mm，翅展31~40mm，复眼球形，绿色（近缘种烟青虫复眼黑色）。雌蛾赤褐色至灰褐色，雄蛾青灰色。棉铃虫的前后翅，可作为夜蛾科成虫的模式，其前翅外横线外有深灰色宽带，带上有7个小白点，肾纹，环纹暗褐色。后翅灰白，沿外缘有黑褐色宽带，宽带中央有2个相连的白斑。后翅前缘有1个月牙形褐色斑。卵半球形，高0.52mm，0.46mm，顶部微隆起；表面布满纵横纹，纵纹从顶部看有12条，中部2纵纹间夹有1~2条短纹且多2~3岔，所以从中部看有26~29条纵纹。幼虫共有6龄，有时5龄（取食豌豆苗，向日葵花盘的），老熟6龄虫长约40~50mm，头黄褐色有不明显的斑纹，幼虫体色多变，分4个类型体色淡红，背线，亚背线褐色，气门线白色，毛突黑色；体色黄白，背线，亚背线淡绿，气门线白色，毛突与体色相同；体色淡绿，背线，亚背线不明显，气门线白色，毛突与体色相同；体色深绿，背线，亚背线不太明显，气门淡黄色。气门上方有一褐色纵带，是由尖锐微刺排列而成（烟青虫的微刺钝圆，不排成线）。幼虫腹部第1、第2、第5节各有2个毛突特别明显。蛹长17~20mm，纺锤形，赤褐至黑褐色，腹末有一对臀刺，刺的基部分开。气门较大，围孔片呈筒状突起较高，腹部第5~7节的点刻半圆形，较粗而稀（烟青虫气孔小，刺的基部合拢，围孔片不高，第5~7节的点刻细密，有半圆，也有圆形的）。入土5~15cm化蛹，外被土茧。

棉铃虫发生的代数因年份因地区而异。在华北每年发生4代，九月下旬成长幼虫陆续下树入土，在苗木附近或杂草下5~10cm深的土中化蛹越冬。立春气温回升15℃以上时开始羽化，4月下旬至5月上旬为羽化盛期，成虫出现第一代在6月中下旬，第二代在7月中下旬，第三代在8月中下旬至9月上旬，至10月上旬尚有棉铃虫出现。成虫有趋光性，羽化后即在夜间闪配产卵，卵散产，较分散。一头雌蛾一生可产卵500~1000粒，最高可达2700粒。卵多产在叶背面，也有产在正面、顶芯、叶柄、嫩茎上或农作物、杂草等其他植物上。幼虫孵化后有取食卵壳习性，初孵幼虫有群集限食习性，二三头、三五头在叶片正面或背面，头向叶缘排列、自叶

缘向内取食，结果叶片被吃光，只剩主脉和叶柄，或成网状枯萎，造成干叶。1~2龄幼虫沿柄下行至银杏苗顶芽处自一侧蛀食或沿顶芽处下蛀入嫩枝，造成顶梢或顶部簇生叶死亡，为害十分严重。3龄前的幼虫食量较少，较集中，随着幼虫生长而逐渐分散，进入4龄食量大增，可食光叶片，只剩叶柄。幼虫7~8月为害最盛。棉铃虫有转移为害的习性，一只幼虫可为害多株苗木。各龄幼虫均有食掉蜕下旧皮留头壳的习性，给鉴别虫龄造成一定困难，虫龄不整齐。棉铃虫以蛹在地下约5~10cm深处越冬。

棉铃虫发生的最适宜温度为25~28℃，相对湿度70%~90%。第二代、第三代为害最为严重，严重地片虫口密度达98头/百叶，虫株率60%~70%，个别地片达100%，受害叶片达1/3以上，影响叶产量20%。

（六）二点委夜蛾

二点委夜蛾 [Athetis lepigone（Moschler，1860）] 属鳞翅目夜蛾科。2005~2010年在河北省发现该虫为害夏玉米幼苗。经饲养鉴定，该虫在形态学上与地老虎等存在明显区别，是近几年开始侵害玉米田的害虫。

二点委夜蛾卵馒头状，上有纵脊，初产黄绿色，后土黄色。直径不到1mm。成虫体长10~12mm，翅展20mm。雌虫体会略大于雄虫。头、胸、腹灰褐色。前翅灰褐色，有暗褐色细点；内线、外线暗褐色，环纹为一黑点；肾纹小，有黑点组成的边缘，外侧中凹，有一白点；外线波浪形，翅外缘有一列黑点。后翅白色微褐，端区暗褐色。腹部灰褐色。雄蛾外生殖器的抱器瓣端半部宽，背缘凹，中部有一钩状突起；阳茎内有刺状阳茎针。老熟幼虫体长20mm左右，体色灰黄色，头部褐色。幼虫1.4~1.8cm长，黄灰色或黑褐色，比较明显的特征是个体节有一个倒三角的深褐色斑纹，腹部背面有两条褐色背侧线，到胸节消失。蛹长10mm左右，化蛹初期淡黄褐色，逐渐变为褐色，老熟幼虫入土做一丝质土茧包被内化蛹。

二点委夜蛾幼虫在6月下旬至7月上旬为害夏玉米，在棉田倒茬玉米田比重茬玉米田发生严重，麦糠麦秸覆盖面积大比没有麦秸麦糠覆盖的严重，播种时间晚比播种时间早的严重，田间湿度大比湿度小的严重。二点委夜蛾主要在玉米气生根处的土壤表层处为害玉米根部，咬断玉米地上茎秆或浅表层根，受为害的玉米田轻者玉米植株东倒西歪，重者造成缺苗断垄，玉米田中出现大面积空白地。为害严重地块甚至需要毁种。二点委夜蛾喜阴暗潮湿，畏惧强光，一般在玉米根部或者湿润的土缝中生存，遇到声音或药液喷淋后呈"C"形假死，高麦茬厚麦糠为二点委夜蛾大发生提供了主要的生存环境，二点委夜蛾比较厚的外皮使药剂难以渗透是防治的主要难点，世代重叠发生是增加防治次数的主要原因。

近几年据安新、曲周、正定、藁城、栾城、辛集、宁晋、临城、内丘、深州、晋州等地调查，该虫在河北省部分夏玉米区，尤其以小麦套播的玉米田发生重，主要以幼虫躲在玉米幼苗周围的碎麦秸下或在2~5cm的表土层为害玉米苗，一般一株有虫 1~2 头，多的达 10~20 头。在玉米幼苗 3~5 叶期的地块，幼虫主要咬食玉米茎基部，形成 3~4mm 圆形或椭圆形孔洞，切断营养输送，造成地上部玉米心叶萎蔫枯死。在玉米苗较大（8~10 叶期）的地块幼虫主要咬断玉米根部，包括气生根和主根，造成玉米倒伏，严重者枯死。为害株率一般在 1%~5%，严重地块达 15%~20%，由于该虫潜伏在玉米田的碎麦秸下为害玉米根茎部，一般喷雾难以奏效。

（七）蓟马

为害玉米的蓟马有玉米黄呆蓟马 [*Anaphothrips obscurus*（Müzle）]、禾蓟马（*Franklinielle tenuicornis* Uzel）和稻管蓟马 [*Haplothrips aculeatus*（Fabr.）] 等，均属缨翅目昆虫。

蓟马体微小，体长 0.5~2mm，很少超过 7mm；黑色、褐色或黄色；头略呈后口式，口器锉吸式，能挫破植物表皮，吸允汁液；触角 6~9 节，线状，略呈念珠状，一些节上有感觉器；翅狭长，边缘有长而整齐的缘毛，脉纹最多有两条纵脉；足的末端有泡状的中垫，爪退化；雌性腹部末端圆锥形，腹面有锯齿状产卵器，或呈圆柱形，无产卵器。

蓟马一年四季均有发生。春、夏、秋三季主要发生在露地，冬季主要在温室大棚中，为害茄子、黄瓜、芸豆、辣椒、西瓜等作物。发生高峰期在秋季或入冬的 11~12 月，3~5 月则是第二个高峰期。雌成虫主要进行孤雌生殖，偶有两性生殖，极难见到雄虫。卵散产于叶肉组织内，每雌产卵 22~35 粒。雌成虫寿命 8~10d。卵期在 5~6 月为 6~7d。若虫在叶背取食到高龄末期停止取食，落入表土化蛹。蓟马喜欢温暖、干旱的天气，其适温为 23~28℃，适宜空气湿度为 40%~70%；湿度过大不能存活，当湿度达到 100%，温度达 31℃时，若虫全部死亡。在雨季，如遇连阴多雨，葱的叶腋间积水，能导致若虫死亡。大雨后或浇水后致使土壤板结，使若虫不能入土化蛹和蛹不能孵化成虫。

蓟马以成虫和若虫锉吸植株幼嫩组织（枝梢、叶片、花柱等）汁液，被害的嫩叶、嫩梢变硬卷曲枯萎，植株生长缓慢，节间缩短；幼嫩果实被害后会硬化，严重时造成落果，严重影响产量和品质。

（八）地老虎

地老虎属鳞翅目夜蛾科，种类很多，为害玉米的主要有小地老虎 [*Agrotis ypsilon*（Rottembverg）]、大地老虎 [*Trachea tokionis*（Butler）] 和黄地老虎 [*A. segetum*（Schiffermller）]。

地老虎成虫体长 17~23mm、翅展 40~54mm。头、胸部背面暗褐色，足褐色，前足胫、跗节外缘灰褐色，中后足各节末端有灰褐色环纹。前翅褐色，前缘区黑褐色，外缘以内多暗褐色；基线浅褐色，黑色波浪形内横线双线，黑色环纹内 1 圆灰斑，肾状纹黑色具黑边，其外中部 1 楔形黑纹伸至外横线，中横线暗褐色波浪形，

双线波浪形外横线褐色，不规则锯齿形亚外缘线灰色，其内缘在中脉间有 3 个尖齿，亚外缘线与外横线间在各脉上有小黑点，外缘线黑色，外横线与亚外缘线间淡褐色，亚外缘线以外黑褐色。后翅灰白色，纵脉及缘线褐色，腹部背面灰色。

地老虎 3 龄前的幼虫多在土表或植株上活动，昼夜取食叶片、心叶、嫩头、幼芽等部位，食量较小，3 龄后分散入土，白天潜伏土中，夜间活动为害，有自残现象，地老虎的越冬习性较复杂。黄地老虎以老熟幼虫在土下筑土室越冬。白边地老虎则以胚胎发育晚期而滞育的卵越冬。大地老虎以 3~6 龄幼虫在表土或草丛中越夏和越冬。小地老虎越冬受温度因子限制：1 月 0℃（北纬 33° 附近）等温线以北不能越冬；以南地区可有少量幼虫和蛹在当地越冬；而在四川则成虫、幼虫和蛹都可越冬。关于小地老虎的迁飞性，已引起普遍重视。1979~1980 年中国有关科研机构用标记回收方法，首次取得了越冬代成虫由低海拔向高海拔迁飞直线距离 22~240km 和由南向北迁飞 490~1818km 的记录；并查明 1 月 10℃ 等温线以南的华南为害区及其以南是国内主要虫源基地，江淮蛰伏区也有部分虫源，成虫从虫源地区交错向北迁飞为害。

地老虎为害玉米等作物，将叶片咬成小孔、缺刻状；为害生长点或从根茎处蛀入嫩茎中取食，造成萎蔫苗和空心苗；大龄幼虫常把幼苗齐地咬断，并拉入洞穴取食，严重时造成缺苗断垄。幼虫有转株为害习性。

（九）金针虫

金针虫是鞘翅目叩头虫科幼虫的通称。为害玉米常见的有沟金针虫（*Pleonomus canaliculatus* Faldermann）、细胸金针虫（*Agriotes fuscicollis* Miwa）和褐纹金针虫（*Melanotus caudex* Lewis）。沟金针虫主要分布区域北起辽宁，南至长江沿岸，西到陕西、青海，旱作区的粉沙壤土和粉沙黏壤土地带发生较重；细胸金针虫从东北北部，到淮河流域，北至内蒙古以及西北等地均有发生，但以水浇地、潮湿低洼地和黏土地带发生较重；褐纹金针虫主要分布于华北；宽背金针虫分布黑龙江、内蒙古、宁夏、新疆；兴安金针虫主要分布于黑龙江；暗褐金针虫分布于四川西部地区。

金针虫成虫叩头虫一般颜色较暗，体形细长或扁平，具有梳状或锯齿状触角。胸部下侧有一个爪，受压时可伸入胸腔。当叩头虫仰卧，若突然敲击爪，叩头虫即会弹起，向后跳跃。幼虫圆筒形，体表坚硬，蜡黄色或褐色，末端有两对附肢，体长 13~20mm。根据种类不同，幼虫期 1~3 年，蛹在土中的土室内，蛹期大约 3 周。成虫体长 8~9mm 或 14~18mm，依种类而异。体黑或黑褐色，头部生有 1 对触角，胸部着生 3 对细长的足，前胸腹板具 1 个突起，可纳入中胸腹板的沟穴中。头部能上下活动似叩头状，故俗称"叩头虫"。幼虫体细长，25~30mm，金黄或茶褐色，并有光泽，故名"金针虫"。身体生有同色细毛，3 对胸足大小相同。

金针虫的生活史很长，因不同种类而不同，常需 3~5 年才能完成一代，各代以幼虫或成虫在地下越冬，越冬深度在 20~85cm。沟金针虫约需 3 年完成一代，在华北地区，越冬成虫于 3 月上旬开始活动，4 月上旬为活动盛期。成虫白天躲在麦田或田边杂草中和土块下，夜晚活动，雌性成虫不能飞翔，行动迟缓有假死性，没有趋光性，雄虫飞翔较强，卵产于土中 3~7cm 深处，卵孵化后，幼虫直接为害作物。

金针虫主要以幼虫为害，幼虫长期生活于土壤中，主要为害禾谷类、薯类、豆类、甜菜、棉花及各种蔬菜和林木幼苗等。幼虫能咬食刚播下的种子，为害胚乳使其不能发芽，如已出苗可为害须根、主根和茎的地下部分，使幼苗枯死。主根受害部不整齐，还能蛀入块茎和块根。在地下主要为害玉米幼苗根茎部。有沟金针虫、细胸金针虫和褐纹金针虫三种，其幼虫统称金针虫，其中以沟金针虫分布范围最广。为害时，可咬断刚出土的幼苗，也可进入已长大的幼苗根里取食为害，被害处不完全咬断，断口不整齐。还能钻蛀较大的种子及块茎、块根，蛀成孔洞，被害株则干枯而死亡。沟金针虫在 8~9 月间化蛹，蛹期 20d 左右，9 月羽化为成虫，即在土中越冬，翌年 3~4 月出土活动。金针虫的活动，与土壤温度、湿度、寄主植物的生育时期等有密切关系。其上升表土为害的时间，与春玉米的播种至幼苗期相吻合。

（十）其他害虫

1. 玉米叶螨

叶螨为蛛形纲真螨目叶螨科类统称，俗称红蜘蛛。为害玉米的主要有二斑叶螨（*T. urticae* Koch）和朱砂叶螨（*T. cinaabarinus* Boisdural）。

二斑叶螨：雌成螨色多变有浓绿、褐绿、黑褐、橙红等色；体背两侧各具 1 块暗红色长斑，有时斑中部色淡分成前后两块。雌体椭圆形，多为深红色，也有黄棕色的；越冬者橙黄色，较夏型肥大。雄成螨体近卵圆形，前端近圆形，腹末较尖，多呈鲜红色。卵球形，光滑，初无色透明，渐变橙红色，将孵化时现出红色眼点。幼螨初孵时近圆形，无色透明，取食后变暗绿色，眼红色，足 3 对。若螨前期体近卵圆形，色变深，体背出现色斑；后期若螨体黄褐色，与成虫相似。

朱砂叶螨：雌成螨体椭圆形；体背两侧具有一块三裂长条形深褐色大斑。雄成螨体菱形，一般为红色或锈红色，也有浓绿黄色的，足 4 对。卵近球形，初期无色透明，逐渐变淡黄色或橙黄色，孵化前呈微红色。幼螨和若螨：卵孵化后为 1 龄，仅具 3 对足，称幼螨。幼螨蜕皮后变为 2 龄，又叫前期若螨，前期若螨再蜕皮，为 3 龄，称后期若螨，若螨均有 4 对足：雄螨一生只蜕 1 次皮，只有前期若螨。幼螨黄色，圆形，透明，具 3 对足。若螨体似成螨，具 4 对足。前期体色淡，后期体色变红。

二斑叶螨在南方一年生 20 代以上，北方 12~15 代。越冬场所随地区不同，在华北以雌成虫在杂草、枯枝落叶及土缝中吐丝结网潜伏越冬；在华中以各种虫态在杂草及树皮缝中越冬；在四川以雌成虫在杂草或豌豆、蚕豆作物上越冬。2 月均温达 5~6℃时，越冬雌虫开始活动，3~4 月先在杂草或其他为害对象上取食，4 月下旬至 5 月上中旬迁入瓜田，先是点片发生，而后扩散全田。6 月中旬至 7 月中旬为猖獗为

害期。靠近村庄、果园、温室和长满杂草的向阳沟渠边的玉米田发生早且重，其次是常年旱作田。

朱砂叶螨在北方一年发生 12~15 代，长江流域 18~20 代，华南地区每年发生 20 代以上。以雌成螨在草根、枯叶及土缝或树皮裂缝内吐丝结网群集越冬，最多可达上千头聚在一起。7 月中旬雨季到来，叶螨发生量迅速减少，8 月若天气干旱可再次大发生。干旱少雨时发生严重；暴雨对朱砂叶螨的发生有明显的抑制作用；轮作田发生轻，邻作或间作瓜类和果树的田块发生较重。

玉米叶螨主要以若螨和成螨群聚叶背吸取汁液为害，使叶片呈灰白色或枯黄色细斑，严重时，整个叶片发黄、皱缩，直至干枯脱落，玉米籽粒秕瘦，造成减产、绝收。

2. 玉米耕葵粉蚧

玉米耕葵粉蚧（*Trionymusagrestis Wanget Zhang*）属同翅目粉蚧科粉蚧属。主要为害小麦玉米等作物，分布在辽宁、河北、山东等省，是中国玉米上的新害虫。

玉米耕葵粉蚧雌成虫体长 3~4.2mm，宽 1.4~2.1mm，扁平长椭圆形，两侧缘近于平行，红褐色，全体覆白色蜡粉。眼椭圆形发达。触角 8 节，末节长于其余各节。喙短。足发达，具 1 个近圆形腹脐。肛环发达椭圆形，有肛环孔和 6 根肛环刺。臀瓣不明显，臀瓣刺发达。雄成虫小，深黄褐色，3 对单眼紫褐色。触角 10 节。口器退化。胸足发达。3 对足。前翅长 0.83mm。卵长 0.49mm，长椭圆形，初橘黄色，孵化前浅褐色。卵囊白色，棉絮状。二龄若虫体长 0.89mm，宽 0.53mm，体表现白蜡粉，触角 7 节。雄蛹长 1.15mm，长形略扁，黄褐色。触角、足、翅芽明显。茧长形，白色柔密，两侧近平行。

玉米耕葵粉蚧在河北中部年生 3 代，以卵在卵囊中附在残留在田间的玉米根茬上或土壤中残存的秸秆上越冬。越冬期 6~7 个月。每个卵囊中有 100 多粒卵，每年 9~10 月雌成虫产卵越冬。翌年 4 月中下旬，气温 17℃左右开始孵化，孵化期半个多月，初孵若虫先在卵囊内活动 1~2d，以后向四周分散，寻找寄主后固定下来为害。1 龄若虫活泼，没有分泌蜡粉，进入 2 龄后开始分泌蜡粉，在地下或进入植株下部的叶鞘中为害。雌若虫共 2 龄，老熟后羽化为雌成虫。雄若虫 4 龄。一代雄虫在 6 月上旬开始羽化。交尾后 1~2d 死亡。雌成虫寿命 20d 左右，交尾后 2~3d 把卵产在玉米茎基部土中或叶鞘里，每雌产卵 120~150 粒，该虫主要营孤雌生殖，但各代也有少量雄虫。河北一代发生在 4~6 月中旬，以若虫和雌成虫为害小麦，6 月上旬小麦收获时羽化为成虫，第二代发生在 6 月中至 8 月上旬，主要为害夏播玉米。6 月中旬末夏玉米出苗，卵孵化为若虫，然后爬到玉米上为害，第三代于 8 月上旬至 9 月中旬为害玉米或高粱。一代卵期约 205d，一龄若虫 25d，二龄若虫 35d；二代卵期 13d，一龄若虫 8~10d，二龄若虫 22~24d；三代卵期 11d，一龄若虫 7~9d，二龄若虫 19~21d。雄虫前蛹期约 2d，蛹期 6d。河北保定一带雄虫一代发生在 5 月下旬至

6月上旬，二代7月下旬至8月上旬，三代8月下旬至9月中旬。该虫在小麦、玉米二熟制地区得到积累，尤其当小麦收获后，经过一个世代的增殖，种群数量迅速增加，第二代孵化时正值玉米2~3叶期，有利玉米耕葵粉蚧的增殖和为害。

玉米耕葵粉蚧为害主要以若虫和雌成虫群集于表土下玉米幼苗根节周围刺吸植株汁液，以4~6叶期为害最重，茎基部和根尖被害后呈黑褐色，严重时茎基部腐烂，根茎变粗畸形，气生根不发达；被害株细弱矮小，叶片由下而上变黄干枯。后期则群集于植株中下部叶鞘为害，严重者叶片出现干枯。

3. 蝼蛄

蝼蛄属直翅目蝼蛄科，在中国为害玉米的主要有华北蝼蛄（*Gryllotalpa unispina* Saussure）和东方蝼蛄（*G. orientalis* Burmeister）。

蝼蛄体长圆形，淡黄褐色或暗褐色，全身密被短小软毛。雌虫体长约3cm余，雄虫略小。头圆锥杉，前尖后钝，头的大部分被前胸板盖住。触角丝状，长度可达前胸的后缘，第1节膨大，第2节以下较细。复眼卵形，黄褐色；复眼内侧的后方有较明显的单眼3个。口器发达，咀嚼式。前胸背板坚硬膨大，呈卵形，背中央有1条下陷的纵沟，长约5mm。翅2对，前翅革质，较短，黄褐色，仅达腹部中央，略呈三角形；后翅大，膜质透明，淡黄色，翅脉网状，静止时蜷缩折叠如尾状，超出腹部。足3对，前足特别发达，基节大，圆形，腿节强大而略扁，胫节扁阔而坚硬，尖端有锐利的扁齿4枚，上面2个齿较大，且可活动，因而形成开掘足，适于挖掘洞穴隧道之用。后足腿节大，在胫节背侧内缘有3~4个能活动的刺，腹部纺锤形，背面棕褐色，腹面色较淡，呈黄褐色，末端2节的背面两侧有弯向内方的刚毛，最末节上生尾毛2根，伸出体外。华北蝼蛄体型比东方蝼蛄大，体长36~55mm，黄褐色，前胸背板心形凹陷不明显，后足胫节背面内侧仅1个距或消失。卵椭圆形，孵化前呈深灰色。若虫共13龄，形态与成虫相似，翅尚未发育完全，仅有翅芽。5~6龄后体色与成虫相似。

蝼蛄在北方地区2年发生1代，在南方1年1代，以成虫或若虫在地下越冬。清明后上升到地表活动，在洞口可顶起一小虚土堆。5月上旬至6月中旬是蝼蛄最活跃的时期，也是第一次为害的高峰期，6月下旬至8月下旬，天气炎热，转入地下活动，6~7月为产卵盛期。9月气温下降，再次上升到地表，形成第二次为害高峰，10月中旬以后，陆续钻入深层土中越冬。蝼蛄昼伏夜出，以夜间9~11时活动最盛，特别在气温高、湿度大、闷热的夜晚，大量出土活动。早春或晚秋因气候凉爽，仅在表土层活动，不到地面上，在炎热的中午常潜至深土层。蝼蛄具趋光性，并对香甜物质，如半熟的谷子、炒香的豆饼、麦麸以及马粪等有机肥，具有强烈趋性。成、若虫均喜松软潮湿的壤土或沙壤土，20cm表土层含水量20%以上最适宜，小于15%时活动减弱。当气温在12.5~19.8℃，20cm土温为15.2~19.9℃时，对蝼蛄最适宜，温度过高或过低时，则潜入深层土中。通常在夜间飞行，飞向光亮处。常见

的美国蝼蛄以昆虫的幼虫和蚯蚓为食，同时也会损坏草根、土豆、芜菁和花生。西印度有种蝼蛄，对甘蔗具有特殊的破坏力。蝼蛄在地穴产卵，蝼蛄的卵松散成群。

蝼蛄对玉米的为害有直接取食萌动的种子或咬断幼苗的根茎，咬断处呈乱麻状，造成植株萎蔫。蝼蛄常在地表土层穿行，形成隧道，使幼苗与土壤分离而失水干枯致死。

4. 蛴螬

蛴螬是鞘翅目金龟甲总科幼虫的通称。为害玉米的主要有华北大黑鳃金龟 [*Holotrichia oblita*（Faldermann）]、东北大黑鳃金龟（*H. oblita* Faldermann）和黄褐丽金龟（*A. exoleta* Faldermann）。

蛴螬体肥大，体型弯曲呈"C"形，多为白色，少数为黄白色。头部褐色，上颚显著，腹部肿胀。体壁较柔软多皱，体表疏生细毛。头大而圆，多为黄褐色，生有左右对称的刚毛，刚毛数量的多少常为分种的特征。如华北大黑鳃金龟的幼虫为 3 对，黄褐丽金龟幼虫为 5 对。蛴螬具胸足 3 对，一般后足较长。腹部 10 节，第 10 节称为臀节，臀节上生有刺毛，其数目的多少和排列方式也是分种的重要特征。

蛴螬一到两年 1 代，幼虫和成虫在土中越冬，成虫即金龟子，白天藏在土中，晚上 8~9 时进行取食等活动。蛴螬有假死和负趋光性，并对未腐熟的粪肥有趋性。幼虫蛴螬始终在地下活动，与土壤温湿度关系密切。当 10cm 土温达 5℃时开始上升到土表，13~18℃时活动最盛，23℃以上则往深土中移动，至秋季土温下降到其活动适宜范围时，再移向土壤上层。成虫交配后 10~15d 产卵，产在松软湿润的土壤内，以水浇地最多，每头雌虫可产卵 100 粒左右。蛴螬年生代数因种、因地而异。这是一类生活史较长的昆虫，一般 1 年 1 代，或 2~3 年 1 代，长者 5~6 年 1 代。如大黑鳃金龟 2 年 1 代，暗黑鳃金龟、铜绿丽金龟 1 年 1 代，小云斑鳃金龟在青海 4 年 1 代，大栗鳃金龟在四川甘孜地区则需 5~6 年 1 代。蛴螬共 3 龄。1、2 龄期较短，第 3 龄期最长。

蛴螬常取食萌发的种子或幼苗根茎，常导致地上部萎蔫死亡或植株生长缓慢，发育不良。害虫造成的伤口有利于病原菌侵入，诱发根茎腐烂或导致其他病害。

5. 灰飞虱

灰飞虱 [*Laodelphax striatellus*（Fallen）] 属同翅目飞虱科。

灰飞虱成虫长翅型，体长（连翅）雄虫 3.5mm，雌虫 4.0mm；短翅型体雄虫 2.3mm，雌虫 2.5mm。头顶与前胸背板黄色，雌虫则中部淡黄色，两侧暗褐色。前翅近于透明，具翅斑。胸、腹部腹面雄虫为黑褐色，雌虫色黄褐色，足皆淡褐色。卵呈长椭圆形，稍弯曲，长 1.0mm，前端较细于后端，初产乳白色，后期淡黄色。若虫共 5 龄。第 1 龄若虫体长 1.0~1.1mm，体乳白色至淡黄色，胸部各节背面沿正中有纵行白色部分。2 龄体长 1.1~1.3mm，黄白色，胸部各节背面为灰色，正中纵行的白色部分较第 1 龄明显。3 龄体长 1.5mm，灰褐色，胸部各节背面灰色增浓，正中线中央白色部分不明显，前、后翅芽开始呈现。4龄体长1.9~2.1mm，灰褐色，前翅翅芽达腹部第1节，后胸翅芽达腹部第3节，胸部正中的白色部分消失。5龄体长2.7~3.0mm，体色灰褐增浓，中胸翅芽达腹部第3节后缘并覆盖后翅，后胸翅芽达腹部第2节，腹部各节分界明显，腹节间有白色的细环圈。越冬若虫体色较深。

灰飞虱一年发生4~8代，主要以3~4龄若虫在麦田、草子田以及田边、沟边等处的看麦娘等禾本科杂草上越冬。长翅型成虫有趋光性，但较褐飞虱弱，成虫寿命在适温范围内随气温升高而缩短，一般短翅型雌虫寿命长，长翅型较短。雌虫羽化后有一段产卵前期，而其长短取决于温度高低，温度低时长，温度高时短，但温度超过29℃时反而延长，发生代一般为4~8d。卵产于稻株下部叶鞘及叶片基部的中脉组织中，抽穗后多产于茎腔中。每雌虫产卵量一般数十粒，越冬代最多可达500粒左右。灰飞虱天敌种类与稻田其他两种飞虱相同。

灰飞虱对玉米的主要为害是传播玉米粗缩病病毒，玉米一旦染病，几乎无法控制，轻者减产30%以上，严重的绝收，因此玉米粗缩病又称为玉米的癌症。

二、防治措施

玉米整个生长过程中发生虫害种类众多，上述十四种玉米虫害，从为害方式和规律上可以把它们分为地下害虫（地老虎、蝼蛄、蛴螬、金针虫、玉米耕葵粉蚧、二点委夜蛾）、刺吸式害虫（蚜虫、蓟马、灰飞虱、叶螨）、食叶钻蛀性害虫（玉米螟、棉铃虫、粘虫）三大类，针对简化玉米栽培的目标，分别对各类玉米虫害进行系统简单的综合防治。

（一）玉米地下害虫的综合防治

传统上种植玉米要在播种前深耕土地，同时播种量大，种植密度低，3~5叶期有间苗定苗措施，地下害虫在玉米上不会造成很大的为害。现阶段，随着秸秆还田和免耕直播技术的应用，给地下害虫提供了稳定的栖息场所，害虫的存活量迅速增加；目前，推广的精量播种技术不再需要进行间苗；大型收获、播种机械的异地连续作业，给一些偶发性和迁移性差的地下害虫随机械在大范围内扩散提供了有利条件。因此，地下害虫是现在玉米生产上苗期的主要害虫，也是玉米保全苗的关键影响因素。目前对一些新出现的地下害虫如耕葵粉蚧、二点委夜蛾等研究较少，常在局部造成较大产量损失。

1. 筛选抗虫基因型玉米

玉米害虫防治中最经济有效的途径之一。播种前选用优良抗虫玉米品种也是最简单有效的玉米植保措施，结合当地往年虫害发生情况选用相应抗虫高产品种。

2. 播种前深耕翻地

农业防治是防治玉米虫害必要的措施，清除玉米苗根基周围的覆盖物，及时清除玉米苗周围的麦秸和麦糠，减少二点委夜蛾适生环境，消除对其发生的有利条件。

一旦发生幼虫为害，及时清除田间囤聚在玉米苗基部的麦秸后用药围棵保苗，可以大幅提高防治效果。细整地，清理田地四周杂草减少虫源，给玉米创造良好生长环境。

3. 土壤处理

用5%杀虫双颗粒剂1~1.5kg加细土15~25kg，或50%辛硫磷乳剂100ml拌细炉渣15~25kg，在耕地前撒在地面，耙入地中，可杀死蛴螬和金针虫。

4. 种子处理

一是种衣剂包衣。采用有效杀虫成分的种衣剂包衣。二是药剂拌种。适用于没有进行包衣的种子。用种衣剂30%氯氰菊酯直接包衣，或者用40%辛硫磷乳油0.5L加水20L，拌种200kg。

5. 喷药灭杀

用2.5%敌杀死乳油30~40ml加水75kg于日落后作常规喷洒，茎叶要喷湿，喷施1~2次，可有效杀死地老虎。

6. 毒饵诱杀

用0.5kg敌百虫＋0.5kg辛硫磷＋少量红糖＋20kg米糠制成毒饵，撒施在玉米苗周围，可诱杀多种地下害虫。

（二）玉米刺吸式害虫的综合防治

刺吸式害虫是玉米苗期到大喇叭口期的主要害虫，常见的有蚜虫、蓟马、叶螨、灰飞虱等。该类害虫通过刺吸式或锉吸式口器吸食玉米植株的汁液，造成营养损失。主要为害叶片和雄穗，害虫直接取食造成受害部位发白、发黄、发红、皱缩，甚至枯死而使玉米直接减产。有些害虫如灰飞虱、蚜虫等还可以传播病毒病，如玉米粗缩病、矮花叶病等。蚜虫在雄穗上取食导致散粉不良，籽粒结实性差；排出的蜜露在叶片上形成霉污，影响光合作用。同时虫伤易成为细菌、真菌等病原菌的侵染通道，诱发病害如细菌性病害或瘤黑粉病、鞘腐病等，间接造成更大的产量损失。

刺吸性害虫大多体小而活动隐蔽，为害初期不易被察觉，往往在造成严重症状后才被发现；多具翅，可转株为害，在田间发生多有中心点，在早期，可以采用"挑治"的方式；1年多代，繁殖蔓延较快，防治宜早。所以，化学防治是控制该类害虫的主要措施。一般采用喷洒吡虫啉、阿维菌素、哒螨灵等杀虫剂的方法进行防治，在9：00时以前或17：00时以后喷药，此时害虫停在中下部叶片背面，防治效果较好；采用含丁硫克百威、吡虫啉、氟虫腈等成分的种衣剂进行种子包衣也有一定的防治效果。

（三）食叶钻蛀性害虫的综合防治

食叶性害虫以取食玉米叶片为主，常把叶片咬成孔洞或缺刻，有些害虫的大龄幼虫食量大，如粘虫可将叶片全部吃掉，为害严重。食叶性害虫主要是通过减少植物光合作用面积直接造成产量损失；有时害虫会咬断心叶，影响植株的生长发育；

有些种类大龄后常钻蛀到茎秆内取食，造成更大产量损失。该类害虫为咀嚼式口器昆虫，包括鳞翅目的幼虫如玉米螟、棉铃虫、黏虫等，鞘翅目的成虫如蝗虫等。

　　食叶性害虫数量的消长常受气候与天敌等因素直接制约，有些种类如粘虫等能够做远距离迁飞，一旦发生则由于虫口密度集中，而猖獗为害。有些种类的害虫在6叶期以后发生，所以种衣剂或拌种剂防效差，目前，在玉米上以化学药剂喷雾或颗粒剂心叶撒施防治为主，辅以生物防治，如人工释放赤眼蜂防治玉米螟等措施。

　　钻蛀性害虫除为害玉米果穗外还可在茎秆、穗轴、穗柄等部位造成蛀孔及通道，直接取食籽粒或破坏植株的输导组织，阻碍水分和营养物质的运输，造成被害植株部分组织的枯死、折茎或倒伏，或使长势变弱、早衰，果穗小，籽粒不饱满，产量下降，品质变劣。常见该类害虫有玉米螟、棉铃虫等。由于害虫发生时玉米正处于抽丝散粉期或灌浆期，田间植株高大且生长茂密，施药不便，所以，防治原则为防重于治，以生物防治为主，药物防治为辅，尤其禁止施用残留期长的剧毒农药。

第三节　杂草防除

一、中国杂草区系

　　中国杂草种类繁多，与其他植物强烈争夺营养、水分、光照和生存空间，同时又是农作物多种病虫害的中间寄主或越冬寄主，对作物的产量和品质影响很大。对杂草的区系分析有助于人们了解一个地区杂草的种类组成、生物学特性及为害程度等，为杂草的综合防除提供依据，此外还可以为杂草植物资源的开发利用提供科学依据。

　　中国位于欧亚大陆东部，东西跨越的经度有60°以上，距离约5 200km；南北跨越的纬度50°，南北相距5 500km。东起太平洋西岸，西至亚洲大陆腹部，南北跨热带、亚热带、暖温带、温带和寒温带。自然条件复杂多样，以大兴安岭、阴山、贺兰山至青藏高原东部为界，东南半部属于季风气候，比较湿润，季节化分明。西南部还受印度洋季风的影响，夏季西南季风盛行，并沿横断山脉长驱直入，但背风坡产生"焚风"，形成干热河谷。西半部则为干旱的荒漠和草原气候。其南面的青藏高原为高寒的高原气候，与周围形成明显对比。中国地形多样，类型齐全，并有平原少，山地多，陆地高差悬殊的特点。中国地势分成三级巨大的阶梯，具有自西向东下降的趋势，决定着长江、黄河、珠江等大江的基本流向，也间接影响植物的分布。复杂的气候和地形使中国具有了丰富多彩的植物区系和植被类型。

　　根据李扬汉《中国杂草志》的记载，中国种子植物杂草有90科571属1 412种。其中裸子植物1种，被子植物1 411种，隶属于89科570属。中国种子植物杂草的科、属、种分别占中国种子植物的37.22%，20.79%和5.93%。中国种子植物

杂草无论是科还是属的地理成分中，泛热带成分均具有较高的比例，说明本区种子植物杂草具有较强的热带性质。其次，温带成分占有一定的比例，科的温带成分占全部科的26.09%，属的温带成分占52.57%，由此可见，中国种子植物杂草的植物区系表现出从热带亚热带向温带过渡的特征。在中国种子植物杂草中世界分布的广布种类特别丰富，科和属的地理成分中占有世界分布较大的比例。这些世界科属在区系分析上意义不大，但属于杂草的主体，对中国的生物多样性具有较大的影响。

二、玉米田常见杂草简介

玉米是中国三大粮食作物之一，同时也是重要的饲料和工业原料。2004年中国玉米种植面积达2 558万 hm²，居世界第二位，但单产为5 154kg/hm²，仅占美国、以色列、新西兰等国家的50%左右。杂草为害是影响作物产量的主要因素之一，中国玉米田每年草害面积约有667万 hm²，减产达10%以上，草害严重的田块甚至颗粒无收。20世纪80年代的调查结果表明，玉米田杂草群落主要由马唐、稗草、藜、反枝苋、牛筋草等杂草组成。在化学除草剂的长期作用下，近年来群落结构发生了很大改变，东北春玉米区鸭跖草、苣荬菜、问荆等杂草的为害程度不断上升，逐步演变为田间主要杂草，而华北夏玉米区难除杂草铁苋菜、苘麻在田间的优势度显著提高。现将玉米田间主要杂草简介如下：

（一）马唐（*Digitaia sanguinalis* L. Scop.）

马唐属禾本科一年生杂草。秆直立或下部倾斜，膝曲上升，高10~80cm，直径2~3mm，无毛或节生柔毛。叶鞘短于节间，无毛或散生疣基柔毛；叶舌长1~3mm；叶片线状披针形，长5~15cm，宽4~12mm，基部圆形，边缘较厚，微粗糙，具柔毛或无毛。总状花序长5~18cm，4~12枚成指状着生于长1~2cm的主轴上；穗轴直伸或开展，两侧具宽翼，边缘粗糙；小穗椭圆状披针形，长3~3.5mm；第一颖小，短三角形，无脉；第二颖具3脉，披针形，长为小穗的1/2左右，脉间及边缘大多具柔毛；第一外稃等长于小穗，具7脉，中脉平滑，两侧的脉间距离较宽，无毛，边脉上具小刺状粗糙，脉间及边缘生柔毛；第二外稃近革质，灰绿色，顶端渐尖，等长于第一外稃；花药长约1mm。花果期6~9月。马唐在低于20℃时，发芽慢，25~40℃发芽最快，种子萌发最适相对湿度63%~92%；最适深度1~5cm。喜湿喜光，潮湿多肥的地块生长茂盛，4月下旬至6月下旬发生量大，8~10月结籽，种子边成熟边脱落，生命力强。成熟种子有休眠习性。

在野生条件下，马唐一般于5~6月出苗，7~9月抽穗、开花，8~10月结实并成熟。人工种植生育期约150d。马唐的分蘖力较强。一株生长良好的植株可以分生出8~18个茎枝，个别可达32枝之多。故在放牧或刈割的情况下，其再生力是相当强的。据湖南省畜牧兽医研究所的资料，在生长期内能刈割3~4次，刈割青草应留茬10cm以上，留茬太低，降低其再生力。马唐是一种生态幅相当宽的广布中生植物。从温带到热带的气候条件均能适应。它喜湿、好肥、嗜光照，对土壤要求不严格，在弱酸、弱碱性的土壤上均能良好地生长。它的种子传播快，繁殖力强，植株生长快，分枝多。因此，它的竞争力强，广泛生长在田边、路旁、沟边、河滩、山坡等各类草本群落中，甚至能侵入竞争力很强的狗牙根（*Cynodon dactylon*）、结缕草（*Zoysiaja ponica*）等群落中，尤其疏松、湿润而肥沃的撂荒或弃垦的裸地往往成为植被演替的先锋种之一，甚至能形成以马唐为优势的先锋群落。在亚热带地区，马唐常与小白酒草（*Conyza canadensis*）、狗尾草（*Setaria viridis*、*S. Lu-tescens*）、止血马唐（*D. ischaemum*）等互为优势或亚优势种，形成撂荒地的先锋群落。这类草地产草量较高，草质好，是农区、半农半牧区及林区的主要放牧地和割草地，具有较高的利用价值。生于路旁、田野，是一种优良牧草，但又是为害农田、果园的杂草。

马唐是玉米田的恶性杂草。发生数量、分布范围在旱地杂草中均居首位，以玉米生长的前中期为害为主。常与毛马唐混生为害。分布全国各地，以秦岭、淮河一线以北地区发生面积最大，长江流域和西南、华南地区也有大量发生。

（二）牛筋草（*Eleusine indica*（*L.*）*Gaertn.*）

牛筋草属禾本科一年生草本植物。根系极发达。秆丛生，基部倾斜，高10~90cm。叶鞘两侧压扁而具脊，松弛，无毛或疏生疣毛；叶舌长约1mm；叶片平展，线形，长10~15cm，宽3~5mm，无毛或上面被疣基柔毛。穗状花序2~7个指状着生于秆顶，很少单生，长3~10cm，宽3~5mm；小穗长4~7mm，宽2~3mm，含3~6小花；颖披针形，具脊，脊粗糙；第一颖长1.5~2mm；第二颖长2~3mm；第一外稃长3~4mm，卵形，膜质，具脊，脊上有狭翼，内稃短于外稃，具2脊，脊上具狭翼。囊果卵形，长约1.5mm，基部下凹，具明显的波状皱纹。鳞被2，折叠，具5脉。花果期6~10月。

牛筋草的原产地在北美洲，它的生长时需要比较强的光照，温度一般在22~25℃，pH值在6.8~7.2，养植的时候需要添加CO_2，生长好的情况下，一般是在20~30cm高。牛筋草的叶片细小，对生且茎节短小，它的种植的难度在于对光照和pH的变化非常的敏感。光源最好是暖色系，同时加强光照，牛筋草的顶端会因为接近光照而变成红色，侧芽从地下茎伸出后，可形成浓密的丛状。

牛筋草在中国农田分布广泛，繁殖能力强，根系发达，适应性强，生存竞争能力强，对玉米等农田作物为害严重。

（三）稗草（*Echinochloa crusgalli*（*L.*）*Beauv.*）

稗草是禾本科一年生草本植物。秆直立，基部倾斜或膝曲，光滑无毛。叶鞘松弛，下部者长于节间，上部者短于节间；无叶舌；叶片无毛。圆锥花序主轴具角棱，粗糙；小穗密集于穗轴的一侧，具极短柄或近无柄；第一颖三角形，基部包卷小穗，长为小穗的1/3~1/2，具5脉，被短硬毛或硬刺疣毛，第二颖先端具小尖头，具5脉，脉上具刺状硬毛，脉间被短硬毛；第一外稃草质，上部具7脉，先端延伸成1

粗壮芒，内稃与外稃等长。花果期 7~10 月。稗子在较干旱的土地上，茎亦可分散贴地生长。

稗草适应性强，生长茂盛，品质良好，饲草及种子产量均高，营养价值也较高，粗蛋白质含量为 6.2%~9.419%，粗脂肪含量为 1.92%~2.45%。其鲜草是马、牛、羊均最爱吃；用稗草养草鱼，生长速度快，肉味非常鲜美；干草，牛最喜食。谷粒可作家畜和家禽的精饲料，亦可酿酒及食用，在湖南有稗子酒为最好的酒之一的说法。根及幼苗可药用，能止血，主治创伤出血。茎叶纤维可作造纸原料。

稗草是一年生草本，外形和稻子极为相似。稗草长在稻田里、沼泽、沟渠旁、低洼荒地。形状似稻但叶片毛涩，颜色较浅。稗草与农田作物共同吸收养分，因此稗草属于玉米田恶性杂草。

（四）狗尾草（*Setaria viridis S. Lu-tescens*）

狗尾草属禾本科一年生草本植物。根为须状，高大植株具支持根。秆直立或基部膝曲，高 10~100cm，基部径达 3~7mm。叶鞘松弛，无毛或疏具柔毛或疣毛，边缘具较长的密绵毛状纤毛；叶舌极短，缘有长 1~2mm 的纤毛；叶片扁平，长三角状狭披针形或线状披针形，先端长渐尖，基部钝圆形，几呈截状或渐窄，长 4~30cm，宽 2~18mm，通常无毛或疏被疣毛，边缘粗糙。圆锥花序紧密呈圆柱状或基部稍疏离，直立或稍弯垂，主轴被较长柔毛，长 2~15cm，宽 4~13mm（除刚毛外），刚毛长 4~12mm，粗糙或微粗糙，直或稍扭曲，通常绿色或褐黄到紫红或紫色；小穗 2~5 个簇生于主轴上或更多的小穗着生在短小枝上，椭圆形，先端钝，长 2~2.5mm，铅绿色；第一颖卵形、宽卵形，长约为小穗的 1/3，先端钝或稍尖，具 3 脉；第二颖几与小穗等长，椭圆形，具 5~7 脉；第一外稃与小穗第长，具 5~7 脉，先端钝，其内稃短小狭窄；第二外稃椭圆形，顶端钝，具细点状皱纹，边缘内卷，狭窄；鳞被楔形，顶端微凹；花柱基分离；叶上下表皮脉间均为微波纹或无波纹的、壁较薄的长细胞。颖果灰白色。花果期为 5~10 月。

狗尾草生于海拔 4000m 以下的荒野、路旁，为旱地作物常见的一种杂草。狗尾巴草种子发芽适宜温度为 15~30℃。种子借风、灌溉浇水及收获物进行传播。种子经越冬休眠后萌发。适生性强，耐旱耐贫瘠，酸性或碱性土壤均可生长。生于农田、路边、荒地。分布中国各地，原产欧亚大陆的温带和暖温带地区，现广布于全世界的温带和亚热带地区。

狗尾草为害麦类、谷子、玉米、棉花、豆类、花生、薯类、蔬菜、甜菜、马铃薯、苗圃、果树等旱作物。发生严重时可形成优势种群密被田间，争夺肥水，造成作物减产。且狗尾巴草是叶蝉、蓟马、蚜虫、小地老虎等诸多害虫的寄主，生命力顽强。对玉米为害极大。

（五）反枝苋（*Amaranthus retroflexus L.*）

反枝苋为苋科一年生草本植物，高 20~80cm，有时达 1m 多。茎直立，粗壮，单一或分枝，淡绿色，有时具带紫色条纹，稍具钝棱，密生短柔毛。叶片菱状卵形或椭圆状卵形，长 5~12cm，宽 2~5cm，顶端锐尖或尖凹，有小凸尖，基部楔形，全缘或波状缘，两面及边缘有柔毛，下面毛较密；叶柄长 1.5~5.5cm，淡绿色，有时淡紫色，有柔毛。圆锥花序顶生及腋生，直立，直径 2~4cm，由多数穗状花序形成，顶生花穗较侧生者长；苞片及小苞片钻形，长 4~6mm，白色，背面有 1 龙骨状突起，伸出顶端成白色尖芒；花被片矩圆形或矩圆状倒卵形，长 2~2.5mm，薄膜质，白色，有 1 淡绿色细中脉，顶端急尖或凹尖，具凸尖；雄蕊比花被片稍长；柱头 3，有时 2。胞果扁卵形，长约 1.5mm，环状横裂，薄膜质，淡绿色，包裹在宿存花被片内。种子近球形，直径 1mm，棕色或黑色，边缘钝。花期 7~8 月，果期 8~9 月。

反枝苋喜湿润环境，亦耐旱，适应性极强，到处都能生长，为棉花和玉米地等旱作物地及菜园、果园、荒地和路旁常见杂草，局部地区为害严重。不耐荫，在密植田或高秆作物中生长发育不好。种子发芽适温 15~30℃，土层内出苗。深度 0~5cm。黑龙江 5 月上旬出苗，一直持续到 7 月下旬，7 月初开始开花，7 月末至 8 月初，种子陆续成熟。成熟种子无休眠期。

反枝苋是农田、果园、路旁和荒地的常见杂草，常污染作物种子，如果不加以有效防治，玉米、大豆、春小麦、油菜和蔬菜等产量将明显受损。影响收获，由于反枝苋的侵害，甜菜的产量减少了 49%，大豆的产量减少了 22%。反枝苋在西红柿地中是列当的寄主，桃园和苹果园中是桃蚜的寄主，辣椒地中是黄瓜花叶病毒的寄主，马铃薯地中严重感染马铃薯早疫病。同时反枝苋也是小地老虎、美国盲草牧蝽、玉米螟的田间寄主，对玉米为害极大。

（六）马齿苋（*Portulaca oleracea* L.）

马齿苋为马齿苋科一年生草本植物。生于田野路边及庭园废墟等向阳处。国内各地均有分布。该种为药食两用植物。全草供药用，有清热利湿、解毒消肿、消炎、止渴、利尿作用；种子明目。现代研究，马齿苋还含有丰富的 SL3 脂肪酸及维生素 A 样物质。SL3 脂肪酸是形成细胞膜，尤其是脑细胞膜与眼细胞膜所必需的物质；维生素 A 样物质能维持上皮组织如皮肤、角膜及结合膜的正常机能，参与视紫质的合成，增强视网膜感光性能，也参与体内许多氧化过程。

马齿苋全株无毛。茎平卧或斜倚，伏地铺散，多分枝，圆柱形，长 10~15cm 淡绿色或带暗红色。茎紫红色，叶互生，有时近对生，叶片扁平，肥厚，倒卵形，似马齿状，长 1~3cm，宽 0.6~1.5cm，顶端圆钝或平截，有时微凹，基部楔形，全缘，上面暗绿色，下面淡绿色或带暗红色，中脉微隆起；叶柄粗短。花无梗，直径 4~5mm，常 3~5 朵簇生枝端，午时盛开；苞片 2~6，叶状，膜质，近轮生；萼片 2，对生，绿色，盔形，左右压扁，长约 4mm，顶端急尖，背部具龙骨状凸起，基部合生；花瓣 5，稀 4，黄色，倒卵形，长 3~5mm，顶端微凹，基部合生；雄蕊通常 8，或更多，长约 12mm，花药黄色；子房无毛，花柱比雄蕊稍长，柱头 4~6 裂，线形。

蒴果卵球形，长约 5mm，盖裂；种子细小，多数偏斜球形，黑褐色，有光泽，直径不及 1mm，具小疣状凸起。花期 5~8 月，果期 6~9 月。

马齿苋适应性非常强、耐热、耐旱，无论强光、弱光都可正常生长，比较适宜在温暖、湿润、肥沃的壤土或沙壤土中生长，其实无论在哪种土壤中马齿苋都能生长，能储存水分，既耐旱又耐涝。和其他杂草一样，马齿苋的生命力非常强。性喜肥沃土壤，生命力强。常见于菜园、农田、路旁，为田间常见杂草。

马齿苋在玉米田中形成优势群后，与玉米争夺大量土壤养分，对玉米后期生长造成影响。

（七）藜（*Chenopodium album* L.）

藜为藜科一年生草本植物，别名灰菜等。高 60~120cm。茎直立粗壮，有棱和绿色或紫红色的条纹，多分枝；枝上升或开展。单叶互生，有长叶柄；叶片菱状卵形或披针形，长 3~6cm，宽 2.5~5cm，先端急尖或微钝，基部宽楔形，边缘常有不整齐的锯齿，下面灰绿色，被粉粒。秋季开黄绿色小花，花两性，数个集成团伞花簇，多数花簇排成腋生或顶生的圆锥花序；花被 5 片，卵状椭圆形，边缘膜质；雄蕊 5 个；柱头两裂。胞果完全包于花被内或顶端稍露，果皮薄和种子紧贴。种子双凸镜形，光亮。

藜科有 100 余属 1400 余种。广布世界各地，主要分布于非洲南部、中亚、美洲和大洋洲的干草原、沙漠、荒漠和地中海、黑海、红海沿岸海滨地区。中国有 39 属 180 余种。全国各地均有分布，但主要在盐碱地和北方各省的干旱地区，尤以新疆最盛。由于该科中的大多数种类生长在干旱或盐碱地等环境中，因而呈现旱生或盐生形态。多为一年生草本或半灌木，根系发达，叶变小或消失，茎枝为绿色，植株密被毛或无毛；生于海滨或盐碱地的多数种类器官肉质，组织液中富含盐分而具有高渗透压。

藜会分泌一些化学物质影响到玉米的正常生长，在形成优势群后也会与玉米争夺养分，而且它还是多种害虫的寄主，所以也是玉米田的恶性杂草。

（八）蓼草（*Polygonum lapathifolinm* L.）

蓼草是柳叶菜科丁香蓼属一年生草本，高 40~60cm。须根多数；幼苗平卧地上，或作倾卧状，后抽茎直立或下部斜升，多分枝，有纵棱，略红紫色，无毛或微被短毛。叶互生；叶柄长 3~8mm；叶片披针形或长圆状披针形，长 2~8cm，宽 1~2cm，全缘，近无毛，上面有紫红色斑点。花两性，单生于叶腋，黄色，无柄，基部有小苞片 2；萼筒与子房合生，萼片 4，卵状披针形，长 2.5~3mm，外略被短柔毛；花瓣 4，稍短于花萼裂片；雄蕊 4；子房下位，花柱短，柱头单一，头状。蒴果线状四方形，略具 4 棱，长 1~4cm，宽约 1.5mm，稍带紫色，成熟后室背不规则开裂；种子多数，细小，光滑，棕黄色。花期 7~8 月，果期 9~10 月。

（九）田旋花（*Convolvulus arvensis* L.）

田旋花为旋花科多年生草质藤本，近无毛。根状茎横走。茎平卧或缠绕，有棱。叶柄长 1~2cm；叶片戟形或箭形，长 2.5~6cm，宽 1~3.5cm，全缘或 3 裂，先端近圆或微尖，有小突尖头；中裂片卵状椭圆形、狭三角形、披针状椭圆形或线性；侧裂片开展或呈耳形。花 1~3 朵腋生；花梗细弱；苞片线性，与萼远离；萼片倒卵状圆形，无毛或被疏毛；缘膜质；花冠漏斗形，粉红色、白色，长约 2cm，外面有柔毛，褶上无毛，有不明显的 5 浅裂；雄蕊的花丝基部肿大，有小鳞毛；子房 2 室，有毛，柱头 2，狭长。蒴果球形或圆锥状，无毛；种子椭圆形，无毛。花期 5~8 月，果期 7~9 月。

田旋花对玉米为害表现在大发生时，常成片生长，密被地面，缠绕向上，强烈抑制玉米生长，造成玉米倒伏。它还是小地老虎第一代幼虫的寄主。

（十）其他

1. 苍耳（*Xanthium sibiricum* Patrinex Widder）

菊科一年生草本植物，高 20~90cm。根纺锤状，分枝或不分枝。茎直立不分枝或少有分枝，下部圆柱形，径 4~10mm，上部有纵沟，被灰白色糙伏毛。叶三角状卵形或心形，长 4~9cm，宽 5~10cm，近全缘，或有 3~5 不明显浅裂，顶端尖或钝，基部稍心形或截形，与叶柄连接处成相等的楔形，边缘有不规则的粗锯齿，有三基出脉，侧脉弧形，直达叶缘，脉上密被糙伏毛，上面绿色，下面苍白色，被糙伏毛；叶柄长 3~11cm。雄性的头状花序球形，直径 4~6mm，有或无花序梗，总苞片长圆状披针形，长 1~1.5mm，被短柔毛，花托柱状，托片倒披针形，长约 2mm，顶端尖，有微毛，有多数的雄花，花冠钟形，管部上端有 5 宽裂片；花药长圆状线形；雌性的头状花序椭圆形，外层总苞片小，披针形，长约 3mm，被短柔毛，内层总苞片结合成囊状，宽卵形或椭圆形，绿色、淡黄绿色或有时带红褐色，在瘦果成熟时变坚硬，连同喙部长 12~15mm，宽 4~7mm，外面有疏生的具钩状的刺，刺极细而直，基部微增粗或几不增粗，长 1~1.5mm，基部被柔毛，常有腺点，或全部无毛；喙坚硬，锥形，上端略呈镰刀状，长 2.5mm，少有结合而成 1 个喙。瘦果 2，倒卵形。花期 7~8 月，果期 9~10 月。

苍耳全株都有毒，以果实、特别是种子毒性较大。原产于美洲和东亚，广布欧洲大部和北美部分地区；生于山坡、草地、路旁。中国各地广布。苍耳喜温暖稍湿润气候。耐干旱瘠薄。河南 4 月下旬发芽，5~6 月出苗，7~9 月开花，9~10 月成熟。黑龙江 5 月上、中旬出苗，7 月中下旬开花，8 月中下旬种子成熟。种子易混入农作物种子中。根系发达，入土较深，不易清除和拔出。

2. 铁苋菜（*Acalypha australis* L.）

大戟科一年生草本植物。高 0.2~0.5m，小枝细长，被贴毛柔毛，毛逐渐稀疏。叶膜质，长卵形、近菱状卵形或阔披针形，长 3~9cm，宽 1~5cm，顶端短渐尖，基部楔形，稀圆钝，边缘具圆锯，上面无毛，下面沿中脉具柔毛；基出脉 3 条，侧脉

3 对；叶柄长 2~6cm，具短柔毛；托叶披针形，长 1.5~2mm，具短柔毛。雌雄花同序，花序腋生，稀顶生，长 1.5~5cm，花序梗长 0.5~3cm，花序轴具短毛，雌花苞片 1~2（4）枚，卵状心形，花后增大，长 1.4~2.5cm，宽 1~2cm，边缘具三角形齿，外面沿掌状脉具疏柔毛，苞腋具雌花 1~3 朵；无花梗；雄花生于花序上部，排列呈穗状或头状，雄花苞片卵形，长约 0.5mm，苞腋具雄花 5~7 朵，簇生；花梗长 0.5mm；雄花花蕾近球形，无毛，花萼裂片 4 枚，卵形，长约 0.5mm；雄蕊 7~8 枚；雌花萼片 3 枚，长卵形，长 0.5~1mm，具疏毛；子房具疏毛，花柱 3 枚，长约 2mm，撕裂 5~7 条。蒴果直径 4mm，具 3 个分果爿，果皮具疏生毛和毛基变厚的小瘤体；种子近卵状，长 1.5~2mm，种皮平滑，假种阜细长。花果期 4~12 月。

铁苋菜生于山坡、沟边、路旁、田野。全中国几乎都有分布，长江流域尤多。铁苋菜于夏、秋季采割，除去杂质，晒干成药。清热解毒，利湿，收敛止血。用于肠炎、痢疾、吐血、衄血、便血、尿血、崩漏；外治痈疖疮疡，皮炎湿疹。

3. 苣荬菜（*Sonchus brachyotus* DC.）

菊科多年生草本植物，全株有乳汁。茎直立，高 30~80cm。地下根状茎匍匐，有多数须根。地上茎少分支，直立，平滑。多数叶互生，披针形或长圆状披针形。长 8~20cm，宽 2~5cm，先端钝，基部耳状抱茎，边缘有疏缺刻或浅裂，缺刻及裂片都具尖齿；基生叶具短柄，茎生叶无柄。头状花序顶生，单一或呈伞房状，直径 2~4cm，总苞钟形；花全为舌状花，鲜黄色；雄蕊 5 枚，花药合生；雌蕊 1，子房下位，花柱纤细，柱头 2 裂，花柱与柱头都有白色腺毛。瘦果，有棱，侧扁，具纵肋，先端具多层白色冠毛。冠毛细软。花期 7 月至翌年 3 月。果期 8~10 月至翌年 4 月。匍茎苦菜多年生草本，高 30~60cm。

苣荬菜又名败酱草（北方地区名），黑龙江地区又名小蓟，山东地区也有称作苦苣菜、取麻菜、曲曲芽，主要分布于中国西北、华北、东北等地，野生于海拔 200~2300m 的荒山坡地、海滩、路旁等地。能食用，东北食用多为蘸酱；西北食用多为包子、饺子馅、拌面或加工酸菜；华北食用多为凉拌、和面蒸食。近年来，由于苣荬菜的保健功能日益受到人们的重视，在山东各地已开始进行人工种植。又由于苣荬菜耐盐碱的特性，在滨海及内陆盐碱地区均有大规模的栽培。其越冬栽培可于春节及早春蔬菜淡季上市，商品价值较高。苣荬菜具有清热解毒、凉血利湿、消肿排脓、祛瘀止痛、补虚止咳的功效。能治疗贫血病、维持人体正常生理活动，促进生长发育和消暑保健有较好的作用。

4. 鳢肠（*Eclipta prostrata* L.）

菊科一年生草本植物。茎直立，斜升或平卧，高达 60cm，通常自基部分枝，被贴生糙毛。叶长圆状披针形或披针形，无柄或有极短的柄，长 3~10cm，宽 0.5~2.5cm，顶端尖或渐尖，边缘有细锯齿或有时仅波状，两面被密硬糙毛。头状花序径 6~8mm，有长 2~4cm 的细花序梗；总苞球状钟形，总苞片绿色，草质，5~6

个排成 2 层，长圆形或长圆状披针形，外层较内层稍短，背面及边缘被白色短伏毛；外围的雌花 2 层，舌状，长 2~3mm，舌片短，顶端 2 浅裂或全缘，中央的两性花多数，花冠管状，白色，长约 1.5mm，顶端 4 齿裂；花柱分枝钝，有乳头状突起；花托凸，有披针形或线形的托片。托片中部以上有微毛；瘦果暗褐色，长 2.8mm，雌花的瘦果三棱形，两性花的瘦果扁四棱形，顶端截形，具 1~3 个细齿，基部稍缩小，边缘具白色的肋，表面有小瘤状突起，无毛。花期 6~9 月。

鳢肠喜生于湿润之处，见于路边、田边、塘边及河岸，亦生于潮湿荒地或丢荒的水田中，常与马齿苋（*Portulaca oleracea*）、白花蛇舌草、（*Hedyoftis diffusa*）、千金子（*Leptochloa chinensis*）等伴生。耐阴性强，能在阴湿地上良好生长。不耐干旱，在稍干旱之地，植株矮小，生长不良。野生状态下，鳢肠 5~8 月开花，开花 20~30d 后种子成熟，全株成熟后腐烂，自行消失。在人工播种的情况下，播种至出苗需 1~2 个月，出苗至开花南非 20~30d，开花至成熟 15~20d，花期可延长至约 1 个月。然后全株枯死。

5. 葎草（*Humulus scandens*（Lour.）Merr.）

桑科一年生或多年生草质藤本植物，匍匐或缠绕。幼苗下胚轴发达，微带红色，上胚轴不发达。子叶条形，长 2~3cm，无柄。成株茎长可达 5m，茎枝和叶柄上密生倒刺；有分枝，具纵棱。叶对生，具有长柄约 5~20cm，掌状 3~7 裂，裂片卵形或卵状披针形，基部心形，两面生粗糙刚毛，下面有黄色小油点，叶缘有锯齿。花腋生，雌雄异株，雄花成圆锥状柔荑花序，花黄绿色，单一朵十分细小，萼 5 裂，雄蕊 5 枚；雌花为球状的穗状花序，由紫褐色且带点绿色的苞片所包被，苞片的背面有刺，子房单一，花柱 2 枚。花期 5~10 月。聚花果绿色，近松球状；单个果为扁球状的瘦果。

葎草耐寒、抗旱、喜肥、喜光。3~4 月出苗，雄株 7 月中旬、下旬开花，花序圆锥状，花被 5，绿色。雌株 8 月上旬、中旬开花，花序为穗状。9 月中旬、下旬成熟。嫩茎和叶可做食草动物饲料。可入药。此植物耐寒，抗旱，喜肥、喜光。中国除新疆、青海、西藏外，其他各省区均有分布；俄罗斯、朝鲜、日本也有分布。嫩茎和叶可做食草动物饲料。

葎草为害果树及作物，其茎缠绕在植株上。影响玉米抽雄吐丝和光合作用，为害极大，是检疫性草害。

6. 打碗花（*Calystegia hederacea* Wall.）

旋花科多年生草质藤本植物。主根（一说根状茎，但未见分节）较粗长，横走。茎细弱，长 0.5~2m，匍匐或攀援。叶互生，叶片三角状戟形或三角状卵形，侧裂片展开，常再 2 裂。花萼外有 2 片大苞片，卵圆形；花蕾幼时完全包藏于内。萼片 5，宿存。花冠漏斗形（喇叭状），粉红色或白色，口近圆形微呈五角形。与同科其他常见种相比花较小，喉部近白色。子房上位，柱头线形 2 裂。蒴果，在中国大部分地区不结果，以根扩展繁殖。

打碗花生长于海拔 100~3500m 的地区，多生长于农田、平原、荒地及路旁。打碗花喜温和湿润气候，也耐恶劣环境，适应沙质土壤。以根芽和种子繁殖。田间以无性繁殖为主，地下茎质脆易断，每个带节的断体都能长出新的植株。华北地区 4~5 月出苗，花期 7~9 月，果期 8~10 月。长江流域 3~4 月出苗，花果期 5~7 月。是中国温和气候区沿海地带盐碱土的指示植物。打碗花是浅根性植物，根系集中在 5cm 左右深度的土层，常生长在土壤酸碱度偏中性的粗沙砾地里，主要集中分布在北方沿海一带的砾石海滩上。打碗花是一种卧地生长的草本植物，每年在 4 月上、中旬萌发，在秦皇岛市一般于 6~8 月开花、9 月前后结实，主要借海潮传播种子繁殖后代；但是在秦皇岛市生长的打碗花大部分不结果，主要以根扩展繁殖。打碗花总是作为沙质、沙砾质、砾石质土地的优势种或伴生种出现在海滨地带，在靠近海岸的花岗岩、片麻岩或片岩组成的砾石土上，特别是海水浪花经常可以到达的山坡上，有时以单一群落出现。

打碗花由于地下茎蔓延迅速，常成单优势群落，对农田为害较严重，在有些地区成为恶性杂草。主要为害玉米、蔬菜以及果树，不仅直接影响玉米生长，而且能导致玉米倒伏，有碍机械收割。是小地老虎的寄主。

7. 鸭跖草（*Commelina communis* L.）

鸭跖草科一年生披散草本植物。茎匍匐生根，多分枝，长可达 1m，下部无毛，上部被短毛。叶披针形至卵状披针形，长 3~9cm，宽 1.5~2cm。总苞片佛焰苞状，有 1.5~4cm 的柄，与叶对生，折叠状，展开后为心形，顶端短急尖，基部心形，长 1.2~2.5cm，边缘常有硬毛；聚伞花序，下面一枝仅有花 1 朵，具长 8mm 的梗，不孕；上面一枝具花 3~4 朵，具短梗，几乎不伸出佛焰苞。花梗花长仅 3mm，果弯曲，长不过 6mm；萼片膜质，长约 5mm，内面 2 枚常靠近或合生；花瓣深蓝色；内面 2 枚具爪，长近 1cm。蒴果椭圆形，长 5~7mm，2 室，2 片裂，有种子 4 颗。种子长 2~3mm，棕黄色，一端平截、腹面平，有不规则窝孔。

鸭跖草常见生于湿地。适应性强，在全光照或半阴环境下都能生长。但不能过阴，否则叶色减退为浅粉绿色，易徒长。喜温暖，湿润气候，喜弱光，忌阳光暴晒，最适生长温度 20~30℃，夜间温度 10~18℃生长良好，冬季不低于 10℃。对土壤要求不严，耐旱性强，土壤略湿就可以生长，如果盆土长期过湿，易出现茎叶腐烂。

鸭跖草主要分布于热带，少数种产于亚热带和温带地区。中国产 13 属 49 种，多分布于长江以南各省，尤以西南地区为盛。产云南、四川、甘肃以东的南北各省区。越南、朝鲜、日本、俄罗斯远东地区以及北美也有分布。

鸭跖草属寒温带杂草，耐低温、出土时间早而持续出土时间长、发生密度大，对玉米苗期为害严重。

8. 苘麻（*Abutilon theophrasti* Medicus）

苘麻又称椿麻、塘麻、青麻、白麻、车轮草等。分布于越南、印度、日本以及欧洲、北美洲等地区。为锦葵科一年生亚灌木状草本植物，高达 1~2m，茎枝被柔毛。叶互生，圆心形，长 5~10cm，先端长渐尖，基部心形，边缘具细圆锯齿，两面均密被星状柔毛；叶柄长 3~12cm，被星状细柔毛；托叶早落。花单生于叶腋，花梗长 1~13cm，被柔毛，近顶端具节；花萼杯状，密被短绒毛，裂片 5，卵形，长约 6mm；花黄色，花瓣倒卵形，长约 1cm；雄蕊柱平滑无毛，心皮 15~20，长 1~1.5cm，顶端平截，具扩展、被毛的长芒 2，排列成轮状，密被软毛。花期 7~8月。果为蒴果半球形，直径约 2cm，长约 1.2cm，分果爿 15~20，被粗毛，顶端具长芒。

苘麻在中国除青藏高原，其他各省区均可生长，东北各地有栽培。常见于路旁、荒地和田野间。本种的茎皮纤维色白，具光泽，可编织麻袋、搓绳索、编麻鞋等纺织材料。种子含油量 15%~16%，供制皂、油漆和工业用润滑油；全草可作药用。

苘麻形成优势群后对玉米后期生长影响很大，苘麻高度可与玉米抽雄前相当，争夺土壤养分，对玉米造成为害。

9. 小藜（*Chenopodium serotinum* L.）

小藜为藜科一年生草本植物，高 20~50cm。茎直立，具条棱及绿色色条。叶片卵状矩圆形，长 2.5~5cm，宽 1~3.5cm，通常三浅裂；中裂片两边近平行，先端钝或急尖并具短尖头，边缘具深波状锯齿；侧裂片位于中部以下，通常各具 2 浅裂齿。花两性，数个团集，排列于上部的枝上形成较开展的顶生圆锥状花序；花被近球形，5 深裂，裂片宽卵形，不开展，背面具微纵隆脊并有密粉；雄蕊 5，开花时外伸；柱头 2，丝形。胞果包在花被内，果皮与种子贴生。种子双凸镜状，黑色，有光泽，直径约 1mm，边缘微钝，表面具六角形细注；胚环形。4~5 月开始开花。

小藜对玉米的为害和藜相同。

三、简易防除措施

中国玉米以前多是稀植作物，造成田间杂草发生种类多，数量大，发生期长，为害重，成为影响玉米产量和品质的主要障碍。田间出现频率较高的杂草主要有上述十几种。由于夏玉米生育期是在高温多雨的夏季，温湿度适宜，杂草生长迅速，防除不及时，一般可使玉米减产 20%~30%，严重的高达 40% 以上。目前，控制玉米田杂草的为害，需坚持"预防为主、综合防治"的方针，即因地制宜的组成以化学除草为主的综合防治体系，充分发挥各种除草措施的优点，相辅相成，扬长避短，达到经济、安全、高效地控制杂草为害的目的。针对玉米简化栽培，提出以下玉米田杂草综合防除技术。

（一）农艺防除

1. 合理轮作

各种作物常有其各自的伴生杂草或寄生杂草，这些杂草之所以能够与某种作物

伴生，其原因主要是它们在长期生长发育过程中形成的生态习性以及其所需的生态环境与某种作物相似。例如马唐、牛筋草、狗尾草等旱生型杂草，抗旱能力较强，常生长在较为干旱的环境条件下，与玉米所需的生态条件相似，因而逐渐成为玉米的伴生杂草。在玉米的生长过程中如能做到科学合理地与其他作物轮作换茬，改变其生态和环境条件，便可明显减轻此类杂草的为害。

2. 精选种子和品种

杂草种子的主要扩散途径之一是随作物种子传播。在玉米播种前应进行种子精选，清除已混杂在玉米种子中的杂草种子，减轻为害。同时挑选抑草品种可在一定程度上防治杂草。

3. 清洁玉米田周边环境

田间施用的有机肥包括家畜粪便、路旁、沟边、林地中的草皮，各种饲料残渣，粮食、油料加工的废料，各种作物的秸秆等，其中或多或少均带有不同种类与数量的杂草种子。因此，堆厩肥料必须要经过50~70℃高温堆沤处理，"闷死"或"烧死"混在其中的杂草种子，然后才能施用。要及时除去玉米田周围和路旁、沟边的杂草，防止向田内扩散蔓延。

4. 合理密植，加强田间管理

玉米科学、合理密植栽培，可加速封行进程，利用其自身的群体优势抑制中后期杂草的生长。种植半紧凑型玉米品种对田间杂草总数量和生物量的抑制作用要大于紧凑型玉米品种。增加玉米种植密度，导致玉米与杂草之间的种间竞争加剧，杂草的生存资源减少，使杂草的发生量减少，但要注意品种可承受种植密度上限。

5. 植物检疫

杂草检疫工作是防除杂草的重要预防措施之一。在农产品进出口及玉米种子调运过程中，要遵照执行国家颁布的《植物检疫条例》，制定切实可行的检疫措施，防止危险性杂草的传播与扩散。

（二）化学除草

玉米田杂草种类多，种群组合复杂；杂草密度高，不同茬口差异大。夏玉米田单、双子叶杂草出草规律基本一致，有两个明显的出草高峰，一般在玉米播后5~7d进入生草盛期，播后9~12d出现第一生草高峰，杂草数量约占50%，这段期间萌发的杂草对玉米为害最严重，第二生草高峰在玉米播后20~25d。玉米的产量损失与玉米田杂草密度呈极显著的正相关，当玉米田杂草超过防除阈值时，必须用化学除草进行防除，以控制杂草的发生为害。

近年来，随着除草剂品种的增多及化学防除技术在农业生产中的广泛推广，化学除草已广泛应用于玉米生长的各个时期。由于不同地区气候特征与种植习惯不同，玉米的播种及耕种时间存在差异，根据种植时间早晚，通常将玉米分为春玉米和夏玉米。对春、夏玉米田中杂草与玉米同步生长的规律，基本的化学除草方式是相同的，但需考虑的主要是气温、土质、玉米品种及耕作习惯等因素。合理选择除草剂不但会降低农民朋友的劳动强度、缩短劳动时间，而且还会降低耕种成本，简化栽培措施，达到增产的目的。

1. 农田除草的阶段

玉米田化学除草可根据玉米的生长期分为3个阶段。

第一阶段：玉米播后苗前进行封闭处理。这一时期主要是小麦收割后或地表进行整理完毕，杂草出土较少或未出土，玉米播种后可采用封闭处理。应用的除草剂以"酰胺类"、"均三氮苯类"除草剂为主，如"乙草胺"、"异丙草胺"与"阿特拉津"的混剂。目前市场上表现较好的除草剂有"莠去津"、"棒米笑"等，其作用机理是通过地表喷雾，让药液在地表表面形成一层厚1cm的药土层，在杂草出土时碰到药土层，经幼芽或幼茎吸收，达到杀死杂草的目的。因此，应用以上产品进行杂草防除时要求在较长一段时间内不要破坏地表，喷药时应倒退行走，做到喷洒均匀，否则可能影响药效。

玉米田苗前除草受天气、土质、地表情况、使用技术及用量等因素影响较大，经常出现药效表现不稳定，但是，玉米做封闭处理后对玉米的生长起关键作用。作物前期与杂草争肥争水的能力弱，需要一个相对良好的环境才能得到有效成长，这样就能更大程度地限制杂草的出土，为后期杂草防除效果提供有力保障。需要说明的是有些杂草在玉米播后苗前已有小部分出土，此时可以配合草甘膦等灭杀性除草剂进行综合除草（即封杀结合），可以控制出土和未出土的杂草，但需要注意的是草甘膦等灭杀性除草剂应在玉米播种后立即使用。

第二阶段：玉米苗后早期进行茎叶处理。如果因农时或天气等原因影响了前期用药，或者因天气、麦茬等原因造成封闭不好，在玉米苗后早期出土的一些杂草，也能够进行化学防除，从而控制早期的田间杂草，如"烟嘧磺隆"系列产品。具体品种有"玉农乐"、"金玉老"、"玉米见草杀"、"玉之盾"等，同时根据田间杂草情况也可与"盾隆"（氯氟吡氧乙酸）等产品混用扩大杂草谱，防治阔叶杂草。

由于玉米田间杂草品种的不同，以及各种除草剂防除的杂草不同，所以需要选择合适的除草剂品种。如"烟嘧磺隆"对香附子与禾本科杂草效果较理想，而对阔叶杂草效果较差；"盾隆"对阔叶杂草效果好，对禾本科杂草效果差；所以要根据要田间杂草情况选择合适产品来进行杂草防除。

在玉米苗后茎叶处理全田喷雾时，首先要注意用药安全。苗后用药不当会出现白化、矮化、卷心等药害症状现象出现（首先需分辨是否因病虫害引起的）。发生药害的原因一般有以下几点：一是增大药量；二是在高湿、高温环境下用药；三是与其他产品混用；四是用药时间不当或玉米品种的限制。以"烟嘧磺隆"为例，施用时期为玉米苗后二至七叶期，不能用于甜玉米、制种田玉米等，不能与有机磷类农药混用，用药前后七天内不能使用有机磷类农药等情况。所以在使用玉米苗后产

品时，除向经销商详细咨询外，还应在使用时仔细阅读产品标签的相关内容，做到正确用药。相对苗前封闭性除草来说，苗后用药受环境影响较小，是未来玉米田除草的方向。

在农业生产实践中，苗后除草剂的使用可以采用顺垄喷雾，这是一个比较成熟的使用技术，在国内很多地方都有比较成功的范例。主要有以下特点：首先，玉米田苗后顺垄喷雾能最大限度地降低除草剂对较为幼嫩玉米叶片的伤害；其次，除草是为了防除生长在田间的杂草，如果田间漫喷，玉米的着药面积就会更大，不仅浪费药液，更重要的可能会降低防除效果；而顺垄施药能够解决这一问题，从而提高除草效果。

第三阶段：玉米中期封行以前定向处理。如果因前期用药不理想或雨水过多造成新生杂草为害，仍可使用烟嘧磺隆＋莠去津或百草枯等除草剂产品进行定向喷雾。这时玉米长势已较高（60~80cm），采用行间定向喷雾，即可保护作物，又能除掉所有杂草。在应用中不要将产品喷到作物上，应加喷雾防除罩。影响除草剂药效的主要原因是产品在配制时用水的清洁度。为了提高药效，需用纯净的自来水配药，不要使用河水、井水等含杂质较多的水；在阳光充足的条件下，除草剂见效迅速，几个小时内即可见杂草死亡。

综上所述，玉米田杂草防除技术已经成为玉米种植过程中重要的组成部分，应当尽量利用化学除草剂防除杂草，降低杂草对玉米生长的影响，简化玉米栽培管理措施，达到增产、增收的目的。

2. 几种常用玉米田除草剂

（1）莠去津 又叫阿特拉津，剂型为40%悬浮剂等，属于三氮苯类。为选择性内吸传导型苗前、苗后除草剂。主要以根部吸收为主，茎叶吸收少，可迅速传导至植物分生组织及叶部，干扰光合作用，使杂草枯致死。施用剂量以阔叶杂草为优势杂草的地块，40%阿特拉津悬浮剂每公顷5~6kg，视杂草密度多少选择用上限或下限，杂草密度大的用上限，反之，则用下限。阿特拉津用量受土壤有机质含量和土壤黏粒的影响较大，土壤有机质含量高时，用药量需适当增加。防除对象有1年生单、双子叶杂草，如稗草、狗尾草、鸭跖草、藜、蓼、苋、苍耳及苘麻，对马唐防效差。对多年生杂草也有一定的抑制作用。注意事项，阿特拉津残效期长，后茬作物不能种植豆类、水稻、甜菜、马铃薯、瓜类、蔬菜等敏感作物，否则易出现严重药害，甚至绝产。对杂草进行茎叶处理时，选无风天进行。生产上主要采用播后苗前土壤处理，施药前整地要平，土块要整细，喷雾要均匀。

（2）乙草胺 国外产叫禾耐斯，剂型为50%乙草胺乳油，90%禾耐斯乳油，属酰胺类，为选择性芽前除草剂。能被杂草的幼根吸收，抑制杂草的蛋白质合成，使杂草死亡。施用剂量每公顷用50%乙草胺2.5~3.5kg，每公顷用90%禾耐斯乳油1.5~1.8kg。防除对象有稗草、狗尾草、马唐、牛筋草、早熟禾、看麦娘、野黍、碎米莎草以及臂形草等，对鸭跖草、藜、春蓼、苋、苍耳、龙葵等有一定的防效。注意事项，施药后，一定的土壤水分是充分发挥药效的关键。在土壤有机质含量高、黏壤土，或天气干旱情况下可采用推荐的高剂量，反之，有机质含量低，沙质土或土壤湿度大，宜采用推荐的低剂量。注意在施药后下雨多，排水不利的地区则易发生药害。

（3）百草枯　也叫克无踪，属联吡啶类。剂型为20%水剂。克无踪是一种触杀型的灭生性除草剂兼有一定的内吸作用。植物细胞内的叶绿素在光照条件下进行光合作用，同时释放出自由电子，可将克无踪的离子还原产生一些高活性的过氧化物，可破坏植物叶绿体细胞膜和细胞质，使细胞内水分蒸发加快，呈现萎黄。最后干枯死亡。晴朗天下药效快，喷药2~3h后杂草叶片即开始变色。施药后数小时下雨，不影响药效。克无踪不损害非绿色的根茎部分，在土壤中会失去杀草活性，无残留，不会损害植物根部。不宜做土壤处理。只能杀1年生杂草，对多年生杂草的地上部分有控制作用，残效期10~15d，除草效果不受温度和土质影响。施用剂量每公顷用20%克无踪水剂2~3L加水300~500kg。苗后根据草情用克无踪进行行间定向处理。防除对象有藜、苋、苣荬菜、苍耳、龙葵、苘麻、青蒿等杂草，但对鸭趾草、茅草等莎草科杂草作用差。用弥雾或微量喷雾器施药时，在行间施药应避免喷在作物绿色部分上。光照可加速克无踪药效发挥，蔽荫或阴天虽然能延缓药剂显效速度，但最终不降低除草效果。施药后30min遇雨时基本能保证药效。

（4）烟嘧磺隆　也叫玉农乐，属磺酰脲类。其剂型为4%悬浮剂及4%水剂。主要由茎叶及根部吸收，然后在植物体内传导阻碍乳酸乙酰合成，杂草首先生育停止，生长点部位褪色、黄化，逐步蔓延到茎叶部位褪色、黄化至枯死。由于杂草种类不同，杂草枯死过程中有呈赤色的现象，此过程较缓慢，从发现效果3~4d起到效果完成需要20~25d的时间。施用剂量在玉米3~6叶期，杂草2~4叶期，每公顷用4%玉农乐1.0~1.5kg，对水400kg，对杂草进行全面喷雾处理。若玉农乐与阿特拉津或2，4-D丁酯混用可减量为0.5kg4%玉农乐加0.5kg40%阿特拉津（或72%2，4-D丁酯）。防除对象有稗草、狗尾草、马唐、牛筋草、蓼、绿苋、龙葵、马齿苋等。注意事项，玉农乐对其他作物有影响，喷施时宜选择无风晴天进行，防止飘移。使用过程中与有机磷杀虫剂接触会使玉米受害，应隔开7d分用。

第四节　环境胁迫对策

一、水分胁迫

（一）水分亏缺

1. 干旱对玉米的影响

干旱是玉米生产中影响产量的重要环境胁迫之一。全球干旱半干旱地区约占

35%的陆地面积，而剩余的65%中仍有25%属于易受旱地区。即使在非干旱地区，季节性干旱也是玉米生产中经常面临的问题。在北美热带玉米产区，每年由于干旱引起的产量损失约17%，而遭遇热季时，干旱造成的玉米产量损失可以达到60%。中国是水资源十分短缺的国家之一，干旱缺水地区面积占全国国土面积52%，年受旱面积达200万~270万 hm²，其中，完全没有灌溉条件的旱耕地有4133.3万 hm²。相对于其他禾本科作物，玉米是对水分胁迫最敏感的作物之一，是旱地作物中需水量最大的，尤其开花期对干旱胁迫反应非常敏感。

玉米在播种出苗时期需求的水分比较少，这时候要求耕层土壤应当保持在田间持水量的65%左右，就能够良好的促进玉米根系的发育，培养强壮的幼苗，降低倒伏的情况，同时提升玉米的产量。倘若墒情不够好，就会对玉米的发芽出苗造成严重的影响，即便是玉米种子可以勉强膨胀，通常也会因为出苗力较弱出现缺苗的情况。在拔节孕穗时期茎叶的成长非常快，植株内部的雌雄穗原始体已经开始不断分化，干物质不断积累增加，蒸腾旺盛，所以植物需要充足的水分来保证生长，尤其是抽雄前雄穗已经生成，而雌穗正在加快小穗与小花的分化。倘若这个时候土地干旱会导致小穗小花的数量降低，并且还会出现"卡脖旱"的情况。授粉与抽雄的时间延迟，导致结实率的下降，从而影响玉米的产量，而这个时间段土壤水分的含量应该保持在田间持水量的75%左右。玉米对于水分最敏感的时间段在于抽雄开花的前后，这个时间段的玉米植株处在新陈代谢最为旺盛的时期，对于水分的需求是最高的。倘若天气雨水不足、土壤水分不足就会减短花粉的生命，导致雌穗抽丝的时间被延迟，授粉不充足，不孕花的数量增多，最终致使玉米的产量降低。

摸清玉米需水性能，采用科学供水，促进高产优质，对农民增收意义重大。玉米全生育期需水量不尽一致，受多因素影响，与品种、气候、栽培条件、产量等有关，一般生产100kg籽粒需水70~100t，在旺盛生长期中1株玉米24小时需耗水3~7kg。玉米不同的生育期中需水量不同。苗期植株矮小，生长慢，叶片少，需水较少，怕涝不怕旱。同时，为了促使根系深扎，扩大吸收能力，增强抗旱防倒能力，常需蹲苗不浇水措施。拔节后需水增多，特别是抽雄前后30d是玉米一生中需水量最多的临界期，如果这时供水不足或不及时，对产量影响很大，即所谓的"卡脖旱、瞎一半"的需水关键期。

据试验研究夏播种至出苗需水 217.5m³/hm²，占总需水量的6.1%，日需水量 36.5m³/hm²；出苗至拔节需水 556.5m³/hm²，占总需水量15.6%，日需水量 37.1m³/hm²；拔节至抽穗需水 837.0m³/hm²，占总需水量23.5%，日需水量 51.0m³/hm²；抽穗至灌浆需水 994.4m³/hm²，占总需水量27.9%，日需水量 49.8m³/hm²；灌浆至蜡熟需水 685.5m³/hm²，占总需水量19.3%，日需水量 31.2m³/hm²；蜡熟至收获需水 268.5m³/hm²，占总需水量7.5%，日需水量 23.7m³/hm²。总计需水量为3559.4m³/hm²，平均日需水量39.3m³/hm²。

　　根据干旱对不同生育时期玉米的影响可以分为以下两种类型。

　　（1）干旱对玉米萌芽期和苗期生长的影响　玉米萌芽期和苗期耐旱相关的形态生理指标可以作为玉米早期抗旱育种的参考依据。袁佐清（2007）研究发现，抗旱性不同的玉米无论萌芽期还是苗期，经水分胁迫后发芽率降低，叶片鲜干比明显下降，根冠比增加，丙二醛（MDA）含量和过氧化氢酶（CAT）、超氧化物歧化酶（SOD）活性均有一定程度的升高，变化幅度因玉米抗旱力的不同而有所差异。种子内贮藏的养料在干燥状态下是无法被利用的，细胞吸水后，各种酶才能活动，分解贮藏的养料，使其成为溶解状态向胚运送，供胚利用。水分胁迫使种子的充分吸水受到影响，影响了细胞呼吸和新陈代谢的进行，从而使运往胚的养料少，导致出芽率降低。不同玉米自交系出芽率降低的程度不同，抗旱性强的玉米自交系受到的影响小，出芽率高，而抗旱性弱的玉米自交系受到的影响大，出芽率低。SOD和CAT酶可能是玉米抵抗干旱的第一层保护系统，当对幼苗进行短期水分胁迫时，该系统在保护植株免受水分胁迫导致的氧化损伤方面起着重要作用。玉米抗旱性的大小与其抗氧化及抵抗膜脂过氧化的能力有关，抗旱性强的自交系抗氧化酶活性高，MDA含量少，说明其具有较强的自由基清除能力和抗膜脂过氧化的能力。但有报道认为，此效应维持不长，受旱时间越长，受旱越重，保护酶活性越低，MDA积累就越多，说明抗氧化防御系统对膜系统的保护作用有一定的局限性。

　　（2）干旱对玉米籽粒发育的影响　籽粒发育期是玉米需水最多的生育时期。玉米籽粒的发育分为三个时期，分别是籽粒建成期（滞后期）、干物质线性积累期（灌浆期）和干物质稳定增长期。其中，籽粒建成期决定籽粒发育的数目，是最受水分限制的时期；而灌浆期是粒重形成的关键期。关于灌浆期水分胁迫对籽粒发育的不利影响有两种不同的观点：一种是认为干旱造成同化物向籽粒运输不足；另一种认为干旱造成的粒重降低并不完全是因为同化物不足，而是因为干旱致使有效灌浆持续时间缩短，胚乳失水干燥提早成熟并限制了胚的体积。

　　刘永红等（2007）采用池栽模拟试验的方式对西南山地不同基因型玉米品种在花期干旱和正常浇水条件下的籽粒发育特性及过程进行了研究。结果表明：花期干旱导致玉米最大灌浆速度出现时间推迟、籽粒相对生长率和最大灌浆速度减弱、干物质线性积累期和干物质稳定增长期显著缩短，干旱胁迫结束后植株通过提高干物质线性积累期的持续时间和干重，来弥补前期干旱的损失。研究还表明，西南山地玉米籽粒发育的特点是籽粒建成能力较弱、干物质线性积累能力很强、胚乳失水成熟早。不同基因型之间存在显著差异，籽粒相对生长率低而稳定、最大灌浆速度出现早的品种能够抗逆高产。

　　2.玉米生育期需水量的影响因素

　　（1）土壤条件　不同的土壤条件下，玉米各生育期需水量各有不同。一是土壤水分状况。在其他条件相对一致时，玉米叶片蒸腾和棵间蒸发量随着土壤含水率增

多而越大，因此，其耗水量也相应增多。土壤水分含量与叶片蒸腾强度密切相关。叶片蒸腾强度随土壤含水量的提高而增加。如果土壤含水量高，则叶片蒸腾强度大，因而单位叶面积及单株耗水增多，导致总需水量增多。二是土壤含盐量。与一般壤土相比，盐碱地种植玉米耗水量较多，土壤含盐量高，玉米耗水量大。三是土壤质地。在品种、产量水平等相同的条件下，不同土壤质地，玉米耗水量不相同。土壤保水能力有强弱的差别，黏土透水性差，通气不良，因为其颗粒间隙很小，毛细管作用强，所以降雨或者灌溉后，水分很难渗透，以地表径流方式消耗，成为无效耗水。同时，因为黏土蓄水性强，土壤水分含量大，容易增加耗水量。应当注意中耕，避免土壤发生龟裂失水。沙土地通气、透水性强，由于颗粒间孔隙大，毛细管作用弱，故浇水或降雨很易渗至深处。沙土地持水量少，土壤水分很易通过大孔隙蒸发，保水能力差，耗水量也大。

（2）品种　不同的玉米品种，其植株大小、株型、单株生产力、吸肥耗水能力、生育期长短、抗旱性等均存在差异，因此耗水量不同。全生育期间一般晚熟品种需水超过800mm，中熟品种需水500~800mm，早熟品种需水300~400mm。在相同产量水平下，水分消耗总量也不同，但全生育期内不得少于350mm。生育期短的品种叶面蒸腾量小，蒸腾持续时间相对较短，因此耗水量较少；而生育期长的品种，耗水总量则更多。品种的抗旱性也是一个重要方面，抗旱性强的，消耗水分较少，因为其叶片蒸腾速率较低。相对杂交品种而言，耐旱的农家品种耗水量较少。

（3）产量水平　籽粒产量取决于经济系数、生物产量等，干物质产量是经济产量的基础，要达到干物质产量的累积，提高生物产量向籽粒转化效率，都与水密切相关。在一定范围内，玉米籽粒产量水平越高，其需水量越大，在产量水平较低时，随产量的提高，对水分的消耗量近似呈直线上升，当产量达到一定水平后，耗水量与产量的相关曲线趋于平缓。

（4）栽培措施　一是控制密度。在一定密度范围内，同一玉米品种随密度增加，群体叶面积增加，则总耗水量也增加。当超过适宜密度，叶片相互重叠严重，致使下部叶片受光少，气孔光调节受限，蒸腾速率大大降低；同时株间环境条件恶化，植株生长不良，耗水量和产量均降低。二是浇水。玉米生育期间耗水量与浇水的次数、数量、方法等密切相关。浇水量较小，次数多，水分集中于表层并未渗透，会加剧地表蒸发，造成土壤板结。旱时浇水有利于提高肥效、增加产量。浇水量越大，次数越多，玉米实际的耗水量越高。在浇水量过大时，易造成水分地表径流，或向土壤深层渗漏，加大农田耗水量，增加无效耗水。三是施肥。增加施肥量可促进植株根、茎、叶等营养器官生长，利于根系吸水，但同时加剧了植株蒸腾作用，使耗水量增加。肥力较高的土壤，或者肥料施用量较大时，玉米植株耐旱性增强。四是中耕。中耕除草能减少水分的无效消耗。可以切断土壤毛细管，避免下层土壤水的蒸发，抑制需水量。玉米生育前期中耕效果好，尤其降雨和浇水后及时中耕，可以显著减少棵间土壤蒸发。后期田间覆盖率高，抑制土壤水分蒸发散失的效果较差。中耕深度方面，与中耕2cm深相比，5~8cm深度土壤蒸发量小。

（5）气候条件　气候条件可以影响玉米棵间蒸发和叶面蒸腾，使玉米需水量发生变化。如温度、光照强度、降水量、空气相对湿度、日照时数、风力、气压等。相同栽培措施的玉米，其生育期内空气相对湿度小、气温高、风力大、日照时数长、积温量大、光照强度大，均会导致地面蒸发和叶面蒸腾作用增强，使总耗水量增多。降水量多的年份常使耗水量减少。

3.玉米各生育时期栽培注意事项

玉米不同生育时期对水分的需求不尽相同，其中抽雄开花期需求最大，具体如下。

（1）萌芽期　玉米播种后需要吸收本身绝对干重的48%~50%的水分，才能膨胀发芽。如果土壤墒情不好，即使勉强发芽，也往往因顶土出苗力弱而造成严重缺苗，如果土壤水分过多，就会造成土壤通气不良，使种子腐烂，造成缺苗。播种时，耕层土壤水分应保持在田间持水量的70%~80%。

（2）幼苗期　苗期玉米生长中心为根系。在土壤水分多时，根系分布就会变浅，不利于培育壮苗。苗期玉米耐涝性较差，遇涝会使玉米生长滞缓，叶片变黄，形成芽涝。苗期玉米耐旱性较强，受旱后仅减产5%~10%。这一阶段应控制土壤水分在田间持水量的60%左右，以促进根系发育，增强中后期的抗倒抗旱能力。

（3）拔节孕穗期　拔节后玉米进入旺盛生长阶段，对水分的需要量较多。如果水分供应不足，就会使茎叶生长变慢，植株体变小，小穗小花数减少。如果干旱发生在大喇叭口期（俗称卡脖旱），会影响抽雄散粉，甚至造成雌雄花期不遇，降低结实率而影响产量。此期干旱一般减产20%以上。土壤水分以保持在田间持水量的70%~80%为宜。

（4）抽雄开花期　玉米抽雄开花期，对土壤水分十分敏感，如果水分不足，加上气温升高，空气干燥，抽出的雄穗在2~3d就会"晒花"，造成严重减产。这一时期玉米植株的新陈代谢最为旺盛，对水分的要求达一生最高峰。因此，土壤含水量应保持在80%左右。

（5）灌浆成熟期　这是玉米产量形成时期。缺水减产严重。在籽粒形成阶段缺水引起籽粒败育，使穗粒数减少；灌浆期缺水对穗粒影响不大，但会造成粒重严重下降。此期干旱一般减产30%以上。土壤水分应保持在田间持水量的70%~80%。

4.玉米干旱应对措施

减少干旱造成的玉米产量损失，主要从两方面入手。一是采用耐旱性好的玉米种质，利用玉米自身的遗传特性来对抗干旱胁迫；二是采取一系列的栽培手段，减轻水分亏缺从而达到降低产量损失的目的。

（1）生育期抗旱指标的构建　选择抗旱型种质可以有效降低干旱造成的损失。

选育抗旱性强的新品种，可以保证高产稳产的同时，还对节约水资源有十分重要的意义，而进行玉米抗旱性的研究，首先要能对玉米抗旱性做出科学而准确的评价，即鉴定其抗旱能力的大小。一个品种在特定地区的抗旱性是自身的生理抗性和结构特性以及生长发育进程的节奏与农业气候因素变化配合的程度决定的，因此抗旱性是一个与作物种类、品种遗传类型、形态性状、生理生化指标以及干旱发生时期、强度有关的综合性状。

从育种学的角度看，玉米在正常条件下高产，在干旱胁迫条件不减产是最理想的性状。Chionoy 提出的抗旱系数（旱地产量／水地产量）虽然曾被许多研究者用来衡量作物的抗旱性，但该指标只能说明作物品种的稳产性，而不能说明高产性或高产潜力的可塑性，难以为育种工作者提供选择高产抗旱基因型的依据；K.W.Finlay 等曾用品种的实际产量对环境指数的回归判别其适应性，后来又被 S.A.Eberhart 等做了较大改进；Bidinger 等提出了抗逆指数 Index = ($Y_a \sim Y_s$)/SEs。但这些方法计算复杂，不易被接受，正像 Blum 所指出的，育种工作者总是习惯采用比较简单的方法来评定品种表现，而抗旱指数（DRI）对抗旱系数做了实质性改进。在小麦等作物抗旱鉴定工作中，收到了良好的效果，并于 1999 年成为中国第一个农作物品种的抗旱性鉴定地方标准。

玉米受到水分胁迫后，细胞在结构、生理生化上进行一系列适应性改变后，最终在植株形态上表现出来，因此有些形态指标可以用来进行抗旱鉴定。墨西哥国际玉米小麦改良中心（CIMMITY）就以叶片伸长指数、叶片坏死等级、抽雄和吐丝间隔时间、产量等表型性状作为衡量标准。其中，吐丝不延迟、抽雄吐丝间隔时间短是抗旱材料的主要选择标准之一。

形态指标虽然能简便直观的鉴别玉米的抗旱性状，但也存在着人为误差大，难以标准化的问题。因此，玉米的耐旱性鉴定筛选不仅需要根据干旱条件下植株的形态表现及生物学产量作为鉴定的表型标准，还需要从植物生理生化指标上进行深入研究。常用的生理指标包括：叶片相对水含量、质膜透性、蒸腾速率和气孔扩散阻力等，这些性状能反应植株的含水状况，是鉴定玉米幼苗抗旱性的较好指标。而联合干旱胁迫和正常供水两种种植条件进行生理指标分析可能会更有效。刘成等（2007）研究表明，用干旱胁迫区与正常灌水区的电导率之比和脱水系数之比，作为抗旱性鉴定的复合指标，比直接用干旱区电导率和脱水系数能更有效的反应植株的耐旱性。常用的生化指标包括脱落酸（ABA）含量、脯氨酸（Pro）含量、过氧化氢酶（CAT）含量、超氧化物歧化酶（SOD）含量和丙二醛（MDA）含量等。

此外，从整体性出发，用抗旱指数研究玉米抗旱性，根据玉米生长发育特性，可以将玉米的抗旱性分为萌芽期、苗期、开花期、灌浆期等 4 个时期并分别加以研究，筛选出各个生育时期的鉴定指标，在此基础上建立玉米种质的抗旱性技术鉴定体系，用以形成玉米抗旱性鉴定的技术规程。而全套的玉米抗旱鉴定技术规程对于探讨玉米不同时期的抗旱性状与全生育期综合抗旱性之间的关系、作用大小和影响程度，可以为玉米抗旱组合的选择及其抗旱高产新品种选育提供依据。

（2）缓解干旱办法　除了选择耐旱性强的种质，节水灌溉、化学材料应用以及合理施用氮、钾、甜菜碱也可以从一定程度减少干旱造成的损失。

①节水、集水措施　在黄土高原干旱半干旱区，农业上使用的工程集水、覆膜坐水、滴灌等措施，均能在一定程度上增加土壤有效水分，减少田间土壤水分损失，增加作物产量，从而达到防旱抗旱的目的。刘玉涛等（2011）研究发现，膜下滴灌、喷灌和隔沟灌节水灌溉方式可在半干旱地区玉米栽培上节水 42.8%~78.6%，可以推广应用。

雨水集蓄灌溉农业是一种新型集水农业，它能在时间和空间两个方面实现雨水富集，实现对天然降水的调控利用。集蓄雨水在作物需水关键期及水分临界期进行有限补充灌溉，可提高作物产量水平及土地生产力。近 20 多年来，雨水利用技术有了很大发展。在以色列、美国、德国、澳大利亚及非洲许多国家对雨水的研究和应用已取得许多有价值的成果。国内对于集雨的作用和方式也进行了大量的研究。在小麦方面，李凤民等（1995）在甘肃定西利用蓄集雨水进行春小麦有限灌溉试验表明：春小麦分蘖期、拔节期和孕穗期灌水，籽粒产量比不灌水处理均有增产，同时灌溉水的利用率也大幅度提高；尹光华等（2001）对春小麦进行了集雨补灌试验，结果表明：苗期少量补灌可使春小麦出苗率提高 10.3%~17.3%。李兴等（2007）通过集蓄雨水并配套以滴灌条件下对覆膜玉米进行有限补充灌溉的方式，研究集雨补灌对旱地玉米生长、产量及水分利用效率的影响。柴强等（2002）认为，补充灌溉可加速不同作物生长后期干物质向穗部的转移。

不同的集雨方式达到的效果也不尽相同。王亚军等（2003）在甘肃省进行了集雨补灌效应研究，结果表明砂田集雨补灌是雨水利用的一种经济高效的方式。肖继兵等（2009）研究表明，田间沟垄微集雨结合覆盖可以有效地利用垄膜的集雨和沟覆盖的蓄水保墒功能，改变降雨的时空分布，使降雨集中在沟内，明显提高降雨的利用率，特别是 5mm 左右微小降雨的利用率。全地面平铺覆盖栽培最大限度降低了土壤水分的无效蒸发，达到保墒的目的。田间沟垄微集雨技术和全地面平铺覆盖栽培技术能增加玉米产量，提高降水利用率。

②化学材料应用　目前应用化学调控措施提高作物抗旱性的研究也比较普遍，如土壤改良剂、保水剂、激素类和保肥类等材料的应用，对改善作物生长和生理代谢功能起重要作用。

抗旱剂能使作物缩小气孔开度、抑制蒸腾、增加叶绿素含量、提高根系活力、减缓土壤水分消耗等功能，从而增强了作物的抗旱能力。在玉米栽培中使用抗旱剂，可以通过改变玉米的生理环境来提高玉米的抗旱能力。当玉米处于少水胁迫状态时，能减缓超氧化物歧化酶的下降幅度及丙二醛的增加幅度，控制叶片细胞中的叶绿素

含量、叶片的衰老速率，将玉米的光合作用和生产能力维持在一定水平，提高玉米的旱地产量。保水剂是一种高吸水性的树脂材料，具有高吸水性和保水性，其吸水量和吸水速度十分可观。在玉米地中使用保水剂，对土壤保肥、保水有促进作用。在旱地玉米种植中，保水材料可以维持一段时间的玉米地干旱状态，通过缓慢释放储存的水量来满足玉米的生长需求。此外，脯氨酸具有调节渗透作用的效果，并有许多在旱地使用的优势。研究表明脯氨酸可能对叶绿素的功能恢复有促进，并且在干旱逆境环境下使植物有抵御干旱胁迫的反应。

辛小桂等（2004）通过比较保水剂、泥炭、沸石、稀土这四种化学材料对玉米生长、水分蒸发、光合作用及效率的影响，发现水分亏缺降低了玉米幼苗叶片相对含水量、叶水势、光合速率和光能转化效率，使作物生长减缓；各不同化学材料的使用可以不同程度提高玉米的抗旱指标，如增加根冠比、提高叶片保水能力和调节光合作用。在水分胁迫时，不同化学材料对提高这些生理指标的效果有着明显差异。四种化学材料对提高玉米根冠比的能力依次是保水剂＞泥炭＞沸石＞稀土，在提高玉米相对含水量和叶水势方面，保水剂较强，在水分胁迫时，泥炭和稀土次之，沸石作用不明显；在提高玉米幼苗光合速率的能力方面依次是保水剂＞稀土＞沸石＞泥炭，泥炭虽然光合速率小但其光能转化效率较高。在正常供水条件下，稀土、沸石和保水剂对玉米的生长及生理的影响作用差别较大，说明这些化学材料更适合于干旱缺水条件下施用。

③ 氮、钾、甜菜碱对夏玉米干旱的减缓作用　氮素和钾素是作物需求量大，而干旱地区土壤往往缺乏的矿质营养元素。近年研究表明，它们除直接营养植物外，对抗旱也有一定效果，旱地作物水分利用效率和产量都与其供应有关。杜建军和李生秀（1999）研究表明，干旱胁迫下适量供氮可增加干物质累积量、提高水分利用效率，增强抵御干旱能力。魏永胜和梁宗锁（2001）报道，钾对提高植物水分利用效率和抗旱性有明显效果。其他研究者也有类似报道。水分胁迫是干旱地区常见的现象，确定这两种营养元素的抗旱效果更具有实际意义。甜菜碱是一种季铵型水溶性生物碱，是作物细胞质中重要的渗透调节剂。据报道，作物受到水分胁迫时，甜菜碱会在细胞内积累而提高渗透压，具有极重要的"非渗透调节"功能；它还能作为一种保护物质，维持生物大分子的结构完整，保持正常生理活动，减轻干旱对酶活性的影响，有益于水分胁迫下作物的生长发育。近年不少试验表明，喷施甜菜碱可提高作物抗旱能力、水分利用效率和产量。

张立新等（2005）利用可控盆栽试验从干物质、籽粒产量、水分利用效率方面论述氮、钾和甜菜碱对不同基因型夏玉米抗旱性的影响。结果表明，在正常供水下氮的增产原因在于其营养功能，而在干旱条件下主要在于提高作物抗旱效果。在正常供水下施钾无效，而在水分胁迫下施钾对干物质和籽粒产量以及水分利用效率显著提高，对水分敏感的品种效果更好。在水分胁迫下喷施甜菜碱，干物质和籽粒产量显著提高，水分利用效率也随之提高；正常供水下喷施则效果不明显，甚至出现不良效果，证明了在干旱条件下，甜菜碱具有抗旱效果。

5. 玉米"卡脖旱"防治方法

玉米抽雄前后一个月是需水临界期，对水分特别敏感。此时缺水，幼穗发育不好，果穗小，籽粒少。如遇干旱，雄穗或雌穗抽不出来，似卡脖子，故名"卡脖旱"。为了减轻"卡脖旱"的影响，可采取的措施如下：

积极开发一切可以利用的水源灌溉，可以直接增加相对湿度，缓解旱情，有效地削弱卡脖旱的直接为害。

培育选用抗旱品种，有条件的提倡用生物钾肥拌种，可以提高玉米的抗旱能力。

采用竹竿赶粉或采粉涂抹等人工辅助授粉法，使落在柱头上的花粉量增加，增加授粉受精的机会。

根外喷肥：用尿素、磷酸二氢钾水溶液及过磷酸钙、草木灰过滤浸出液于玉米破口期、抽穗期、灌浆期连续进行多次喷雾，增加植株穗部水分，能够降温增湿，同时可给叶片提供必需的水分及养分，提高籽粒饱满度。

施用有机活性液肥或微生物有机肥喷洒，或喷洒农家宝、促丰宝等植物增产调节剂等，可以减轻干旱的影响，促进增产。

（二）连阴雨和水淹

1. 水淹胁迫对玉米的影响及应对办法

涝害是在土壤中存在的水分超过田间土壤持水量产生的一种灾害。根据超过田间土壤持水量的多少，可将涝害分为两种：湿害和涝害。所谓湿害是土壤水分达到饱和时对植物的为害；涝害是田间地面积水，淹没了植物的全部或一部分造成的为害。水淹胁迫造成涝害的直接为害因素并不是水分，水分本身对植物是无毒的，其为害主要是间接作用造成的，即植物浸泡在大量水中，根系的大量矿质元素及重要中间产物丢失，在无氧呼吸中产生有毒物质如乙醇、乙醛等使植物受害。此外土壤水分过多时使土壤中气体（O_2）亏缺，CO_2 和乙烯过剩使植物低氧受害。多年来，国内外对在水淹条件下，作物的生理变化进行了大量的研究工作。研究结果指出：土壤渍水使植株叶片的生物膜受到伤害，细胞内电解质外渗，膜脂过氧化作用加强，丙二醛（MDA）含量增加，叶绿素被降解，植株失绿，衰老加快；在水淹条件下，植株叶片中保护酶（SOD、POD、CAT）活性迅速下降，加剧了植株膜脂过氧化作用，从而导致不可逆的伤害。

玉米是一种需水量大又不耐涝的作物，土壤湿度超过持水量的 80% 时，植株生长发育即会受到影响，苗期尤为明显。玉米涝渍灾害根据受灾生理时期可分为 3 种：芽涝和苗期渍涝、拔节期至灌浆期渍涝以及灌浆期渍涝。3 种渍涝灾害的为害如下。

（1）芽涝和苗期渍涝　在玉米吸水萌动至第三片叶展开时，由于土壤过湿或淹水，使玉米出苗、种子发芽、幼苗的生长受到影响称为玉米芽涝。在第三片叶展开

以前，其生长主要依靠种子胚乳营养，为异养阶段。因此，玉米芽涝又称为奶涝。玉米的苗期渍涝是指玉米第三片叶展开到玉米拔节这段时期发生的渍涝。

一般夏玉米播种至拔节期，总降雨量或旬降雨量分别超过100mm、200mm时，容易发生渍涝灾害。

渍涝灾害对玉米主根开始伸长、种子吸水膨胀的影响较大。淹水两天可使玉米出苗率降低50%以上，淹水4d使出苗率降低85%以上。芽涝对出苗率的影响受温度的影响较大。相同的淹水时间和淹水条件，温度越高为害越大。淮北地区在均温25℃时进行播种，播后若发生渍涝灾害或出现芽涝2~4d，玉米田间即发生缺苗断垄或基本未出苗，要进行间、定苗或重新播种。萌芽期渍涝灾害除了造成严重缺苗外，对勉强出苗的幼苗生长也有明显的不良影响，导致幼苗生长迟缓、根系发育不良、叶片僵而不发。

（2）拔节期至灌浆期渍涝　随着玉米生长的延长，至拔节期玉米耐渍涝能力提高。但拔节期当田间出现淹水3d时，玉米绿色叶片数降低，下部两片叶发生黄化，后期有植株出现死亡，造成玉米减产75%；当出现淹水5~7d时，玉米下部叶片发黄，田间植株倒伏较多，死亡植株增加，减产非常严重，几乎颗粒无收。到抽雄期，土壤含有最大持水量70%~90%水分时最适宜玉米生长，只有当土壤湿度超过90%时玉米生长受到影响。7月下旬至8月中旬降雨量超过200mm或旬降雨量超过100mm，就会发生渍涝灾害。

抽雄期淹水3、5、7d分别呈现无倒伏、少量植株倒伏、大部分植株枯萎且倒伏的状况；玉米产量损失量分别为50%、75%、100%。田间植株绿叶面积降低，下部叶片发黄枯萎，大部分倒伏植株死亡，未死亡植株也基本上不抽穗结实。

（3）灌浆期渍涝　在玉米灌浆期及其以后发生的渍涝称为灌浆期渍涝，该阶段由于玉米气生根已形成，各器官发育良好，抵抗渍涝的能力增强。此期若发生涝害，一般不会造成减产。

郝玉兰（2003）研究了不同生育时期水淹处理对玉米生理生化指标的影响，得出水淹胁迫造成玉米叶片丙二醛（MDA）含量增加，过氧化氢酶（CAT）活性下降，并导致叶片中叶绿素被降解，叶绿素含量降低的结论。在水淹胁迫条件下，植物膜脂过氧化作用增强，使叶片中MDA含量不断积累，从而加速植株自然老化的进程。从产量因素上来看，受水淹胁迫影响最明显的是每穗粒数，以及与之相应的每穗粒重。在灌浆期收获后，观察到各个生长时期都受到水淹胁迫的植株穗上出现了明显的缺行、缺粒现象，减产幅度大，甚至绝收。

2.应对方法

在玉米生产中，为从根本上防御渍涝，应该配备基本的农田水利设施，使田间沟渠畅通，做到旱能灌、涝能排，为玉米渍涝灾害防御奠定基础。同时，应在玉米生产中改变种植方式来防止夏季雨水过多造成的渍涝，采用凸畦田台或大垄双行种植。这种种植方式的优点为：一方面，当雨量较大时，有利于雨水聚集，加速土壤沥水的过程，减少土壤耕层中的滞水；二是有利于调整玉米根系分布，改善田间土壤的通气状况，从而提高玉米根系着生和分布高度。另外，可以采取适期早播，避开芽涝，把玉米最怕渍涝的发芽出苗期和苗期安排在雨季开始以前，尽量避开雨涝季节，可有效避免或减轻渍涝的为害。科学选择品种也能减少渍涝灾害损失。不同玉米品种的耐渍涝能力存在较大差异。在玉米的生产中选用耐渍涝的品种，由于其抗渍涝性强，在发生渍涝为害时，减产量较低，单产显著高于不耐渍品种。

发生水淹时，淹水时间越长受害越重，淹水越深减产越重。及时排水散墒可以最大程度的减少损失。排水后还需要一系列的措施来恢复受害玉米生长，具体如下。

（1）排水散墒　被水淹、泡的玉米田要及时进行排水，挖沟修渠，尽早抽、排田间积水，降低水位和田间土壤含水量，确保玉米后期正常生长；灾情较轻地块要及时挖沟排水，排水晒田，提高地温，确保正常生长；对于未过水、渍水，但有出现内涝可能的地块，也要及时挖水沟排水，预防强降雨造成内涝。

（2）及时扶立受过水、强风等因素影响造成倒扶的玉米　要根据具体情况及时进行处理。大雨过后，玉米茎及根系比较脆弱，扶立时要防止折断和进一步伤根，加重玉米的受灾程度。被风刮倒的玉米要及时（1~3d）扶起、立直，越早越好，并将根部培土踏实（尤其是风口地带），杜绝二次倒伏。

（3）加强管理　受到水淹胁迫的地块在排水扶立之后还应加强管理，采取一系列措施保证后续生产过程：

①　去掉底叶　过水和渍水地块，玉米下部叶片易过早枯黄，要及时去掉黄枯叶片，减少养分损失，提高通风透光，减少病害发生，促进作物安全成熟。

②　拔除杂草　在8月末对玉米田进行放秋垄、拔大草，减少杂草与玉米争肥夺水。

③　防治蚜虫　玉米田如发现蚜虫，用40%乐果乳油1500~2000倍药液喷雾防治，以保证正常授粉和结实。

④　促进早熟　叶面喷施磷酸二氢钾和芸苔素内酯等，迅速补充养分，增强植株抗寒性，促进玉米成熟。

⑤　扒皮晾晒　在玉米生长后期采取站秆扒皮晾晒，加速籽粒脱水，促进茎、叶中养分向果穗转移和籽粒降水，降低含水量，促进玉米的成熟和降水。

⑥　预防早霜　要提早做好预防早霜的准备工作。尤其是水灾较重、玉米生长延迟、易受冻害、冷害影响的地区。可采取放烟熏的办法。在早霜来临前，低洼地块可在上风口位置，放置秸秆点燃，改变局部环境温度，人工熏烟防霜冻。

⑦　适时晚收　提倡适时晚收，不要急于收获，适当延长后熟生长时间，充分发挥根茎储存养分向籽粒传送的作用，提高粮食产量和品质。一般在玉米生理成熟后7~10d为最佳收获期，一般为10月5~15日。

（4）适时毁种　因水灾绝收的玉米地块，要及时清理田间杂物及秸秆，毁种适宜、对路、好销售的晚秋作物，最大限度地减少空地面积。

二、温度胁迫

（一）低温胁迫

低温在一定程度上破坏细胞膜，从而影响膜系统维持的生理功能。原产在热带和亚热带地区的玉米对冷害抗性较弱，属于低温敏感型植物，极限温度为4℃。低温冷害是限制玉米分布与农业生产的重要因素。

东北地区是中国玉米的主产区，也是种植面积最大的作物。但是由于地理条件原因，在春季经常遭受低温冷害的侵袭，造成大面积的减产，尤其在严重低温冷害年，东北玉米减产可达20%以上，品质也随之下降。

1. 冷害类型

根据不同生育期遭受低温伤害的情况，可将玉米冷害分为延迟型冷害、障碍型冷害和混合型冷害。延迟型冷害指玉米在营养生长期间温度偏低，发育期延迟致使玉米在霜冻前不能正常成熟，千粒重下降，籽粒含水量增加，最终造成玉米籽粒产量下降。障碍型冷害是玉米在生殖生长期间，遭受短时间的异常低温，使生殖器官的生理功能受到破坏。混合型冷害是指在同一年度里或一个生长季节同时发生延迟型冷害与障碍型冷害。低温冷害不仅影响玉米生长发育，而且最终影响产量。玉米发生一般冷害，减产5%~15%；发生严重冷害，减产25%以上。低温冷害对产量的影响还与冷害出现的时间有关。玉米出苗期受低温为害，将会出现弱苗、黄化苗、红苗、紫苗等现象，移栽后生长速度缓慢或不生长。玉米出苗至吐丝期受低温影响，营养生长受抑制，会表现在干物质积累减少，株高降低及各叶片出现时间延迟。孕穗期是玉米生理上低温冷害的关键期，减产最多。根据植物对冷害的反应速度，也可将冷害分为两类。一类为直接伤害，即植物受低温影响几小时，最多在一天之内即出现伤斑及坏死，禾本科植物还会出现芽枯、顶枯等现象，说明这种影响已侵入胞内，直接破坏了原生质活性；另一类是间接伤害，即植物在受到低温胁迫后，植株形态并无异常表现，至少在几天之后才出现组织柔软、萎蔫，这是因为低温引起代谢失常、生物化学的缓慢变化而造成的细胞伤害。因此，从田间的实际来看，在中国东北地区主要发生是延迟型冷害，即在玉米生长前期（苗期）突然遭受0℃以上低温，造成幼苗大面积死亡，产生严重的田间缺苗，产量大幅度下降。

2. 冷害机理

冷害对植物的伤害大致分为两个步骤：第一步是膜相改变，第二步是由于膜的损坏而引起代谢紊乱，严重时导致死亡。正常情况下，生物膜呈液晶相，保持一定的流动性。当温度下降到临界温度时，冷敏感植物的膜从液晶相转变为凝胶相，膜收缩，出现裂缝或者通道。这样一方面使膜的透性增大，细胞内的溶质外渗；另一方面使与膜结合的酶系统遭到破坏，酶活性下降，扰乱了膜结合酶系统与非膜结合酶（游离酶）系统之间的平衡，蛋白质变性或解离，从而导致细胞代谢紊乱，积累一些有毒的中间产物（如乙醛和乙醇等），时间过长，细胞和组织死亡。由于膜的相变在一定程度上是可逆的，只要膜脂不发生降解，在短期冷害后温度立即回暖，膜仍能恢复到正常的状态，但如果膜脂降解，则表明膜受到严重伤害，就会发生组织受害死亡。

3. 低温对玉米种子发芽的影响

低温冻害会使玉米种皮、糊粉层和胚乳之间以及胚和胚乳之间产生平移断层，长期处于0℃以下的低温玉米种子内部的局部淀粉结构会发生明显变化，附着于粉质淀粉粒上的部分基质蛋白也会降解。同时，低温冷害延迟玉米种子的萌发时间，并导致发芽率和发芽指数降低。原因如下。

①低温胁迫　影响酶的合成以及酶的活性，导致种子无法有效地将大分子贮藏物质转变为小分子可利用物质。

②低温影响　种子的吸水能力，使种子在相应时间内得不到足够水分完成生理生化反应。

③低温　降低种子的呼吸速率，产生的能量无法满足植物组织的构建、物质的合成、转运等。

4. 低温对幼苗抗冷性的影响

玉米对温度非常敏感。玉米最适的生长温度是30~35℃，低温影响种子萌发、苗期生长、早期叶片的发育以及玉米的整体生长和产量。当温度低于最适生长温度范围时，植株生长缓慢，在6~8℃时停止生长，延长低温处理时间会导致不可逆的细胞和组织伤害。

张金龙等（2004）研究表明，低温造成幼苗叶绿素含量显著降低，根系活力降低，过氧化酶活性降低以及相对外渗电导率增加的生理变化。

造成叶绿素含量降低的原因如下。

①低温下　SOD等保护酶的活性、含量降低，无法保护叶绿素不受自由基伤害，使含量降低。

②植物受低温冷害　光合系统 I 最先受到攻击，光合系统 I 的破坏使光合电子传递链相关产物积累，进而对光合系统 I 产生毒害作用，同时破坏类囊体内的叶绿素。由于低温，使生理代谢过程中产生的某些毒物不能及时清除，这正是受到胁迫的植物叶绿素含量低的一个原因。

低温胁迫后脱氢酶的活性因冷害的加深有显著下降，导致根系呼吸代谢速率的降低，从侧面反映出整个根系的活力随低温冷害的加重而降低。分析原因可能是由于脱氢酶的合成受阻，分解加剧，也不排除部分脱氢酶的构象在低温胁迫下产生了变化或者受到某种低温积累抑制物的影响而不再具有生理活性。

低温胁迫后过氧化物酶活性也相应发生变化。低温影响了相关 RNA 的转录、翻译，以及各种酶的生理活性，导致过氧化物酶的合成减少，同时植物为抵御低温冷害而水解体内的部分蛋白质，过氧化物酶的分解加剧，从而使其相对含量降低。过氧化物的积累会对细胞产生一系列破坏（如不饱和脂肪酸被氧化，还原性的辅酶因子被氧化，某些酶活性，细胞信号改变等），从而影响整个植物体其他生理活动。

外渗电导率是反映生物膜通透性的重要参数，而膜的通透性是生命活力的指标之一。植物低温冷害中最核心的伤害是膜系统被低温破坏。正常情况下细胞是一个完整的生物膜系统，其流动性与膜中磷脂的流动性有直接关系。生物膜中饱和磷脂与不饱和磷脂交替排列，整个系统以液晶状态存在。对低温敏感的植物的膜中含有较多的饱和脂肪酸，而抗性较强的植物的膜内含有较多的不饱和脂肪酸，以保证低温状态下膜的流动性。低温冷害可引起膜相分离，使不饱和脂肪酸、饱和脂肪酸各自聚集在一起，此时细胞膜由流动镶嵌的液晶状态转变成凝胶状态，从而使细胞膜的完整性受到破坏。同时膜上吸附有一定生理功能的离子如 Ca^{2+} 脱落，伴随细胞内部离子外渗，从而使细胞的外渗电导率增加。外渗电导率随冷害的加重而升高显示了细胞膜所受的伤害程度随冷害而加重的过程。

5. 对低温伤害的评估、预测

东北地区是中国玉米生产基地之一，是世界著名的中国东北玉米带所在地，也是低温冷害发生较严重和频繁的区域。为了防御和减轻玉米低温冷害，马树庆等（2006）根据 20 世纪 90 年代田间试验资料和有关研究成果，采用改进后的玉米生长发育和干物质积累模型，建立了玉米延迟型低温冷害发生及损失程度的动态评估方法。该方法遵循积温学说和玉米生物学、生态学原理，用相对积温作为发育期预报和灾害判断的主导因子，用干物质亏缺率代表冷害减产率。经过参数和指标调整后，可应用于东北地区各地。

6. 防御措施

根据低温伤害的特点可以采取以下措施应对。

（1）选用早熟品种，严禁越区种植　玉米冷害多为延迟性冷害，主要是由于积温不足引起的。因此，应选用适合本地种植的熟期较早的品种，例如无霜期为 120~130d 的地方选用生长期不超过 120d 的品种。

（2）适期早播　种子播前低温锻炼。早播可巧夺前期积温 100~240℃，应掌握在 0~5cm 地温稳定通过 7~8℃时播种，覆土 3~5cm，集中在 10~15d 播完，达到抢墒播种，缩短播期，一次播种保全苗的目的。播前种子可进行低温锻炼。即将种子放在 26℃左右的温水中浸泡 12~15h，待种子吸水膨胀刚萌动时捞出放在 0℃左右的窖里，低温处理 10d 左右，即可播种。用这种方法处理之后，幼苗出苗整齐，根系较多，苗期可忍耐短时期 1~4℃的低温，提前 7d 左右成熟。

（3）催芽座水，一次播种保全苗　催芽座水种，具有早出苗、出齐苗、出壮苗的优点。可早出苗 6d，早成熟 5d，增产 10%。将合格的种子放在 45℃温水里浸泡 6~12h，然后捞出在 25~30℃条件下催芽，2~3h 将种子翻动 1 次，在种子露出胚根后，置于阴凉处晾芽 8~12h。将催好芽的种子座水埯种或开沟滤水种，浇足水，覆好土，保证出全苗。

（4）保护地栽培防冷促熟 可以采取人为增加出苗阶段温度，达到放冷促熟的目的。

① 地膜覆盖 地膜覆盖栽培玉米，可使早春 5cm 地温早、晚提高 0.3~5.8℃，中午提高 0.5~11.8℃。晚春 5cm 地温早、晚提高 0.8~4℃，中午提高 1~7.5℃。土壤含水量增加 3.6%~9.4%，可早出苗 4~9d，吐丝期提早 10~15d。还可以促进土壤微生物活动，使作物吸收土壤中更多的有效养分，促进玉米生长发育，提高抵抗低温冷害的能力。

② 育苗移栽 玉米育苗移栽是有水源地区争取玉米早熟高产的有效措施。可增加积温 250~300℃，比直播增产 20%~30%。在上年秋季选岗平地打床，翌年 4 月 16~25 日播种催芽种子，浇透水，播后立即覆膜，出苗至 2 叶期控制在 28~30℃，2 叶期至炼苗前控制在 25℃左右，以控制叶片生长，促进次生根发育。移栽前 7d 开始炼苗，逐渐增加揭膜面积，并控制水分，育壮苗。

（5）加强田间管理，促进玉米早熟

① 科学施肥 亩施优质有机肥做基肥；种肥要侧重施磷钾肥，结合埯种或精量播种时隔层施用。按玉米需肥规律在生长期应追 2 次肥。第一次在拔节期，第二次抽雄前 5d，追肥原则是前多后少。低温年份生长期往往拖后，应 2 次并作 1 次，只在拔节期亩施尿素 12.5~15kg，可避免追肥过多导致贪青晚熟。

② 铲前深松或深趟一犁 玉米出苗后对于土壤水分较大的地块可进行深松，深度在 35cm 左右，以起到散墒、沥水、增温、灭草等作用；土壤水分适宜的地块，进行深趟一犁，可增温 1~2℃。

③ 早间苗，早除蘖 在玉米 2~3 叶期间苗 1 次，留大苗、壮苗、正苗。另外，在玉米茎基部腋芽发育成的分蘖为无效分蘖，应及早去掉，减少养分消耗。

④ 隔行去雄 在雄穗刚露出顶叶时，隔 1 行去掉 1 行雄穗，使更多的养分供给雌穗，早熟增产。

⑤ 站秆扒皮晾晒 在玉米蜡熟中期，籽粒有硬盖时，扒开苞叶，可以加速果穗和籽粒水分散失，提高籽粒品质，使收获期提前。

⑥ 适时晚收 玉米是较强的后熟作物，适当晚收可提高成熟度，增加产量，也有利于子实脱水，干燥贮藏。一般玉米收获期以霜后 10d 左右为宜。

（二）高温胁迫

1.高温对玉米的影响

高温条件下，光合蛋白酶的活性降低，叶绿体结构遭到破坏，引起气孔关闭，

从而使光合作用减弱。另一方面，呼吸作用增强，呼吸消耗明显增多，干物质积累量明显下降。高温还可能对玉米雄穗产生伤害，持续高温时，花粉形成受到影响，开花散粉受阻，雄穗分枝变小、数量减少，小花退化，花药瘦瘪，花粉活力降低。同时还会导致雌穗各部分分化异常，吐丝困难，延缓雌穗吐丝或造成雌雄不协调、授粉结实不良等。高温还会迫使玉米生育进程中各种生理生化反应加速，使生育阶段加快导致干物质积累量降低，产量大幅下降。并且还会导致病害发生，如纹枯病、青枯病，造成产量品质的损失。陶志强等（2013）综合国内外的研究，总结了华北地区高温胁迫春玉米减产的可能机理，主要包括7个方面：

高温缩短了生育期，干物质累积量下降，籽粒灌浆不足，产量受损；

高温降低了灌浆速率，致使粒重降低；

高温环境下，生殖器官发育不良，不能正常授粉、受精，降低了结实率；

高温改变了叶绿体类囊体膜结构和组织以及色素含量的正常生理生化特性，抑制了光合速率；

高温使根系或叶片的膜脂过氧化水平提高，根系或叶片的生长速度降低且衰老加快；

高温使叶片的水分状态偏离了正常水平，限制了叶片正常代谢的功能，同时也扰乱了春玉米正常吸收和利用养分的功能。

高温易诱导植株发生病害。

2. 灌浆期高温的伤害作用

华北平原是全国玉米主产区之一。春玉米比夏玉米平均增产 $1600kg/hm^2$。华北地区可以采用春玉米一熟制替代部分面积玉麦两熟制来实现节水与保持粮食生产力并举的目的。但同时，也面临春玉米灌浆期高温胁迫对产量造成的影响。高温会缩短春玉米灌浆持续期，降低粒重和产量。据 Daynard 等（1971）报道，玉米粒重与有效灌浆持续时间呈显著的线性关系。灌浆期温度较高，缩短了灌浆持续期，不能保证充足的物质供应，降低了粒重和产量。

赵福成等（2013）进行了高温对甜玉米籽粒产量和品质影响的调查，结果表明高温缩短甜玉米灌浆进程，显著降低粒重、含水量、提高皮渣率。高温还会降低灌浆速率。张吉旺（2005）研究表明，黄淮海地区，夏玉米在10~25℃范围内灌浆速率随温度升高而升高，在25~35℃开始降低，40~45℃显著降低。其机理表现在两个方面：一是高温可能缩小了籽粒体积而降低了灌浆速率。二是高温可能减弱了茎叶的干物质累积量和同化物供应能力，降低了灌浆速率。

张吉旺（2005）研究表明，黄淮海地区夏玉米花期受高温为害，雄花败育，雌穗受精条件恶化，母本吐丝推迟、结实率降低，导致减产。高温还会通过影响叶绿素含量和叶绿体类囊体膜结构降低光合速率导致减产。

R.J.Jones等（1981）用离体培养的方式研究了在籽粒灌浆期极端温度对籽粒淀

粉合成、可溶性糖和蛋白质的影响。在35℃下培养7d的处理比其他处理籽粒干物质重，但到14d就停止生长，败育粒内高含量的可溶性糖表明淀粉合成受到抑制是其败育的主要原因。

3.防御措施

为了减轻高温给玉米生产带来的损失，可以采取以下措施。

（1）选育推广耐热品种　利用品种遗传特性预防高温为害。

（2）人工辅助授粉，提高结实率　在高温干旱期间，玉米的自然散粉、授粉和受精结实能力均有下降。如开花散粉期遇到38℃以上持续高温天气，建议采用人工授粉增加玉米结实率，减轻高温对授粉受精过程的影响。

（3）适当降低密度，采用宽窄行种植　在低密度条件下，个体间争夺水肥的矛盾较小，个体发育较健壮，抵御高温伤害的能力较强，能够减轻高温热害。采用宽窄行种植有利于改善田间通风透光条件、培育健壮植株，使植体耐逆性增强，从而增加对高温伤害的抵御能力

（4）加强田间管理，提高植株耐热性　通过加强田间管理，培育健壮的耐热个体植株，营造田间小气候环境，增强个体和群体对不良环境的适应能力，可有效抵御高温对玉米生产造成的为害。具体有如下几方面：

① 科学施肥，重视微量元素的施用。以基肥为主，追肥为辅；重施有机肥，兼顾施用化肥；注意氮磷钾平衡施肥（3：2：1）。叶面喷施脱落酸（ABA）水杨酸（SA）、激动素（BA）等进行化学调控也可提高植株耐热性。

② 苗期蹲苗进行抗旱锻炼，提高玉米的耐热性。利用玉米苗期耐热性较强的特点，在出苗10~15d后进行为期20d的抗旱和耐热性锻炼，使其获得并提高耐热性，减轻玉米一生中对高温最敏感的花期对其结实的影响。

③ 适期喷灌水，改变农田小气候环境。高温期间或提前喷灌水，可直接降低田间温度；同时，灌水后玉米植株获得充足的水分，蒸腾作用增强，使冠层温度降低，从而有效降低高温胁迫程度，也可以部分减少高温引起的呼吸消耗，减免高温伤害。

三、盐碱胁迫

盐害是限制作物产量的主要环境胁迫之一。日益增加的盐碱化会对全球耕地造成严重影响，导致在25年内损失耕地达30%，预计21世纪中期这个数据将上升到50%。而高盐导致的高离子浓度和高渗透压可致死植物，是导致农业减产的主要因素。土壤含盐量和酸碱度（pH值）对玉米生长发育有很大影响，可造成盐碱害。盐分中，氯离子对玉米为害最大。苗期较拔节、孕穗期耐盐力差，苗期表现为生长瘦弱，严重时接近枯萎。碱害主要影响玉米的幼根和幼芽，轻者使玉米空秆增多且易倒伏；重者缺苗断垄，同时导致钙、锰、锌、铁、硼等微量营养元素固定而引发缺素症。

盐碱性土壤中可溶性盐分浓度较高，抑制玉米吸水，出现反渗透现象，产生生理脱水，造成枯萎；某些盐类抑制有益微生物对养分的有效转化而使玉米幼苗瘦弱。碱害主要由于土壤中代换性钠离子的存在，使土壤性质恶化，影响玉米根系的呼吸和养分吸收。

（一）盐碱胁迫对玉米的伤害作用

玉米是盐敏感作物，当盐浓度较高时，盐胁迫干扰胞内的离子稳定，导致膜功能异常，代谢活动减弱，玉米生长受抑，最终整株植物受到严重影响、减产直至死亡。

1.盐胁迫对玉米生长的影响

1993年，Munns提出盐胁迫对植物生长影响的两阶段模型。在第一阶段，玉米首先出现水分胁迫，从而导致吸水困难；第二阶段，玉米植株中吸收Na^+增多，吸收K^+、Ca^{2+}减少，从而使Na^+ / K^+升高，造成以Na^+毒害为主要特征的离子失衡，光合作用变慢，渗透势下降，根伸长和茎生长受抑制。叶生长受抑制是许多胁迫（包括盐胁迫）下最早看到的现象。当玉米出现离子毒害时，则会表现出Na^+特征损害，这与Na^+在叶组织中的积累有关。Flowers等（1986）发现植物生长组织中Na^+比老叶中少，表明Na^+的转运是有选择的，并且随着叶龄的增加不断积累，其表现为老叶首先坏死，一开始是叶尖和叶缘，直至整个叶片。Zorb等（2005）认为，在盐胁迫下玉米生长受抑制是因为质膜上H^+-ATPase泵的活性下降所造成的。Pitann等发现，盐胁迫减轻了盐敏感玉米叶片质外体的酸化，导致质膜ATPase的H^+泵活性下降，质外体pH值变大可能使松弛胞壁的酶活性下降，从而导致地上部生长受抑。

2.盐胁迫对玉米光合作用的影响

盐胁迫导致的水分胁迫使玉米叶绿体基质体积变小，叶绿体中过氧化物增多；由渗透胁迫导致的气孔关闭，使进入光合碳同化的CO_2受限，造成过剩光能增多，进而加重对玉米光合作用的抑制。玉米体内增多的过剩激发能如果不能被安全耗散，还会进一步导致玉米光合机构的不可逆破坏。在盐胁迫下，玉米叶面积首先变小，随后是叶干重和叶含水量下降。由于玉米光合作用受抑制或同化物转运至生长点的速率变慢，导致供给正在生长的茎的同化物减少，玉米茎生长受到抑制。随着盐浓度增加，玉米总干物质明显减少。

（二）应对措施

玉米种植面积逐渐扩大，以前无人问津的低洼盐碱地块，也被开垦起来种植玉米。由于这类土壤中的盐分含量高，时常对玉米生长发育产生为害，特别是春季低温多湿的年份对玉米苗期生长影响大，严重制约了玉米单产的提高，因此在低洼盐碱地块种植玉米应注意以下几个问题。

1.加强农田基本建设

加强农田基本建设，搞好盐碱地块的改良。增施优质腐熟的农肥，有条件的地区可修筑台田、条田，或用磷石膏等改良土壤。

2. 选择相对抗盐碱的品种

盐碱地一般土壤瘠薄，地势低洼，早春土壤温度回升慢。选用玉米品种时要注意选择适合本地区种植的生育期适中、抗逆性强、耐盐碱的品种。

3. 适当深耕，提高整地质量

盐碱地可进行适当的深耕，防止土壤返盐，有效地控制土壤表层盐分的积累。要进行秋整地、秋起垄，翌年垄上播种。

4. 精细播种

盐碱地玉米由于受盐碱为害和虫害的影响较重，出苗率相对较低。种植时应选择盐害较轻的地块，适时晚播，适当加大播种量，并注意防治地下害虫，提高出苗率。播种时可适当深开沟将玉米种子播在盐分含量低的沟底，然后浅覆土。

5. 加强田间管理

盐碱地玉米出苗晚、生长慢、苗势弱。在田间管理上要采取早间苗、多留苗、晚定苗的技术措施。一般在 2~3 片叶间苗，6~7 片叶定苗。及时进行中耕除草，提高地温，减少水分蒸发带来的土壤返盐现象。在降雨后要及时进行铲地，破除土壤板结，防止土壤返盐。

6. 科学施肥

复合肥做底肥时要选择硫酸钾型复合肥，不能选用氯基复合肥。玉米出苗后植株出现紫苗时要及时进行叶面喷施磷酸二氢钾，促进幼苗生长。

本章第四节参考文献

1.柴强，黄高宝.集雨补灌对冬小麦套玉米复合群体生长特性研究.干旱地区农业研究，2002，20（4）：76-79.

2.陈国平，赵仕孝，杨洪友，等.玉米涝害及其防御措施的研究——Ⅰ芽涝对玉米出苗及苗期生长的影响.华北农学报，1988（2）：12-17.

3.陈国平，赵仕孝，刘志文.玉米的涝害及其防御措施的研究——Ⅱ玉米在不同生育期对涝害的反应.华北农学报，1989（1）：16-22.

4.陈朝辉，王安乐，王娇娟，等.高温对玉米生产的为害及防御措施.作物杂志，2008（4）：90-92.

5.戴俊英，等.玉米不同品种各生育时期干旱对生育及产量的影响.沈阳农业大学学报，1990，21（3）：1-5.

6.戴明宏，陶洪斌，王璞，等.春、夏玉米物质生产及其对温光资源利用比较.玉米科学，2008，16（4）：82-95.

7.董建国，俞子文，余叔文.在渍水前后的不同时期增加体内乙烯产生对小麦抗渍性的影响.植物生理学报，1983，9（4）：383-389.

8.杜建军，李生秀，高亚军，等.氮肥对冬小麦抗旱适应性及水分利用的影响.西北农业大学学报，1999，27（5）：1-5.

9.高荣歧.高产夏玉米籽粒形态建成和营养物质积累与粒重的关系.玉米科学，1992（创刊号）：52-58.

10.葛体达，隋方功，白莉萍，等.水分胁迫下夏玉米根叶保护酶活性变化及其对膜脂过氧化作用的影响.中国农业科学，2005，38（5）：922-928.

11.顾慰连，等.玉米不同品种各生育时期对干旱的生理反应.沈阳农业大学学报，1990，21（3）：6-10.

12.顾增辉.测定种子活力方法之探讨——发芽的生理测定法.种子，1982（3）：11-171.

13.郝玉兰，潘金豹，张秋芝，等.不同生育时期水淹胁迫对玉米生长发育的影响.中国农学通报.2003，12（6）：58-60.

14.黄瑞冬.玉米籽粒数量决定时期的研究.玉米科学，1992（创刊号）：44-47.

15.黄占斌，张国桢，李秧秧，等.保水剂特性测定及其在农业中的应用.农业工程学报，2002，1（18）：22-26.

16.贾恩吉，邓绍华，何文安，等.100份自选玉米自交系的耐旱性鉴定初报.吉林农业科学，2001，26（1）：33-35.

17. 金凤鹤，西崎泰，山口达明，等.东北地区内陆苏打盐渍土旱作玉米实施泥炭改良研究.生态学杂志，1998，17（1）：16-21.

18. 景蕊莲，昌小平，胡荣海.外源甜菜碱对小麦幼苗抗旱性的影响.干旱地区农业研究，1998，16（2）：1-5.

19. 李长洪，李华兴，张新明.天然沸石对土壤及养分有效性的影响.土壤与环境，2000，9（2）：163-165.

20. 李凤民，赵松岭，段舜山，等.黄土高原半干旱区春小麦农田有限灌溉对策初探.应用生态学报，1995，6（3）：259-264.

21. 李广敏，关军峰.作物抗旱生理节水技术研究（第1版）.2001，北京：气象出版社.

22. 李江风.中国干旱半干旱地区气候环境与区域开发研究.1990，北京：气象出版社，16-23.

23. 李景峰.淮北地区夏玉米渍涝灾害及其防御措施.现代农业科技，2012（12）：65-67.

24. 李立科，张航，张润辛，等.在渭北一年一熟的旱地农区改引水灌溉为就地开发.陕西农业科学，2011，57（2）：126-129.

25. 利容干，王建波.植物逆境细胞及生理学.2002，武汉：武汉大学出版社，53-70.

26. 李生秀.我国旱地土壤合理施肥之刍议.土壤通报，1991，22（4）：145-148.

27. 李生秀.我国土壤－植物营养研究的进展、现状及展望.（见：李生秀.土壤－植物营养研究文集.）1999，西安：陕西科学技术出版社，1-36.

28. 李生秀.中国旱地农业.2004，北京：中国农业出版社.

29. 李兴，史海滨，程满金，等.集雨补灌对玉米生长及产量的影响.农业工程学报.2007，4（23）：34-38.

30. 李秀军，王长宏.玉米籽粒的生长发育模式与产量，吉林农业科学，1992（2）：13-17.

31. 李育中，程延年.抑蒸集水抗旱技术（第1版）.1999，北京：气象出版社.

32. 刘成，石云素，宋燕青，等.玉米种质资源抗旱性的田间鉴定与评价.新疆农业科学，2007，44（4）：545-548.

33. 刘成，马兴林，石云素，等.玉米自交系主要农艺性状与产量和抗旱性的关系研究.新疆农业科学，2007，44（6）：624-627.

34. 刘成，申海兵，石云素，等.开花期干旱胁迫对玉米细胞膜透性、抗脱水性和产量的影响.新疆农业科学.2008，45（3）：418-422.

35. 刘永红，何文涛，杨勤，等.花期干旱对玉米籽粒发育的影响.核农学报，2007，21（2）：181-185.

36. 刘玉涛，王宇先，郑丽华，等.旱地玉米节水灌溉方式的研究.黑龙江农业科学.2011（10）：16-17.

37. 刘战东，肖俊夫，南纪琴，等.淹涝对夏玉米形态、产量及其构成因素的影响.人民黄河，2010（12）：157-159.

38. 罗俊杰，杨封科，高世铭.黄土高原半干旱区集雨补灌灌溉制度研究.灌溉排水学报，2003，22（3）：25-28.

39. 马树庆，袭祝香，王琪. 中国东北地区玉米低温冷害风险评估研究. 自然灾害学报，2003，12（3）：137-141.

40. 马树庆，刘玉英，王琪. 玉米低温冷害动态评估和预测方法. 应用生态学报.2006.10.17（10）：1905-1910.

41. 牛俊义，秦舒浩，蔺海明，等. 集雨补灌对粮饲兼用玉米的产量及生理效应研究. 草业学报，2002，11（1）：38-42.

42. 秦丽萍. 玉米的节水栽培技术. 北京农业.2011（5）：27-28.

43. 宋凤斌，戴俊英，黄国坤. 水分胁迫对玉米雌穗的伤害作用. 吉林农业大学学报，1996，11（8）：1-6.

44. 陶志强，陈源泉，隋鹏，等. 华北春玉米高温胁迫影响机理及其技术应对探讨. 中国农业大学学报.2013，18（4）：20-27.

45. 田锦芬. 干旱对玉米生长发育的影响及预防措施. 北京农业，2013（7）：39.

46. 田兴龙，孟庆平. 盐碱地种植玉米应注意的几个问题. 现代农业.2009（3）：42.

47. 万强，刘穗，任胜云，等. 单一稀土的生物效应研究. 湖南农业科学，1996（2）：39-41.

48. 王晨阳，马元喜，周苏枚，等. 土壤渍水对冬小麦根系活性氧代谢及生理活性的影响. 作物学报，1996，22（6）：712-719.

49. 王琦. 苗期涝害对玉米生长发育的影响及减灾技术措施. 中国种业，2010（10）：86-87.

50. 汪仁，薛绍白，柳惠图. 细胞生物学（第二版）.2002，北京：北京师范大学出版社.

51. 王三根，何立人，李正玮，等. 淹水对大麦与小麦若干生理生化特性影响的比较研究. 作物学报，1996，22（2）：228-232.

52. 王伟东，王璞，王启现. 灌浆期温度和水分对玉米籽粒建成及粒重的影响. 黑龙江八一农垦大学学报.2001.13（2）：19-24.

53. 王亚军，谢忠奎. 甘肃砂田西瓜覆膜补灌效应研究. 中国沙漠，2003，23（3）：300-305.

54. 王在德. 玉米.1983，北京：科学普及出版社.

55. 汪宗立，刘晓忠，王志霞. 夏玉米不同株龄对土壤涝渍的敏感度. 江苏农业学报，1987，3（4）：14-20.

56. 汪宗立，刘晓忠，李建坤，等. 玉米的涝渍伤害与膜脂过氧化作用和保护酶活性的关系. 江苏农业学报，1988，4（3）：1-8.

57. 汪宗立，刘晓忠，戴秋杰. 涝渍逆境下玉米叶片中谷胱甘肽的含量变化及其作用. 植物生理学通讯，1993，29（6）：416-419.

58. 王忠. 植物生理学.2000，北京：中国农业出版社.

59. 魏永胜，梁宗锁. 钾与提高作物抗旱性的关系. 植物生理学通讯，2001，37（6）：676-580.

60. 肖继兵，杨久廷，辛宗绪，等. 风沙半干旱区旱地玉米提高降水生产效率的栽培技术研究. 玉米科学，2009，17（5）：116-20.

61. 辛小桂，黄占斌，朱元骏. 水分胁迫条件下几种化学材料对玉米幼苗抗旱性的影响. 干旱地区农业研究.2004，3（22）：54-57.

62. 尹光华，蔺海明. 旱地春小麦集雨补灌增产机制初探. 干旱地区农业研究，2001，19（2）：55-61.

63. 袁佐清. 水分胁迫对玉米萌芽期和苗期生长的影响. 安徽农业科学，2007，35（20）：6036-6037.

64. 张福锁. 环境胁迫与植物育种. 1993，北京：农业出版社.

65. 张红，董树亭. 玉米对盐胁迫的生理响应及抗盐策略研究进展. 玉米科学. 2011，19（1）：64-69.

66. 张金龙，周有佳，胡敏，等. 低温胁迫对玉米幼苗抗冷性的影响初探. 东北农业大学学报，2004，35（2）：129-134.

67. 张立新，李生秀. 氮、钾、甜菜碱对减缓夏玉米水分胁迫的效果. 中国农业科学，2005，38（7）：1 401-1 407.

68. 张维强. 干旱对玉米花粉、花丝活力和籽粒形成的影响. 玉米科学，1993（2）：45-48.

69. 张文英. 作物抗旱性鉴定研究及进展. 河北农业科学，2004，8（1）：58-61.

70. 赵博生，衣艳君. 刘家尧. 外源甜菜碱对干旱/盐胁迫下的小麦幼苗生长和光合功能的改善. 植物学通报，2001，18（3）：378-380.

71. 赵福成，景立权，闫发宝，等. 灌浆期高温胁迫对甜玉米籽粒糖分积累和蔗糖代谢相关酶活性的影响. 作物学报，2013，39（9）：1 644-1 651.

72. 赵可夫，王韶堂. 作物抗性生理. 1990，北京：北京农业出版.

73. 赵美令. 玉米各生育时期抗旱性鉴定指标的研究. 中国农学通报. 2009，25（12）：66-68.

74. 郑琪，王汉宁，常宏，等. 低温冻害对玉米种子发芽特性及其内部超微结构的影响. 甘肃农业大学学报，2010（5）：35-39.

75. 郑有良，赖仲铭，杨克诚. 玉米籽粒生长特性与籽粒大小的关系及其遗传研究. 四川农业大学学报，1985，3（2）：73-78.

76. 朱朝阳，胥志文. 玉米生育期需水量的影响因素及供水对策. 现代农业科技，2012，（5）：132-133，135.

77. Capitanio R, Gentinet Motto E, et al. Grain weight and its components in maize inbred lines. Maydica, 1983, 28：365-379.

78. Charles Robert Olien, Myrtle N. Smith. Analysis and improvement of plant Cold Hardiness. CRC Press, 1981：1-13.

79. Chris Zinselmeier, Mark E, Westgate, et al. Low water potential disrupts carbohydrates metabolism in maize（Zea mays L.）ovaries. Plant Physiology, 1995, 107：385-391.

80. Claassen M M, Shaw R H. Ware deficit effects on corn Ⅱ: grain components. Agron, 1970, 62：652-655.

81. Daynard T B, Tanner J W, Duncan W G. Duration of the grain filling period and its relation to grain yield in corn, Zea mays L.Crop Sci, 1971, 11（1）：45-48.

82. Edmeades G O, Bolados J, Chapman S C, Lafitte, Binzger M. Selection improves drought

tolerance in tropical maize populations: I gains in biomass, grain yield, and harvest index. Crop Sci, 1999, 39: 1306–1315.

83. Flowers TJ, Yeo A. Ion relations of plants under drought and salinity. Australian Journal of Plant Physiology. 1986, 13: 75–91.

84. Grant R E, Jackson BS, Kiniry J R. Water deficit timing effects on yield components in maize. Argon, 1989, 81: 61–65.

85. Greaves J A. Improving suboptimal temperature tolerance in maize–the search for variation. J Exp Bot, 1996, 47 (296): 307–323.

86. Hall A J, Lemcoff J H, Trapani N. Water stress before and during flowering in maize and its effect on yield its corn ponents and their determinants. Maydica, 1981, 26: 19–30.

87. Hisao T C, et al. stress metabolison: water stress, growth, and osmetic adjustment. Philos Trans R Soc London Ser B, 1976, 273: 479–500.

88. Johan Rockstrom, Jennie Barron, Patrick Fox. Rainwater management for increased productivity among small–holder farmer in drought prone environments. Physics and Chemistry of the Earth, 2002, (27): 949–959.

89. Johnson D R, Tanner J W. Calculation of the rate and duration of grain filling in corn (Zea mays L.) . Crop Sci, 1972, 12: 485–487.

90. Jones R J, Gengenbach B G, Cardwell V B. Temperature effects on in vitro kernel development of maize. Crop Sci, 1981, 21 (5): 761–766.

91. Li S X, Xiao J Z, Cheng S Y. Soil water management on drylands in China. Proceedings of the International Conference on Dryland Farming: Challenge in Dryland Agriculture–A Globe Perspective. Amarillo/Bushland, Texas, 1998: 201–204.

92. Mark E, Westgate. Water status and development of the maize endosperm and embryo during drought. Crop Sci, 1994, 34: 76–83.

93. Maynard C. Bowers Environmental Effects of cold on plants Plant Environment Interactions. Marcel Dekker, New York, 1994, 391– 411.

94. Miedema P. The effects of low temperature on Zea mays L.. Adv Agron, 1982, 35: 93-129.

95. Misra G K, Chaudhary T N. Effect of a limited water input on root growth, water use and grain yield of wheat. Field Crops Research, 1985, (10): 125–134.

96. Munns R. Physiological processes limiting plant growth in saline soils: some dogmas and hypothesis. Plant Cell and Environment, 1993, 16: 15–24.

97. Pitsun B, Schubert S, Muhling K H. Decline in leaf growth under salt stress is due to an inhibition of H+–pumping activity and increase in apoplastic pH of maize leaves. Journal Plant Nutrtion Soil Science, 2009, 172: 535–543.

98. Sakamoto A, Murata N. Genetic engineering of glycinebetaine synthesis in plants: current status and implications for enhancement of stress tolerance. Journal of Experimental Botany, 2000, 51 (342): 81–88.

99. Staffan Erling T jus, Birger Lindberg Moller. Photo system I is an Early Target of Pho to inhibition in Barley Illuminated at Chilling Temperatures. Plant Physiol. 1998,（116）：755 –764.

100. Thilo Herrmann, U we Schmida. Rain–water utilization in Germany：efficiency, dimensioning, hydraulic and environmental aspects. Urban Water, 1999,（1）：307–316.

101. W. Wang, B. Vinocur, A. Altman, Plant responses to drought, salinity and extreme temperatures：towards genetic engineering for stress tolerance. Planta, 2003, 218：1–14.

102. Westgate M E, Boyer T S. Osmotic adjustment and the inhibition OG leaf, root and silk growth at low water potentials in maize. Plant（a）, 1985, 164：540–549.

103. William G, Hopkins. Introduction to Plant Physiology. New York：John Wiley & Sons, Inc. 1995, 431– 432.

104. Zorb C.Stracke B, Tranmitz B, et a1. Does H+ pumping by plasmalemma ATPase limit leaf growth of maize（Zea mays）during the first phase of salt stress. Journal Plant Nutrition Soil Science, 2005, 168：550–557.

全书各章共同参考的主要文献

1.曹冬梅，方继友，曹丕元.玉米密植条件下行端边际效应及其对产量结果真实性的影响.作物杂志，2013（2）：122–125.

2.曹广才，吴东兵.海拔对我国北方旱农地区玉米生育天数的影响.干旱地区农业研究，1995, 13（4）：92–98.

3.曹文堂，冯晓曦，许波，等.豫南地区小麦玉米两熟丰产栽培技术.作物杂志，2009（4）：102–104.

4.陈学君，曹广才，吴东兵，等.海拔对甘肃河西走廊玉米生育期的影响.植物遗传资源学报，2005, 6（2）：168–171.

5.陈学君，曹广才，贾银锁，等.玉米生育期的海拔效应研究.中国生态农业学报，2009, 17（3）：527–532.

6.成林，刘荣花.河南省夏玉米花期连阴雨灾害风险区划.生态学杂志，2012, 31（12）：3 075–3 079.

7.程维新，欧阳竹.关于单株玉米耗水量的探讨.自然资源学报，2008, 23（5）：929–935.

8.代旭峰，王国强，刘志斋，等.不同密度下不同行距对玉米光合及产量的影响.西南大学学报（自然科学版），2013, 35（3）：1–7.

9.邸垫平，苗洪芹，路银贵，等.玉米粗缩病发病叶龄与主要为害性状的相关性分析.河北农业科学，2008, 12（1）：51–52, 60.

10.段鹏飞，刘天学，赵春玲，等.气象因子对河南省夏玉米产量与品质的影响.核农学报，2011, 25（2）：353–357.

11. 冯晓静，高焕文，李洪文，等．北方农牧交错带风蚀对农田土壤特性的影响．农业机械学报，2007，38（5）：51-54.

12. 冯晓静，高焕文，李宏文，等．北京周边保护性耕作防治土壤风蚀效果监测研究．农机化研究，2008（1）：142-144.

13. 付凌，彭世彰，李道西．作物调亏灌溉效应影响因素之研究进展．中国农学通报，2006，22（1）：380-383.

14. 高素玲，刘松涛，杨青华，等．氮肥减量后移对玉米冠层生理性状和产量的影响．中国农学通报，2013，29（24）：114-118.

15. 高玉莲．浅谈春玉米适时早播增产原因及注意问题．种子科技，2010（12）：45-46.

16. 葛化丽．玉米粗缩病的发生及防治．现代农业科技，2007（7）：49.

17. 郭晓华．生态因子对玉米产量构成因素的调控作用．生态学杂志，2000，19（1）：6-11.

18. 韩磊，杨治国，贺康宁，等．不同治理措施下的农田土壤风蚀控制机理研究．中国农学通报，2008，24（12）：524-527.

19. 郝玉兰，潘金豹，张秋芝，等．不同生育时期水淹胁迫对玉米生长发育的影响．中国农学通报，2003，19（6）：58-60，63.

20. 何华，康绍忠．灌溉施肥深度对玉米同化物分配和水分利用效率的影响．植物生态学报，2002，26（4）：454-458.

21. 何守法，董中东，詹克慧，等．河南小麦和夏玉米两熟制种植区的划分研究．自然资源学报，2009，24（6）：1 115-1 123.

22. 纪瑞鹏，车宇胜，朱永宁，等．干旱对东北春玉米生长发育和产量的影响．应用生态学报，2012，23（11）：3 021-3 026.

23. 江晓东，李增嘉，侯连涛，等．少免耕对灌溉农田冬小麦/夏玉米作物水、肥利用的影响．农业工程学报，2005，21（7）：20-24.

24. 蒋军喜，李桂新，周雪平．玉米矮花叶病毒研究进展．微生物学通报，2002，29（5）：77-81.

25. 解婷婷，苏培玺，丁松爽．黑河中游边缘绿洲不同水分条件对青贮玉米叶片光合特性及产量的影响．西北农业学报，2009，18（6）：127-133.

26. 巨晓棠，刘学军，张福锁．冬小麦与夏玉米轮作体系中氮肥效应及氮素平衡研究．中国农业科学，2002，35（11）：1 361-1 368.

27. 康国玺．集雨节灌增产效应及对甘肃农业的作用．节水灌溉，2004（6）：49-50.

28. 孔令军，王兆民，马玉萍，等．玉米粗缩病大发生原因及防治对策．安徽农业科学，2005，33（4）：736.

29. 雷廷武，肖娟，詹卫华，等．沟灌条件下不同灌溉水质对玉米产量和土壤盐分的影响．水利学报，2004（9）：1-6.

30. 李彩虹，吴伯志．玉米间套作种植方式研究综述．玉米科学，2005，13（2）：85-89.

31. 李彩萍，赵同芝，徐金兰．玉米丝黑穗病发生原因与有效控制技术措施．农业与技术，2004，24（3）：146，153.

32. 李春奇，郑慧敏，李芸，等．种植密度对夏玉米雌穗发育和产量的影响．中国农业科学，2010，43（12）：2 435-2 442.

33.李大举，张基黔.山区玉米免耕栽培技术.科学种养，2011，（4）：14-15.

34.李刚，杨粉团，姜晓莉，等.基于抗旱低碳的秸秆覆盖免耕栽培玉米.作物杂志，2010（5）：10-12.

35.李海春，傅俊范，王新一，等.玉米大斑病病情发展及病斑扩展时间动态模型的研究.南京农业大学学报，2005，28（4）：50-54.

36.李海春，傅俊范，李金堂，等.玉米大斑病病斑扩展 LOGISTIC 模型对比研究.江苏农业科学，2007（3）：64-65.

37.李洪，王斌，李爱军，等.玉米株行距配置的密植增产效果研究.中国农学通报，2011，27（9）：309-313.

38.李洪梅，白洪立，王西芝，等.不同收获时期对夏直播玉米产量影响的试验.农业科技通讯，2008（6）：80.

39.李红梅，关春林，周怀平，等.施肥培肥措施对春玉米农田土壤氨挥发的影响.中国生态农业学报，2007，15（5）：76-79.

40.李立娟，王美云，赵明.品种对双季玉米早春季和晚夏季的适应性研究.作物学报，2011，37（9）：1 660-1 665.

41.李猛，陈现平，张建，等.不同密度与行距配置对紧凑型玉米产量效应的研究.中国农学通报，2009，25（8）：132-136.

42.李全起，陈雨海，韩惠芳，等.底墒差异对夏玉米生理特性及产量的影响.中国农学通报，2004，20（6）：116-119.

43.李尚中，王勇，樊廷录，等.旱地玉米不同覆膜方式的水温及增产效应.中国农业科学，2010，43（5）：922-931.

44.李绍长，白萍，吕新，等.不同生态区及播期对玉米籽粒灌浆的影响.作物学报，2003，29（5）：775-778.

45.李万星，刘永忠，曹晋军，等.肥料与密度对玉米农艺性状和产量的影响.中国农学通报，2011，27（15）：194-198.

46.李文仓，张俊群，李少伟，等.密度对 3 个玉米品种产量及主要性状的影响.浙江农业科学，2008（5）：566-568.

47.李文强，贺达汉，杨子强，等.宁夏灌区玉米大斑病的发生与防治技术研究.宁夏农学院学报，2001，22（1）：8-14.

48.李香菊.玉米及杂粮田杂草化学防除.2003，北京：化学工业出版社.

49.李向岭，李从锋，侯玉虹，等.不同播期夏玉米产量性能动态指标及其生态效应.中国农业科学，2012，45（6）：1 074-1 083.

50.李兴，史海滨，程满金，等.集雨补灌对玉米生长及产量的影响.农业工程学报，2007，23（4）：34-38.

51.李扬汉.中国杂草志.1998，北京：中国农业出版社.

52.李志勇，王璞，MarionBoening-Zilkens 等.优化施肥和传统施肥对夏玉米生长发育

及产量的影响.玉米科学,2003,11（3）:90-93,97.

53.梁金凤,齐庆振,贾小红,等.不同耕作方式对土壤性质与玉米生长的影响研究.生态环境学报,2010,19（4）:945-950.

54.刘恩科,赵秉强,胡昌浩,等.长期施氮、磷、钾化肥对玉米产量及土壤肥力的影响.植物营养与肥料学报,2007,13（5）:789-794.

55.刘方明,李玉占,王俊庭.苜蓿对免耕玉米田杂草萌发和生长影响的研究.农业系统科学与综合研究,2004,20（4）:297-299.

56.刘京宝,杨克军,石书兵,等.中国北方玉米栽培.2012,北京:中国农业科学技术出版社.

57.刘克,张敏洁,秦欣,等.不同水分处理对当季冬小麦及后茬夏玉米生长与产量的影响.作物杂志,2010（5）:70-73.

58.刘林杰,高晶.小麦玉米两熟区夏玉米适宜收获期研究.作物杂志,2011,（5）:112-113.

59.刘明,陶洪斌,王璞,等.播期对春玉米生长发育与产量形成的影响.中国生态农业学报,2009,17（1）:18-23.

60.刘荣权,丁海荣,吕永来,等.玉米黑粉病重发生的原因及防治对策.内蒙古农业科技,2001（2）:13-14.

61.刘伟,吕鹏,苏凯,等.种植密度对夏玉米产量和源库特性的影响.应用生态学报,2010,21（7）:1737-1743.

62.刘武仁,冯艳春,郑金玉,等.玉米宽窄行种植产量与效益分析.玉米科学,2003,11（3）:63-65.

63.刘永红,何文铸,杨勤,等.花期干旱对玉米籽粒发育的影响.核农学报,2007,21（2）:181-185.

64.刘玉涛,王宇先,郑丽华,等.旱地玉米节水灌溉方式的研究.黑龙江农业科学,2011（10）:16-17.

65.刘月娥,谢瑞芝,张厚宝,等.不同生态区玉米适时晚收增产效果.中国农业科学,2010,43（13）:2811-2819.

66.刘忠德,刘守柱,季敏等.玉米粗缩病发生程度与灰飞虱消长规律的关系.杂粮作物,2001,21（1）:38-39.

67.芦连勇,宋长江,刘智萍.玉米瘤黑粉病的发生规律及防治措施.玉米科学,2006,14（增刊）:128,130.

68.卢振宇,黄志银,翟乃家,等.不同氮肥类型对夏玉米产量及穗部性状的影响.农学学报,2012,2（7）:8-12.

69.马丽,李潮海,赵振杰,等.冬小麦、夏玉米一体化垄作的养分利用研究.植物营养与肥料学报,2011,17（2）:500-505.

70.马敏,黄占斌,苗战霞,等.再生水在不同灌溉方式下对玉米生长的影响.灌溉排水学报,2006,25（4）:68-70.

71.马树庆,刘玉英,王琪.玉米低温冷害动态评估和预测方法.应用生态学报,2006,

17（10）：1 905–1 910.

72.马银丽，吉艳芝，李鑫，等.施氮水平对小麦－玉米轮作体系氨挥发与氧化亚氮排放的影响.生态环境学报，2012，21（2）：225–230.

73.莫非，周宏，王建永，等.田间微集雨技术研究及应用.农业工程学报，2013，29（8）：1–17.

74.宁堂原，李增嘉，焦念元，等.不同熟期玉米品种春、夏套作对籽粒淀粉含量及糊化特性的影响.作物学报，2005，31（1）：77–82.

75.潘颜霞，王新平，张志山.荒漠绿洲农田生态系统玉米生育期和产量对不同水肥处理的响应.玉米科学，2007，15（3）：127–129.

76.潘英华，康绍忠，杜太生，等.交替隔沟灌溉土壤水分时空分布与灌水均匀性研究.中国农业科学，2002，35（5）：531–535.

77.邱明生，张孝羲，王进军，等.玉米田节肢动物群落特征的时序动态.西南农业学报，2001，14（1）：70–73.

78.尚金霞，李军，贾志宽，等.渭北旱塬春玉米田保护性耕作蓄水保墒效果与增产增收效应.中国农业科学，2010，43（13）：2 668–2 678.

79.石洁，王振营.玉米病虫害防治彩色图谱.2011，北京：中国农业出版社.

80.宋清斌，郑延海，贾爱君，等.夏玉米密度及氮磷用量高产高效栽培模式的研究.玉米科学，2004，12（4）：77–78，80.

81.宋永林，姚造华，袁锋明，等.北京褐潮土长期施肥对夏玉米产量及产量变化趋势影响的定位研究.北京农业科学，2001（6）：14–16.

82.宋振伟，邓艾兴，郭金瑞，等.整地时期对东北雨养区土壤含水量及玉米产量的影响.水土保持学报，2012，26（5）：254–258，263.

83.孙海潮，李会群.玉米矮花叶病与玉米粗缩病的区别及防治措施.河南农业科学，2003（3）：20–21.

84.檀尊社，游福欣，陈润玲，等.夏玉米小斑病发生规律研究.河南科技大学学报（农学版），2003，23（2）：62–64.

85 唐洪元.中国农田杂草.1991，上海：上海科技教育出版社.

86.唐丽媛，李从锋，马玮，等.渐密种植条件下玉米植株形态特征及其相关性分析.作物学报，2012，38（8）：1529–1537.

87.唐祈林，荣廷昭.玉米秃尖与内源激素的关系.核农学报，2007，21（4）：366–368.

88.唐永金，许元平，岳含云等.北川山区海拔和坡向对杂交玉米的影响.应用与环境生物学报，2000，6（5）；428–431.

89.童有才，张会南，左晓龙，等.不同宽窄行及播种密度对玉米宏大8号产量的影响.中国农学通报，2009，25（13）：62–65.

90.王崇桃，李少昆.玉米生产限制因素评估与技术优先序.中国农业科学，2010，43（6）：1 136–1 146.

91.王福军，张明园，张海林，等.耕作措施对华北夏玉米田土壤温度和酶活性的影响.生态环境学报，2012，21（5）：848–852.

92. 王和君, 史磊, 刘晶, 等. 播期对玉米生长发育和产量的影响. 农业科技与装备, 2011 (6): 1-3.

93. 王宏, 张永恩, 石全红, 等. 一熟区高产春玉米潜在区域的分布特征. 中国农学通报, 2011, 27 (6): 394-399.

94. 王明东, 王志强. 灌水对不同追氮水平下夏玉米氮代谢及产量的影响. 中国农学通报, 2011, 27 (18) 197-199.

95. 王宁, 闫洪奎, 王君, 等. 不同量秸秆还田对玉米生长发育及产量影响的研究. 玉米科学, 2007, 15 (5): 100-103.

96. 王西娜, 王朝辉, 李生秀. 施氮量对夏季玉米产量及土壤水氮动态的影响. 生态学报, 2007, 27 (1): 197-204.

97. 王向阳, 白金顺, 志水胜好, 等. 施肥对不同种植模式下春玉米光合特性的影响. 作物杂志, 2012 (5): 39-42.

98. 王晓鸣. 玉米病虫害田间手册. 2002, 北京: 中国农业出版社.

99. 王旭红, 吴兴. 盐池县玉米保护性耕作技术模式与生态效应. 宁夏农林科技, 2011, 52 (8): 5-6.

100. 王宜伦, 李潮海, 谭金芳, 等. 超高产夏玉米植株氮素积累特征及一次性施肥效果研究. 中国农业科学, 2010, 43 (15): 3 151-3 158.

101. 王宜伦, 常建智, 张守林, 等. 缓/控释氮肥对晚收夏玉米产量及氮肥效率的影响. 西北农业学报, 2011, 20 (4): 58-61, 86.

102. 王勇, 张文革, 何璐, 等. 生物农药草酸青霉水剂对玉米小斑病的防治效果. 安徽农业科学, 2007, 35 (7): 1 965-1 966.

103. 王永宏, 王克如, 赵如浪, 等. 高产春玉米源库特征及其关系. 中国农业科学, 2013, 46 (2): 257-269.

104. 王云奇, 陶洪斌, 王璞, 等. 施氮模式对夏玉米产量和籽粒灌浆的影响. 中国生态农业学报, 2012, 20 (12): 1 594-1 598.

105. 卫丽, 马超, 黄晓书, 等. 控释肥对夏玉米碳、氮代谢的影响. 植物营养与肥料学报, 2010, 16 (3): 773-776.

106. 魏亚萍, 王璞. 氮肥对夏玉米穗粒数形成的影响. 华北农业学报, 2007, 16 (1): 39-45.

107. 席敦芹, 巨荣峰, 任术琦, 等. 五种除草剂防除玉米田杂草试验研究. 现代农业科技, 2007 (2): 38-39.

108. 肖继兵, 杨久廷, 辛宗绪, 等. 风沙半干旱区旱地玉米提高降水生产效率的栽培技术研究. 玉米科学, 2009, 17 (5): 116-120.

109. 肖开能, 张晓东, 李绍明, 等. 玉米空秆气象成因分析. 中国农学通报, 2011, 27 (17): 240-244.

110. 肖永瑚. 玉米不同生育期耐冷性研究. 作物学报, 1984, 10 (1): 41-49.

111. 谢英荷, 栗丽, 洪坚平. 施氮与灌水对夏玉米产量和水氮利用的影响. 植物营养与肥料学报，2012，18（6）：1 354-1 361.

112.辛小桂，黄占斌，朱元骏.水分胁迫条件下几种化学材料对玉米幼苗抗旱性的影响.干旱地区农业研究，2004，22（1）：54-57.

113.邢光耀，杜学林.玉米对小斑病和弯孢霉叶斑病的抗性与降雨量之间的关系.山东农业大学学报（自然科学版），2008，39（1）：26-30.

114.徐竹英，程建和，郝跃红，等.稳定性长效氮肥对春玉米产量与效益的影响.中国农学通报，2013，29（24）：109-113.

115.许飚，马文礼，许强.宁夏引黄灌区不同灌溉定额下玉米耗水特征及其对产量的影响.农业科学研究，2007，28（4）：7-11.

116.薛少平，韩少明，乔志荣.旱地春玉米倒秆免耕两元带状覆盖膜侧种植技术与应用前景.干旱地区农业研究，2010，28（4）：140-144.

117.闫洪奎，杨镇，吴东兵，等.玉米生育期和品质性状的纬度效应研究.科技导报，2009，27（12）：38-41.

118.闫洪奎，杨镇，徐方，等.玉米生育期和生育阶段的纬度效应研究.中国农学通报，2010，26（12）：324-329.

119.杨继芝，龚国淑，张敏，等.密度和品种对玉米田杂草及玉米产量的影响.生态环境学报，2011，20（6-7）：1037-1041.

120.杨俊刚，高强，曹兵，等.一次性施肥对春玉米产量和环境效应的影响.中国农学通报，2009，25（19）：123-128.

121.杨蕊菊.小麦/玉米带田种植模式优化效应研究.西北农业学报，2005，14（6）：44-49.

122.杨苏龙，石跃进，史俊东等.旱塬地集雨节水灌溉的初步研究.干旱地区农业研究，2003，21（4）：88-90.

123.余利，刘正，王波，等.行距和行向对不同密度玉米群体田间小气候和产量的影响.中国生态农业学报，2013，29（8）：938-942.

124.袁海燕，张晓煜，亢艳莉.宁夏灌区玉米秃尖长与相对湿度、日照、降水的关系初探.宁夏农林科技，2006（5）：30-31，94.

125.袁佐清.水分胁迫对玉米萌芽期和苗期生长的影响.安徽农业科学，2007，35（20）：6 036-6 037.

126.岳现录，冀宏杰，张认连，等.华北平原冬小麦-夏玉米轮作体系秋季一次基施牛粪氮素损失与利用研究.植物营养与肥料学报，2011，17（3）：592-599.

127.翟治芬，胡玮，严昌荣，等.中国玉米生育期变化及其影响因子研究.中国农业科学，2012，45（22）：4 587-4 603.

128.张成军，赵同科，李新荣.夏玉米平衡施肥技术试验与示范.高效施肥，2010（2）：8-11.

129.张殿京，陈仁霖.农田杂草化学防除大全.1992，上海：上海科学技术文献出版社.

130.张冬梅，张伟，刘恩科，等.旱熟区不同播期旱地玉米产量对施肥水平和种植密度的响应.中国生态农业学报，2013，21（12）：1 449-1 458.

131.张继余，宋朝玉，高峻岭，等.玉米粗缩病的发生与综合防治措施.作物杂志，2007

（5）：56-58.

132.张金帮，孙本普.不同播期和栽培方式对玉米产量的影响.安徽农业科学，2006，34（14）：3298，3533.

133.张金龙，周有佳，胡敏，等.低温胁迫对玉米幼苗抗冷性的影响初探.东北农业大学学报，2004，35（2）：129-134.

134.张俊鹏，孙景生，刘祖贵，等.不同水分条件和覆盖处理对夏玉米籽粒灌浆特性和产量的影响.中国生态农业学报，2010，18（3）：501-508.

135.张明海.夏玉米田应用除草剂防除杂草试验研究.现代农业科技，2008（11）：143-144.

136.张谋草，赵玮，邓振镛，等.分期播种对陇东地区玉米产量的影响及适宜播期分析.中国农学通报，2011，27（33）：28-33.

137.张立新，李生秀.氮、钾、甜菜碱对减缓夏玉米水分胁迫的效果.中国农业科学，2005，38（7）：1401-1407.

138.张石宝，李树云，胡丽华，等.播种季节对玉米生长发育及干物质生产和分配的影响.云南植物研究，2001，23（2）：243-250.

139.张新，王振华，宋中立，等.不同产量水平下郑单18号不同种植密度与产量及其构成因素关系的研究.中国农学通报，2004，20（2）：86-87，91.

140.张玉芹，杨恒山，高聚林，等.超高产春玉米冠层结构及其生理特征.中国农业科学，2011，44（21）：4367-4376.

141.赵福成，景立权，闫发宝，等.灌浆期高温胁迫对甜玉米籽粒糖分积累和蔗糖代谢相关酶活性的影响.作物学报，2013，39（9）：1644-1651.

142.赵红梅，李江，史晓丽，等.河套灌区玉米节水栽培技术.中国农村小康科技，2010（10）：26-28.

143.赵美令.玉米各生育时期抗旱性鉴定指标的研究.中国农学通报，2009，25（12）：66-68.

144.赵营，同延安，赵护兵.不同供氮水平对夏玉米养分积累、转运及产量的影响.植物营养与肥料学报，2006，12（5）：622-627.

145.郑联寿，栗利元，李泉泽，等.旱地玉米秋施肥技术研究.玉米科学，2004，12（4）：84-85.

146.郑琪，王汉宁，常宏，等.低温冻害对玉米种子发芽特性及其内部超微结构的影响.甘肃农业大学学报，2010，（5）：35-39.

147.郑元红，潘国元，刘文贤等.玉米——马铃薯间套作不同分带平衡丰产技术研究.中国马铃薯，2007，21（6）：346-348.

148.钟承茂.玉米小斑病发生规律与综合防治技术.农技服务，2008，25（2）：83-84.

149.中国科学院动物研究所.中国农业昆虫（上、下）.1996，北京：农业出版社.

150.钟茜，巨晓棠，张福锁.华北平原冬小麦/夏玉米轮作体系对氮素环境承受力分析.植物营养与肥料学报，2006，12（3）：285-293.

151. 周怀平，杨治平，李红梅，等. 秸秆还田和秋施肥对旱地玉米生长发育及水肥效应的影响. 应用生态学报，2004，15（7）：1 231-1 235.

152. 朱朝阳，胥志文. 玉米生育期需水量的影响因素及供水对策. 现代农业科技，2012（5）：132-133，135.

153. 朱红岩，任彩凤. 玉米宽窄行交替休闲种植技术. 农村科学实验，2013（4）：14.

154. 朱元刚，董树亭，张吉旺，等. 种植方式对夏玉米光合生产特征和光温资源利用的影响. 应用生态学报，2010，21（6）：1 417-1 424.

155. 左端荣，郑兴洪，葛玉平，等. 夏玉米高产栽培技术. 现代农业科技，2007（15）：127.

156. 左忠，王峰，蒋齐等. 免耕与传统耕作对旱作农田土壤风蚀的影响研究——以玉米田为例. 西北农业学报，2005，14（6）：55-59.